Behavioural Ecology of Birds

鳥の行動生態学

江口和洋 編
Eguchi Kazuhiro

京都大学学術出版会

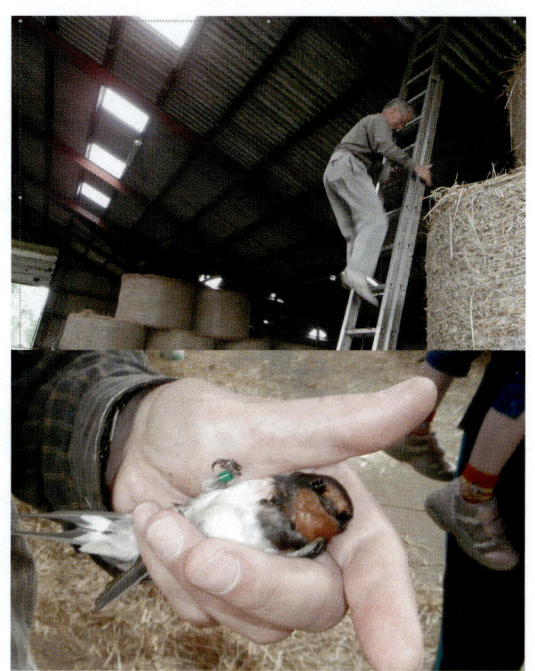

口絵1　デンマークの牛舎でのツバメ調査風景（第2章）

上：AP Møller はこうした牛舎に巣を作るツバメを調査対象にして，すでに40年以上にわたって研究を行っている．
下：足環を付けられたツバメ．

口絵2　巣立ち直前のシジュウカラの巣（第3章）

北海道のシジュウカラは一腹卵数が多く，13羽巣立たせることもある．

i

口絵3　モズの雄（左）から雌（右）への給餌（第4章）
（写真提供：下山孝）

口絵4　子殺しが観察されたオオセッカ（第6章）

（写真提供：宮彰男）

口絵5　巣箱から同種の卵を咥え出すスズメ（第6章）

（写真提供：笠原里恵）

口絵6 さまざまなカッコウ類の寄生卵とその宿主の卵（第7章）

矢印が寄生卵．A-Fはカッコウの寄生卵で，A，B：ハンガリーのニシオオヨシキリ，C：ホオジロに托卵されたアオジタイプ，D：アオジに托卵されたホオジロタイプ，E：ヨーロッパヨシキリ，F：ヨーロッパカヤクグリ，G：コモントゲハシムシクイに托卵されたヨコジマテリカッコウの寄生卵，H：アオジに托卵されたツツドリの寄生卵．（写真提供：兵庫県立人と自然の博物館）

iii

口絵7　採餌道具を運ぶカレドニアカラス（第8章）
（写真提供：岡久雄二）

口絵8　冬の漁港で休息するミツユビカモメ（第11章）
（写真提供：先崎啓究）

はじめに

　田んぼを見ればシラサギがいて，町の公園ではスズメやカラスが，海岸ではカモメやトビの姿が目に入る。鳥はどのような環境でも常に目にすることの出来る，人間生活に最も身近な野生動物の一つである。このような鳥の姿やどこからとも無く聞こえてくるさえずりは人の心を和ませる。ちょっとの時間を割いて，しばらく鳥の姿を見ていると，鳥はいろいろな行動を見せてくれる。その多くは，単に，地上や枝上を動き回って餌を探す行動であるが，運が良ければ，求愛行動など，もう少し複雑な行動を見せてくれることもある。鳥の姿形はそれだけで一見に値するものであるが，さらに進んで，その行動を眺めていれば，そのうちに，鳥の行動に対するさまざまな疑問が生じ，興味がさらに深まるだろう。
　幼い子供は好奇心にあふれ，いろいろなことに対して，「なぜ？」という疑問を投げかけて大人を困らせる。しかし，この素朴な疑問への回答は，生態学のもっとも中心的な課題でもある。そして，すぐにでも答えられそうな問いかけが意外に手強くて，答えることが難しい。その場限りの回答ではなく，強固な証拠に基づいて，論理の通った回答が求められているからである。鳥を研究する面白さはここにあると思う。鳥の姿や行動を目にして生じた疑問を解決すべく，問題設定，解決方法の策定，データ収集と解析，最後に結果の論理的，合理的な解釈という一連の知的作業ほど楽しいものは無いと思う。鳥は行動，生活史，生態の野外データが蓄積されており，それらを基に，多くの生態学や進化生物学に関する仮説や理論が提出され，研究の発展を促してきた。数十年前までは，鳥類の研究は双眼鏡とノートと鉛筆があればできると，一般の人々だけではなく，生態学研究者までもそのように信じていた時代があった。これらの用具を用いた，しっかりした鳥の観察が研究の基本であることは，現在でも間違いではないが，鳥類研究も現代科学の一端であり，理論と先端的な技術は研究発展に欠かせない。用いられている先端技

術は，DNAに基づく血縁解析，質量分析やクロマトグラフィーを用いた化学成分分析，ソナグラフによる音声解析，分光光度計によるスペクトログラム解析，衛星追跡やバイオロギングなど様々である。これらの技術を駆使することで多くの新しい発見が得られている。しかし，鳥の研究はこれらの先端技術だけで達成されるものではない。鳥の行動生態研究には，それぞれの種の生活史や生態，行動に関する野外データが必須であり，先端技術で得られたデータは，これらの野外データ無しには生かすことができない。このような事情から，鳥類の研究は研究機関に所属する専門研究者のチーム研究から個人研究を行うアマチュア研究者までが参加できる知的作業となる。

　本書は，11人の著者が，鳥の行動生態に関する様々な分野における最新の研究事情を紹介するものである。本書では鳥類の行動生態学研究に関する，出来るだけ多くの研究テーマを含めるようにした。取り上げられているテーマは，血縁認知，対称性の揺らぎ，配偶システム，雌雄間給餌行動，性比調節，子殺し行動，托卵，認知行動，警戒声，さえずりによる種認知，ストレスホルモンである。これらで鳥類行動生態学分野をすべて網羅できているわけではないが，いずれのテーマも興味深く，現在，多くの研究が進められている，ホットなテーマである。いずれの著者もそれぞれ担当分野において優れた研究を行っていたり，その研究分野に精通しており，最新の研究情報を紹介してくれている。いくつかの章については，そこに取り上げられているテーマをよりよく理解できるように，そのテーマの周辺事情を紹介するコラムを付けている。本書は鳥類研究者を意識して編纂されているが，鳥類は行動生態研究のモデル生物とも言えるほどに，鳥類を材料に進められた研究からは，他の生物にも適用可能な多くの成果が得られている。鳥類研究者以外の行動生態学研究者にも多くの有用な情報を提供できると考える。巻末には鳥類に馴染みのない読者に，各章で取り上げられた鳥類がどのような系統分類上に位置するかを示すための分類表を掲載している。本書は，高度な内容を出来るだけわかりやすく解説するように努めているが，総説の体裁をとっているため，研究者や大学院生を基本的な対象としている。しかし，学部学生が卒業研究を進めるための情報探索に大いに役に立つと考えている。また，具体的な研究事例を多く取り上げているので，高校生が読んでも，鳥類の行

はじめに

動の面白さに興味を引かれることと思う．本書が鳥類行動生態学研究の道案内を果たすと同時に，一人でも多くの若い人たちが鳥類研究を目指すことにつながれば幸いである．

　本書に掲載した各論文は，編者および執筆者数人の校閲を受けている．さらに，適宜，相馬雅代，富田直樹，日野輝明の各氏に校閲を依頼した．また，岡久雄二，笠原里恵，北村俊平，下山孝，先崎啓究，松原一男，宮彰男，Bruce Lyon の各氏（順不同）からは写真を提供していただいた．厚く御礼を申し上げる．

編者　江口和洋

初出一覧

第1章　書き下ろし
第2章　「対称性のゆらぎとメスによるえり好み」,生物科学46: 179–186 (1995)
第3章　書き下ろし
第4章　「鳥類における雄から雌への給餌行動の機能」,日本鳥学会誌63: 267–277(2014), Copyrights © The Ornithlogical Society of Japan All rights reserved.
第5章　書き下ろし
第6章　「鳥類の子殺し」,生物科学61: 234–251 (2010)
第7章　「だましを見破るテクニック:卵の基準,雛の基準—托卵鳥・宿主の軍拡競争の果てに—」,日本鳥学会誌61: 60–76(2012), Copyrights © The Ornithlogical Society of Japan All rights reserved.
第8章　書き下ろし
第9章　書き下ろし
第10章　書き下ろし
第11章　書き下ろし

(初出のあるものも,本書へ収めるにあたって加筆・修正を行っている)

目　次

口絵　　i
はじめに　　　v

第 1 章　鳥類における血縁認知　　　江口和洋 …………………………………… 1
1. 血縁の認知と識別――定義に関わる論争　　2
2. 血縁識別の機能　　7
3. 血縁認知の生じるメカニズム　　8
4. 連想学習に基づく血縁認知　　11
5. 表現型の一致に基づく血縁認知　　13
6. 血縁認知と MHC　　17

第 2 章　対称性のゆらぎと性淘汰　　　上田恵介 …………………………… 27
1. 非対称性の種類　　27
2. ツバメの雌の選り好み――野外での証拠　　30
3. キンカチョウの雌の選り好み――飼育下の鳥での証拠　　33
4. FAは個体の質を正直に反映しているのか　　35
5. 複数の飾りを持つ雄における FA の意味　　35
6. 種間の違いより FA が重要――シリアゲムシの場合　　37
7. ヒトではどうか？　　38
8. 淘汰圧の強さとFAの程度　　39

第 3 章　鳥類の配偶システムとつがい外父性　　　油田照秋 ……………… 45
1. 鳥類の配偶システム　　46
2. つがい外父性(Extra-pair paternity)　　53
3. つがい外父性研究のテーマ　　55

ix

4. 雄のつがい外父性の適応的機能とコスト　57
  5. 雌のつがい外父性の適応的機能とコスト　59
  6. 適応的機能仮説における課題　63
  7. 今後の展望　64

第4章　鳥類における雄から雌への給餌行動の機能　　遠藤幸子 ………… 77
  1. つがい形成前の雄から雌への給餌の機能
    ──つがい相手選択仮説　79
  2. つがい形成後から産卵期における雄から雌への給餌の機能　82
  3. 抱卵期における雄から雌への給餌の機能　87
  4. 雄から雌への給餌行動の進化　92
  5. 給餌行動研究の今後の展望　93

第5章　条件的性比調節　　山口典之 ……………………………………… 99
  1. 子の出生性比とその適応的調節　99
  2. 鳥類おける条件的性比調節の実証例　102
  3. 性比を調節する生理メカニズム　104
  4. 到達点と今後の展開　109

第6章　鳥類の子殺し　　高橋雅雄 ………………………………………… 117
  1. 親による子殺し　119
  2. 非血縁子殺し　127
  3. 協同繁殖種での子殺し　141
  4. 子殺しに関する比較研究　145
  5. 今後の研究の展望　148

第7章　騙しを見破るテクニック　卵の基準, 雛の基準
  ──托卵鳥・宿主の軍拡競争の果てに　　田中啓太 ……………………… 161
  1. 騙しの信号のモダリティ──似ている卵, 似ていない雛　163
  2. 卵の基準──卵擬態　164
  3. 軍拡競争の果て　170

4. 托卵鳥研究における IT 革命　174
　　5. 雛の基準―識別能の欠如？　178
　　6. 托卵鳥研究におけるパラダイムシフト　181

第8章　鳥類の採餌行動に見られる知能的行動　　三上かつら …………　197
　　1. カレドニアガラスの道具加工　198
　　2. ハシボソガラスのクルミ割り　202
　　3. 独学か社会から学ぶか　204
　　4. 種を越えた観察学習　206
　　5. 空間記憶とエピソード記憶　208
　　6. 知能的行動を支えるメカニズム　209
　　7. 状況が知能的行動を促す？　211

第9章　鳥類の警戒声―悲鳴か情報伝達か？　　鈴木俊貴 ……………　221
　　1. 動物言語学の夜明け　222
　　2. 鳥類の鳴き声の意味を探る　223
　　3. ヘビを示す警戒声　224
　　4. 托卵鳥を示す警戒声　227
　　5. 危険の度合いに応じた鳴き声の変化　228
　　6. 意図的な情報伝達　230

第10章　さえずりを他種が聞くと何が起こるか
　　　　――形質置換，そして種認知への影響　　濱尾章二 ……………　237
　　1. さえずりをめぐる性淘汰と自然淘汰　237
　　2. さえずりを形成する生態的要因　239
　　3. 同所的に分布する他種の影響―形質置換　240
　　4. アオガラの研究例　245
　　5. 形質置換の駆動力　248
　　6. 形質置換と生殖隔離　250
　　7. 形質置換の波及効果で起こる生殖隔離　251
　　8. 今後の展望　253

第11章　行動と生理──ストレスホルモンによる"異常事態"への応答
　　　　　　　　　　　　　　　　　　　風間健太郎 ………… 261
　　1. 野外環境の変動とストレス──"異常事態"との遭遇　　261
　　2. ストレスホルモン「コルチコステロン」　　263
　　3. コルチコステロンの作用──高濃度分泌は"諸刃の剣"　　271
　　4. 野外の鳥類におけるコルチコステロンのはたらき──海鳥を例として
　　　　　　　　　　　　　　　　　　　　　　　　　　　　　　　272
　　5. コルチコステロン研究のこれから　　280

本書で取り上げられた主な鳥類の分類的位置　　285
　索引　　295

コラム 1	ミズナギドリ類のにおい探知能力　　江口和洋 …………… 25
コラム 2	性的二型　　油田照秋 ……………………………………… 73
コラム 3	セーシェルヨシキリの協同繁殖　　江口和洋 …………… 115
コラム 4	卵の青や緑の色は性選択形質　　江口和洋 ……………… 193
コラム 5	カラスの餌落とし　　江口和洋 …………………………… 217
コラム 6	ヨーロッパにおける *Ficedula* 属の種分化　　江口和洋 …… 258

第 1 章

鳥類における血縁認知

江口和洋

　　より多くの繁殖可能な子孫を残すことが生物の存続原理であるならば，血縁びいきは子の生存を高める有効な手段である。たしかに，血縁個体に偏った利他行動の発現は多くの鳥類，哺乳類で観察されている。問題は血縁個体を認知できるのかということである。巣で子育てする鳥類では，「我が家にいる雛には給餌せよ」というのが，もっとも安直な行動基準であり，この基準でほとんどの場合は大きな問題は生じない。しかし，この基準に従っているシステムを利用する托卵性個体の侵入が起きると壊滅的な損失を生じるし，集団育児場での子育てでは血縁個体を確実に認知しないと非血縁個体を育てた上に自身の子孫を残せない事態も生じる。さまざまな手がかりに基づく血縁の認知は社会生活を営む種ではとくに適応的意義が大きい。最近では，鳥類がどのように血縁を認知し，血縁びいきを行っているかを解明する研究の進展が見られる。分子遺伝学，分析化学，行動生態学は鳥類の血縁認知メカニズムを明らかにする。

　Hamilton（1964）の血縁選択説の提唱により，血縁個体への利他的行動（血縁びいき nepotism）や血縁個体との協同など，自然選択説だけでは説明が困難であった多くの現象や動物の行動について，明解な説明の理論的根拠が与えられた。たしかに，血縁を認知し，利他行動を血縁個体に偏らせることは，利他行動の促進を助ける。このことから，動物における血縁認知能力の

存在を確認することに多くの野外観察や実験的研究が企てられ，多くの動物で確かに血縁に応じて行動が偏ることが報告されてきた。その興味の深さを反映して，理論的，実証的研究についての多くの総説がものされている（Waldman 1987; Beecher 1988; Sherman *et al*. 1997; Komdeur and Hatchwell 1999; Lópes-Sepulcre and Kokko 2002; Nakagawa and Waas 2004; Widdig 2007; Mateo 2009; O'Dwyer and Nevitt 2009; Penn and Frommen 2010; Krupp *et al*. 2011)。しかし，我が国において邦文で書かれた血縁認知ないし血縁識別に関する総説はない。本章では，血縁認知の定義に関する論争を紹介した後，鳥類における血縁認知に関する研究，とくに，最近明らかになりつつある，鳥類における嗅覚を手がかりにした血縁識別の研究を紹介する。

1. 血縁の認知と識別──定義に関わる論争

動物が同種他個体について自身との間の血縁度を評価しているのかどうかを直接知ることはできない。研究者は相互作用する個体との血縁関係に応じて動物の行動が異なっているかどうかを観察や実験によって確認できるだけである。

"kin recognition" という用語は，「血縁認識」または「血縁認知」と訳される。「血縁認識」という用語は，行動生態学分野では現在広く使用されているが，「認識」という語は「物事の意味，内容を理解する」という意味合いが強いので，人間が主体であり，人間社会に適用される用語である。一方，「認知」は主語が人間以外の動物や非生物の場合にも適用されるので，動物を対象とした行動生物学における用語としては，こちらの方がふさわしい（伊藤（1992）は「血縁認知」を使用している）。また，"kin discrimination" には「血縁識別」が当てられている。「識別」という語は，通常，単に「物事の種類を区別する」という意味合いが強いが，血縁認知に関して一般に定義される "discrimination" という用語は，区別した後に，それぞれ分けられた範疇に応じて異なる反応，行動を示すことをも含んでいる（Sherman *et al*. 1997; Mateo 2009; Penn and Frommen 2010)。

Penn and Frommen（2010）や Krupp *et al.*（2011）も指摘しているように，英語の "recognition" と "discrimination" についても，研究者がどのような課題に興味を持っているかによって，定義が異なることが多い。例えば，"recognition" は，「認知する」ということだけでなく，「識別して，反応を違える」という "discrimination" の意味を含むように広い意味で使う研究者もいる。個々の文献に当たるときにこのことは注意しておくべきである。

従来の多くの研究は，野外観察や室内実験によって，動物が血縁個体と非血縁個体に対して異なる行動をとることや血縁度に応じて行動の傾斜が見られることを明らかにしてきた。すなわち，動物が血縁に応じて行動の偏り（kin bias）を示し，血縁に基づいて相手に対して異なる反応を示した（kin discrimination）と考えた。先に述べたように，実際に動物が血縁を認知した（kin recognition）かどうかを研究者が知ることができないので，行動の偏りや異なる反応は，すなわち動物が血縁を認知している証拠であると暗黙のうちに考えているように受け取られる。このことが，Grafen（1990）や Barnard（1991）らの批判が生じる一因でもある。

Grafen（1990）は "Do animals really recognize kin?" という論文の中で，真の血縁認知とは「その目的と機能が同種個体の血縁を評価することにある」として，遺伝的類似性に基づいて識別したと分かる場合のみが当てはまると主張した。そして，従来の血縁認知の例を1例[*1]を除いて，すべて，種認知か集団認知ないしは個体認知の副産物であり，血縁そのものを示す手がかりではなく，他の手がかりによる認知が偶然に血縁を示す結果となったものであるとした。この意見は「血縁認知」という用語を厳密に定義する立場にある。

これに対して，Stuart（1991）や Byers and Bekoff（1991）らからの反論が寄せられた。Stuart（1991）は，個体認知や集団認知を血縁認知から排除して全ての血縁認知を遺伝的な手がかりのみに基づくとしたのは間違いであ

[*1] ホヤの仲間は，組織適合性遺伝子座上に同一のアレルを持つ個体同士が集まって定着するが，隣り合った個体が異なるアレルを持つ場合には毒を放ってバリアを作る（Grosberg and Quinn 1986）。

り，集団や個体が通常血縁であると認め，適応度利益が血縁の認知とともに血縁個体にもたらされるなら，個体認知や集団認知も，どのような手がかりであるかにかかわらず，血縁認知と認めるべきであると主張した。遺伝的血縁度と相関していればどのような手がかりでも十分であり，そもそも，血縁認知は機能的な発想であって，メカニズムや手がかりを基に定義するものではないとした。例えば，社会性昆虫の仲間認知は巣のにおいに基づくが，これは遺伝的，環境的両方の起源を持ち，血縁認知として機能している。

Grafen（1990）は認知そのものを問題にしているが，Stuart（1991）は「識別」を問題にしているようである。そこで，Grafen（1991a）からは，次のような再反論が寄せられた。重要なのは，「血縁認知」の用語で何を表したいかである。Grafen 自身は，認知そのものを表そうとし，そのために狭い意味で用いている。血縁認知を「動物が血縁個体に対して，他とは異なった振る舞いをするなら，何らかの区別する方法を持つに違いない」とするならば，広い意味での「認知」ということになろう。Grafen が重視しているのは，血縁が認知されねばならないということであり，遺伝的類似性の特定は一つの基準である。狭い意味の「認知」は，認知そのものに注目していることになる。

Byers and Bekoff（1991）の反論も，認知と識別への理解の食い違いに起因している。彼らは，表現型の変異は遺伝だけでは無く，環境によっても生じるので，環境変異を無視するのは間違いであると指摘している。例えば，哺乳類では初期の経験が行動（表現型の一形態）に影響する。だから，実際に行われている血縁識別が何に基づいているのか知りようがない。彼らは，遺伝的多型が無くても，環境と血縁個体の分布に相関があれば血縁認知（実際は血縁識別であるが）は生じると考えている。彼らの主張を要約すると，以下のようである。Grafen は，血縁に応じた行動（kin-aligned behavior）を内的とそうでないものとに不適切に二分しており，内的な，血縁に応じた行動について適用している基準は単純で受け入れがたい。また，血縁に応じた行動がどのように支配されているかの，直感的な，人間の目で見たモデルを現実的なものと考えており，これらはこれまでになされた重要な研究の否定につながる。

これに対して，Grafen（1991b）は，問題としているのは個々の研究の重要性ではなく，その現象を血縁認知と呼ぶべきかどうかであり，Grafen自身は血縁認知を狭い意味で使用していることを指摘している。なぜなら，認知システムの機能的特性が重要で，そのためには用語を厳密に定義する必要がある。遺伝的手がかりは一生安定的で，多型を通じて多くの変異を提供するので，そのシステムが血縁認知のためのものであれば，遺伝的手がかりを使用するのは当然である。

　Sherman *et al.*（1997）も Grafen を以下のように批判している。すなわち，Grafen（1990）の誤解の一つは，「血縁認知は遺伝的手がかりを媒介とする」というものであるが，血縁認知システムは認知促進遺伝子が自身のコピーを拡大させることであると考えれば，ラベルが遺伝的か環境起源かにかかわらず，認知促進遺伝子は発信者側にある手がかりと促進遺伝子のコピーとの間接的なつながりを通じて，自身のコピーを増やせる。遺伝的と環境的のどちらかがより強力であるというわけではない。

　次に，「血縁認知は種認知や集団認知の副産物である（Grafen 1990）」とするが，ここに，二つの問題があると指摘している。まず，非常に限定された種認知鋳型しか得ることが出来ず，多くの排除エラーを生じるので，血縁は種認知の鋳型としては適当ではないこと。次に，社会性昆虫，鳥，哺乳類の多くでは，集団のメンバーはしばしば血縁個体であるから，集団メンバーの認知は実際には血縁選択的血縁認知である。

　これらの論争は，用語の定義の問題と研究者が何を重要視しているかの違いに基づいている。そこで，Barnard（1991）は用語の定義を提案している（表1）。

　Barnard（1991）は，従来の研究や Grafen（1990）への反論で用いられた「血縁認知」という用語は，「血縁識別」または，より悪いことには，「血縁による行動の偏り」を指していると指摘して，厳密な用語の使用を主張した。しかし，血縁認知が生じたかどうかは，動物自体にしか分からないので研究者が厳密な意味での血縁認知が生じたと証明するのは非常に困難である。そのため，Barnard（1991）自身が言うように，Grafen（1990）が唯一認めた，Grosberg and Quinn（1986）のホヤの定着と合体に見られる現象も，厳密な

表1　Barnard（1991）による用語の定義（伊藤（1992）も参照）

血縁による行動の偏り（kin bias）
　血縁個体同士が，偶然から期待される以上に，互いに反応し合ったり，特定の状況で協同したり，反発したりする傾向．しかし，機能的な意義や関係するメカニズムについて意味するところはない．

血縁認知（kin recognition）
　個体を血縁があると認める，外部からは知ることのできない神経系での過程．血縁認知は血縁個体への異なる対応につながることもあり，ないこともある．たとえば，ある果実をオレンジと認識しても食べるとは限らない．このように，異なる対応が見られなくても血縁認知の欠如の証拠にはならないし，そのような反応だけでは血縁認知の十分な証拠とはならない．

血縁識別（kin discrimination）
　血縁認知か，血縁関係と相関し，そのため，反応の偏りに用いることのできる他の認知方法に基づいて，血縁に応じて反応を偏らせること．血縁識別は行動の偏りの原因の一つだが，血縁識別に基づかない偏りの原因も知られている．

意味では血縁認知ではなく，血縁認知と証明された事例は皆無ということになる．

　しかし，多くの研究者の興味は，証明が困難な血縁認知の確認ではなく，現実に起きている血縁に応じた行動の偏りや血縁識別の説明であり，そのような血縁識別が野外個体群でどのような機能を果たしているかを明らかにすることにある（Komdeur and Hatchwell 1999）．そこで，Penn and Frommen (2010) は，血縁認知を「狭義の血縁認知と血縁識別を両方含むもの」というように操作的に定義することを提案している．Grafen（1990）やBarnard (1991) らの指摘は，研究者それぞれが異なる定義を採用することで，不毛な議論を引き起こすことへの注意を喚起したと言える．しかし，用語本来の意味としては正しくても，血縁認知を厳密に定義することで研究が進展するようにも思えない（Bekoff（1992）も参照）．Penn and Frommen (2010) の提案に従って研究を進めることが現実的だと言える．

2. 血縁識別の機能

　血縁識別は，大きく分けると，血縁個体への傾倒と血縁個体の回避という，相反する二つの結果として表れる。これを機能面からみると，おおよそ，前者は協同，血縁びいき（nepotism），後者は配偶者選択が当てはまる（Nakagawa and Waas 2004; Widdig 2007; Mateo 2009; Krupp *et al*. 2010）。
　血縁識別が血縁びいきにつながっている例は，コロニー繁殖する鳥類の親子識別や巣穴探索に見られる。集団育雛するオウサマペンギンは多くの喧噪の中から自分の子の音声を識別できる。一方，個別に営巣するジェンツーペンギンは子の鳴き声を識別できない。集団穴居性のミズナギドリ類は夜間に巣穴に戻り雛へ給餌するが，自分の巣穴を特定するために，巣穴ないし自分のつがい相手のにおいを手がかりとしている。
　協同ないし血縁びいきは多くの協同繁殖鳥類に見られるが，血縁識別が確認された例は多くない（Komdeur and Hatchwell 1999）。セーシェルヨシキリでは，ヘルパー雌は自身の親の巣にいる雛（自身の兄弟姉妹に当たる）に給餌する。しかし，自身の姉妹の巣の雛には給餌した例はない（Komdeur *et al*. 2004）。
　種内托卵が起きる種では，托卵されるコストが小さく，血縁識別の精度が高ければ，宿主は血縁個体の托卵を受容すると予測される（Lópes-Sepulcre and Kokko（2002）。このような条件は早成性の種に見られる。カモ類は種内托卵する種が多いが，托卵は血縁個体間で起きる傾向が強い（Andersson and Waldeck 2007; Jaatinen *et al*. 2009, 2011）。これらの例では，メカニズムは明らかではないが，血縁識別が起きていると考えられる。
　配偶者選択には近交回避と好ましいつがい相手の選好の両面がある。一般に血縁の近い個体同士の配偶は近交弱勢を引き起こし，適応度が低下する原因となる。この場合，遺伝的類似の高い個体との配偶を回避するのが適応的である。その一方，過度の異系交配は有利な遺伝的形質の破壊というコストを持つ。そこで，血縁が近すぎず，遠すぎない，最適な異系交配（optimal outbreeding: Bateson 1983）が有利な戦略となる。

3. 血縁認知の生じるメカニズム

多くの研究者は血縁認知の起きるメカニズムとして以下の4通りを考えている（Waldman 1987; Komdeur and Hatchwell 1999）。

(1) 空間的手がかり（spatial context, spatial-based mechanism），状況依存的手がかり（contextual cue, context-based mechanism）
(2) 連想学習（associative learning），顔なじみ関係（familiarity），同居経験（prior association）
(3) 表現型の一致（phenotype matching）
(4) 識別遺伝子（recognition alleles, green-beard gene）

空間的手がかり以外のメカニズムについては，(1) 同居の過程での連想学習や個体の熟知に基づくものと，(2) 識別遺伝子を表現型の一致の特別な場合としてまとめた直接的血縁認知メカニズムとして，大きく二つに分けられることもある（Barnard *et al.* 1991; Widdig 2007; Mateo 2009; Krupp *et al.* 2011）。これらの四つのメカニズムの中で，鳥類の血縁認知研究で重要なのは，連想学習，顔なじみ，同居経験に基づく認知と表現型の一致に基づく認知である。

それぞれのメカニズムについて説明すると，まず，空間的手がかりに基づく血縁識別は，分布の偏在が血縁と一致している場合に生じる。血縁の直接的な認知がなくても，血縁識別が起きていると考えられる。最もありふれた例としては，巣にいる雛への給餌があり，親は「我が家にいる雛には給餌せよ」という単純なルールに従っていると言える。または，出生地分散の距離が限られていて，血縁に基づいた個体の分布の構造化が生じている場合，近くにいる個体が血縁個体である可能性が高い。このような状況では，動物に血縁を判断する特別の能力や行動習性がなく，血縁認知が生じなくても，血縁個体への行動の偏り，血縁選択は生じる（Hamilton 1964）。出会う個体が血縁個体である可能性が時間的に変化するという場合もあり得る。例えば，バンには種内托卵が見られるが，雌は自身の産卵前に自身の巣に産み込まれた卵は全て排除するが，自身が産卵を始めると卵排除をしなくなる（McRae

1996)。

　また，空間に限らず，交尾経験など，状況依存的手がかり（contextual cue）までも含める広い定義を採用することもある。たとえば，ヨーロッパカヤクグリの劣位雄は自身の交尾経験の頻度に応じて，一妻二夫の巣での給餌頻度を変える（Davies 1992）。これは，交尾経験と雛が我が子である可能性が相関しているからである。このような空間的手がかりや状況依存的手がかりの例は多くの生物で生じると考えられるが，これは明らかに行動の偏りではあっても血縁識別ではなく，これを血縁認知のメカニズムに含めない立場もあり（Barnard *et al.* 1991; Widdig 2007），また，血縁認知または血縁識別の研究の対象としてはあまり興味を引かない。

　連想学習や顔なじみに基づく血縁認知は，成長初期に同居することで，個体の表現型を学習し，後に初めて遭遇する個体の表現型との間で比較を行って判断する。表現型の学習は馴化 habituation，刷り込み imprinting，連想学習 associative learning に基づくが，実際にどの過程をとるのかを知ることはできない（Mateo 2009）。また，第三者の行動観察からも生じる。このメカニズムでは，顔なじみの個体を認知するだけであり，遭遇経験のない血縁個体を認知できない。多くの哺乳類では雌が集団に留まる母系社会なので母系集団ができ，母系血縁と同居経験が強く結びついているので，母系血縁の認知には同居経験が重要なメカニズムとなっている（Widdig 2007）。

　表現型の一致に基づく血縁認知では，自身（self referent phenotype matching, self-matching または armpit effect（腋臭効果 :Dawkins（1982）による））か，顔なじみの血縁個体（親や兄弟）の表現型を学習し（family referent phenotype matching, other referent phenotype matching），認知の鋳型として，後に他個体の表現型と比較し，一致するかどうかで判断する。この血縁認知では，表現型と遺伝子型が一致する必要がある。つまり，血縁のラベルは遺伝的でないといけない。連想学習による認知では，学習した個体と見知らぬ個体を区別するだけなので，遭遇経験のない血縁個体を認知することはできないが，表現型の一致に基づく認知では，遭遇経験のない血縁個体（異母兄弟など）を血縁個体と認知できる。インドクジャクの雄は成長した後に，以前に同居の経験の無い異母兄弟とレックを作る（Petrie *et al.* 1999）。

これは，表現型の一致に基づく血縁認知と考えられる。事前に出会うことなく識別が可能なので，以前に同居の経験のない血縁個体と出会う可能性の高い種で有利である。しかし，連想学習と表現型の一致の場合の学習は，区別が曖昧な部分があり，相互排他的ではない。表現型の一致が考えられる状況でも，同居経験による連想学習の可能性を排除できない（Widdig 2007）。
　顔なじみなどに基づく認知も表現型の一致に基づく認知も，成長初期に起きる連想学習とその後の表現型の比較の過程を含むことに違いは無い（Tang-Martinez 2001; Nakagawa and Waas 2004）。両メカニズムの違いは，前者では個体ごとに異なった情報が学習される個体認知とよく似た過程をとり，学習の対象となる個体同士は表現型を共有する必要はないが，鋳型と個体の手がかりは正確に一致する必要があり，これに対して，後者では学習される表現型は対象個体に共通したものである（Waldman 1987; Widdig 2007）。
　最後に，識別遺伝子とは，Hamilton（1964）が想定した，表現型の手がかりを表出させ，他個体の手がかりを認知し，その手がかりを持つ個体に選択的に関わる行動を示す，super gene と名付けた遺伝子である。この考えは後に Dawkins（1976）が緑ヒゲ効果（green-beard effect）と名付けて普及させた。これは，緑ヒゲを持つ個体は他個体の緑ヒゲを認知して，その個体に対して利他的に振る舞うことから，緑ヒゲの遺伝子が広まるというものである。しかし，理論的にはあり得ても，一つの遺伝子で三つの異なる形質を発現させることは自然下では滅多にあり得ないと考えられ，また，定義からすると緑ヒゲだけ持つ非血縁個体との協力につながり，協力システムは選択的に排除されることになる（Mateo 2009）。これまでに，粘菌類やヒアリで識別遺伝子が確認されているが（Davies *et al.* 2012），鳥類の血縁認知ではほとんどあり得ないと考えられる。
　前節では，血縁認知の定義に関わる論争について述べたが，血縁認知の生じるメカニズムについても，研究者間の多少の意見の食い違いが見られる。これも血縁認知の定義を広く採るか狭く採るかの違いに基づいている。その一部は Grafen（1990）の指摘と関連したものもあり，また，実際上区別が困難な場合が生ずることに起因するものもある。Penn and Frommen（2010）は，広い定義を採用することで，メカニズムについても，識別の生じる手が

表2　血縁識別の生じるメカニズム

1. 状況依存的手がかり（Contextual cues）
   個体の特徴によらない手がかり（空間的，時間的，状況依存的な手がかり）
2. 表現型手がかり
   A. 顔なじみに基づく認知（Familiarity-dependent recognition）
      個体固有の手がかりに基づく連想学習
   B. 顔なじみに基づかない認知（Familiarity-independent recognition）
   (1) 間接的顔なじみ認知（Indirect familiarity）
       表現型の一致（Phenotype matching）とも言う。家族固有の特徴に基づく連想学習
   (2) 自己模範型認知（Self inspection）
       Self-referent phenotype matching, Armpit effect
   (3) 緑ヒゲ遺伝子

かりの違いに基づいて，(1) 表現型以外の状況（空間的，時間的，またはそれ以外の状況依存的な手がかり）に基づくものと，(2) 表現型を手がかりとするものに分け，さらに後者を，同居に基づくものと同居に基づかないものに分けた（表2）。

4. 連想学習に基づく血縁認知

セーシェルヨシキリは1卵産卵で，巣立った雌は親元に留まりヘルパーとなる。Komdeur et al.（2004）は雛交換により非血縁の若雌が養子親の手伝いをするかどうかを確認した。本種ではヘルパーと雛との血縁度が高いほど手伝いの可能性は高くなることが知られているが（Richardson et al. 2003），劣位雌は手伝うかどうかの決定を遺伝的血縁度ではなく，連想学習に基づいて行っている。なぜなら，

(1) 劣位雌は移動前の雛（血縁あり）と移動後の養子雛（非血縁）との間で給餌頻度を変えておらず，このことは，親は直接血縁度を評価できて

いないことを示唆している。
(2) 移動させた雛は養い親を実の親と見ている。そのため，移動先と自身のなわばりで雛がヘルパーとなる確率に差がない。すなわち，養子も同じように養子先でヘルパーとなる。つまり，非血縁の雛の世話をすることになる。

また，優位個体が入れ替わると手伝いをしないが，これは，自身が雛の時に給餌を受けた雌との連想学習に基づいて，入れ替わった個体を血縁者でないと判断し，その巣では給餌しないことを示していると思われる（Komdeur *et al.* 2004）。

この研究ではメカニズムの直接的な証拠が提出されているわけではなく，連想学習による説明は消去法の結果である。

カオジロガンでは同じ年生まれの姉妹同士は近くで営巣するが，生まれた年が違えば，このような傾向は無い（van der Jeugd *et al.* 2002）。また，顔なじみでない血縁個体とはコロニーグループにならないので，本種に見られる行動の偏りは，表現型の一致ではなく，同居による顔なじみに基づくのであろうと考えられている。

これらの研究は認知のメカニズムを直接示している訳ではなく，連想学習や顔なじみに基づくメカニズムを示唆しているだけであるが，より堅固な証拠で連想学習による血縁認知を明らかにしたのは，BJ Hatchwell らのグループが行った，一連のエナガの研究である。

エナガは繁殖に失敗すると繁殖中のつがいの手伝いをするが，この手助けの先は血縁個体に限られる（Russell and Hatchwell 2001）。血縁，非血縁の巣の選択実験では，潜在的なヘルパーは近くに血縁個体の巣がないとヘルパーにならず，同じ群れ内では血縁個体を手伝う。また，繁殖個体は血縁個体と非血縁個体の音声（コンタクトコール）に対して異なる反応を示す（Hatchwell *et al.* 2001）。このことは，音声の手がかりが血縁認知に用いられていることを示唆している。さらに，非血縁個体との雛交換実験により，真の兄弟と養子が同じ巣で育てられる状況を作り出し，翌年生存個体の行動を観察したところ，手伝い行動を行う際に，真の兄弟と養子を区別しなかっ

た（Hatchwell *et al.* 2001）。このことは，認知が同居時の学習に基づいており，遺伝的に決定されているものではないことを示唆している。また，親自身も養育時に養子と実子を区別していない。

Sharp and Hatchwell（2005）は認知のメカニズムを明らかにするために，スペクトログラフ分析により，本種のコンタクトコールの個体間，個体内変異を測定した。churrとtripleと呼ばれるコールは，個体毎に異なっており，個体識別に用いられている可能性があるが，血縁識別にも用いられると示唆される。実際，コール（churr, triple）のスペクトログラフ構造は，兄弟同士は兄弟以外と比較して類似性が高く，ある程度家族固有性を持つ（Sharp and Hatchwell 2006）。さらに，Sharp *et al.*（2005）は，これらの個体毎に異なるコンタクトコールに基づいて血縁と非血縁個体を識別しており，雛は育雛期に給餌する成鳥からコールを学習することを実験的に確認した。また，同じ巣で育てられた雛同士であれば，「義兄弟」同士でも実の兄弟同士でもコールの類似度は同程度だったが，離ればなれに育てられた実の兄弟同士ではあまり似ていなかった。同居を通じた認知手がかりをつかうことは，Sharp *et al.*（2001）が示した，同居した非血縁個体と血縁個体を区別できずに手伝うという手伝い行動のパターンと一貫している。

エナガはEPCや種内托卵がほとんど無く，同居期間が長いので，認識エラーの可能性は低く，雛段階で一緒にいるもの同士は血縁個体であるというルールに不整合が生じることはほとんどない。親は養子と実子を区別できないが，雛段階では同じ巣にいることが血縁の手がかりであっても不都合が生じることはない。しかし，ヘルパーは手伝いをする相手を選ぶときには，巣が近くにあるかどうかを血縁判定の手がかりにはしていない（Russell and Hatchwell 2001）。

5. 表現型の一致に基づく血縁認知

クジャクの雄は同居経験の無い兄弟とレックを作るが，手がかりは社会的，環境的ではない（Petrie *et al.* 1999）。これは表現型の一致に基づくものと考

えられている。しかし，これまで，表現型の一致に基づくという直接的な証拠が得られた研究は少ない。その少ない研究の中でも，最近，海鳥類を中心としたにおいによる血縁認知に関する研究は注目を浴びている（O'Dwyer and Nevitt 2009）。

　鳥類は一般に嗅覚がそれほど発達していないと考えられてきた。しかし，ミズナギドリ類は夜行性なので，夜，コロニーに帰ってきたときに自身の巣穴を探すのに嗅覚を用いることが知られている。また，強い麝香臭があり，他個体と区別できる個体臭を持つことから，ミズナギドリ類はにおいを手がかりに個体識別を行っているのではないかと考えられる（O'Dwyer and Nevitt 2009）。

　コシジロウミツバメの雛（4～6週間）は，(1) 自身の巣材のにおいと巣穴以外にある同様な有機質材料のにおいを区別する，(2) 自分の巣穴の材料のにおいと他個体の巣穴の材料のにおいを区別する（O'Dwyer *et al.* 2008）。自分の巣材の方へ動くが，巣立ち前に巣を離れる習性は無いので，自身が巣へ帰還するときの目標にするのが機能ではなく，成長後のもっと後の時期の血縁認識や配偶者選択で機能すると考えられる。ヒメウミツバメでも，雛は自身のにおいを識別した（de Leon *et al.* 2003）。これは個体毎ににおいの違いがあることを示唆し，巣の認知や社会関係において機能すると考えられる。

　Bonadonna and Nevitt（2004）は抱卵期のナンキョククジラドリのにおい選択実験を行っている。本種は穴居性で，巣の探索ににおいを手がかりとしていると考えられている。自身とにおい無しでは，自身のにおいがする方を選ぶことから，においを認知していることがわかる。次に，自身とつがい相手のにおいを選択させたところ，つがい相手のにおいを選択した。本種では交代で採餌に出るので，自身が採餌に出たときはつがい相手は巣に留まる。そこで，つがい相手のにおいを巣の手がかりとしていると考えられる。

　においとにおいの基となる物質が個体の情報を持つ情報化学物質（semiochemical）であることは，ガスクロマトグラフィーと質量分析によって確認されている。ナンキョククジラドリでは，羽毛表面からの抽出物に最大100個の揮発性脂質が特定でき，これらの小数の特異的化合物の成分比率は同一個体では年が変わっても変化しないが，個体間では違いが見られた

(Bonadonna et al. 2007)。におい物質の個体間，両性間，集団間の違いは，ミツユビカモメ（Leclaire et al. 2011, 2012）やスズメ目のユキヒメドリ（Whittaker et al. 2010）でも確認されている。Leclaire et al.（2012）は，ミツユビカモメにおいて，ガスクロマトグラフィーでにおい成分を特定すると同時に，マイクロサテライト分析により異形接合性と血縁度を調べている。その結果，尾腺の情報化学物質が異形接合性と血縁度の情報を持つことを確認した。におい物質は体内で生産されることから遺伝的基盤を持ち，個体のIDだけではなく，潜在的配偶者としての遺伝的適合性や個体の質の情報も持つと考えられる。

　においが個体毎に異なり，その違いが認知できるのであれば，血縁認知も可能となる。においを手がかりにした血縁識別に関しては，Coffin et al.（2011）がフンボルトペンギンについて選択実験を行った。その結果は，同居経験のない非血縁個体より，同居経験のある非血縁個体のにおいを好むことを示している。これは，巣穴の探索と関連していると考えられる。また，同居経験の無い個体同士でも，においの選択に偏りが見られ，血縁個体より非血縁個体のにおいを選んだ。これは，非血縁のにおいを新規物と知覚したものであり，表現型の一致に基づくと彼らは考えている。コシジロウミツバメ成鳥を用いた実験では（Bonadonna and Sanz-Aguilar 2012），血縁個体より非血縁個体のにおいを選んだ。家族のにおいの鋳型への刷り込みか，自身を鋳型とした表現型の一致に基づくと考えている（self referent phenotype matching）。これらの結果では，血縁個体を避ける傾向が見られ，配偶者選択に際しての近交回避機能とつながると考えられている。

　Mardon and Bonadonna（2009）はアオミズナギドリにおいて，(1) 他個体のにおいより配偶者のにおいを選ぶこと，(2) 自身のにおいより配偶者のにおいを選ぶこと，(3) 自身のにおいより他個体のにおいを選ぶことを見いだした。この結果は，穴居性ミズナギドリでは，自身のにおいを特定でき，配偶者のにおいで自分の巣穴を探索すると同時に自身のにおいを避けることで配偶者選択（遺伝的適合性）の機能を持つことを示唆している。また，本種では巣立ち雛と親のにおいは似ており，一方，非血縁個体とは似ていないことが確かめられている（Celerier et al. 2011）。

においを手がかりとした個体や血縁の認知は，海鳥類だけでなく，嗅結節が小さいので嗅覚が発達していないと思われていたスズメ目鳥類でも明らかにされている。野生のキンカチョウは，深いヤブの中で，50つがい以上からなるコロニーを形成し，巣が互いに近接してよく見えない。巣では雛への給餌や睡眠が行われるので，自身の巣を見つけ出すことが重要である。キンカチョウではにおい受容に関係すると思われる遺伝子の数が海鳥と同じくらい多く，実際に，巣立ち直後の雛に，自身の巣と他個体の巣のにおいを選ばせたところ，自身の巣のにおいを選んだ（Caspers and Krause 2011）。Krause et al.（2012）は，さらに，ふ化後1〜4日の雛の一部を移動操作して育てた後に，養子雛と養子先の雛にそれぞれ，生まれた巣と育った巣のにおい刺激を与えた。その結果，養子雛は自身が生まれた巣のにおいの方を選んだが，養子先の雛は自身が生まれた巣のにおいに惹かれることはなかった。養子先の雛が生まれた巣のにおいを選ぶのは自分の兄弟が多い場合であった。養子に出した雛が生まれた巣のにおいを選ぶのはにおいの刷り込み学習がふ化前か直後に起きたことを示唆する。

　キンカチョウの配偶者選択については，結果はそれほど明瞭ではないが，同居経験の無い個体では血縁個体を避ける傾向が見られた（Schielzeth et al. 2008）。別の研究（Arct et al. 2010）では，キンカチョウの飼育個体群から，互いに同居の経験の無い遺伝的血縁個体同士と同じく同居経験の無いランダムに選んだ個体同士で繁殖が起きる割合を比較したところ，血縁個体同士では繁殖に入った割合が低かった。また，血縁個体同士で繁殖したつがいでは産卵数が少なかった。キンカチョウは短命なので，血縁個体とのつがい形成を全く避けることはないが，血縁を識別しており，血縁同士の繁殖では大きな投資はしない（産卵数が少ない）と考えられている。この実験では，同居経験のない個体を使用しているので，自身を鋳型にしたか，家族の鋳型に基づく表現型の一致が手がかりと考えられる。

6. 血縁認知と MHC

　最近の遺伝学的手法の発展にともない，マイクロサテライトや主要組織適合性複合体（major histocompatibility complex（MHC））遺伝子を用いた遺伝的類似度を測定した研究が増えている。MHC 遺伝子は免疫機能に関係しており，多型的である。また，においの源は MHC の可能性がある。このため，遺伝的類似度と表現型との繋がりが期待され，配偶者選択に用いられると考えられている。配偶者を選好する場合に，遺伝的類似度の高い個体（多くの場合は血縁個体）を避けることで，近交のリスクを回避することができる。また，MHC 遺伝子は免疫機能に関係するので，異型接合性の高い個体は病気に対する抵抗性が高いと考えられる。異なる MHC 遺伝子を持つ個体との配偶は MHC 多様度を高めるので，自身と異なる MHC 遺伝子を持つ個体を選好して異型接合性を増加させる戦略が選択される。一方，ある特定の遺伝子セットが病気への抵抗性を高めるのであれば，このような遺伝子セットを持つ個体が選好され，同類交配的な配偶になる（Zelano and Edwards 2002）。

　このように，MHC に基づいた配偶者選択は適応的である（O'Dwyer and Nevitt 2009）。これまでに，人間，ネズミ類，魚類，爬虫類で MHC と連関したにおいが，個体認知や配偶者選択に関係していることが分かっている。鳥類においても，ミズナギドリ類など長寿命で，終生一夫一妻，嗅覚の発達した種で，MHC 適合性に基づく配偶者選択はあり得る（Zelano and Edwards 2002）。

　アオミズナギドリの MHC 遺伝子は八つの class I と二つの class IIB で成り立っている。MHC class IIB の機能的隔たりは，つがい内の方がランダムな組み合わせより大きかった（Strandh *et al.* 2012）。これは，遺伝的に異なる配偶者を選んで，子の異系接合性を高めていることを示す（「配偶者適合仮説」Mate compatibility hypothesis）。MHC は多型的であり，機能に関係した差がある MHC 遺伝子型が特定されているので，差は個体間で認知可能である。近交を防ぐ利益をもたらす血縁認知システムとなる。class IIB 遺伝子は外部起源の病原体（バクテリア）に対する免疫機能に関与している。バク

テリアはにおいに影響するので，バクテリア群集相が異なれば，個体ごとに異なるにおいを生じさせると考えられる。

　他の種でも，ミナミシロハラミズナギドリにおいて，MHC class IIB 遺伝子を特定できており，個体内，個体間で変異があることが知られている（O'Dwyer and Nevitt 2009）。また，オオグンカンドリでも MHCclass IIB の異なるつがい相手を選ぶことが知られている（Juola and Dearborn 2012）。

　Bonneaud et al.（2006）は，イエスズメの野外個体群において，マイクロサテライトと MHC の類似度と多様度とを測定した。この個体群ではつがい内の平均血縁度はランダムな組み合わせからの平均血縁度から有意に外れることはなかったが，雌はつがいになれなかった雄より自身との類似性の高い雄を選んでいた。また，つがいになった雄はつがいになれなかった雄に比べて，MHC 多様度に違いはなかったがアレル数は多かった。つがい内では MHC 多様度は相関しており，同様の多様度で，共有するアレル数の多い相手を選んでいた。この個体群では，血縁度は配偶者選択に関係せず，子の MHC アレル数を最大化するように MHC 多様度の高い雄が選好されていると考えられる。

　Freeman-Gallant et al.（2003）は，クサチヒメドリで MHC に関して非ランダムに相手を選んでいるかどうかを検証した。本種では雌の EPC（つがい外交尾）頻度が高く（雌の 60%），つがい外受精の割合は巣当たり 65.1%，雛当たり 47.6% である。1 歳で繁殖する雌は，ほとんど MHC が似ていない雄を選んだが，2 歳以上の雌はランダムに選んだ。雄の死亡が高いために，繁殖地への帰還時点で前年の繁殖地付近で選べる雄が少なかったためと考えられている。また，つがい外雛のいる雌では，いない雌に比べて，つがい相手との MHC 類似度が高かった。このことは，類似度の高い雄とつがった雌は EPC を行って近交回避を行っていたことを示すのかもしれない。雌は相手のバンド共有度が高いと類似度の低い雄と EPC する。

　以上のように，これらの研究では，つがい形成の際に，互いに MHC 類似度の低い相手を選ぶことで，近親交配を避けていることが示唆されている。血縁とは関係なく，病気への抵抗性を高めるという利益の基で遺伝的類似度の異なる配偶者を選好している可能性を否定できないが，MHC 類似度が血

縁度とつながりがあることからMHC類似度を評価できるならば，相手との血縁度も評価出来ることを示している。MHC構成の違いはにおいの違いを生じるであろうから，においが手がかりとなると考えられる。

＊＊＊

　これまで見てきたように，鳥類の血縁認知には大きく分けて，顔なじみに基づく認知と表現型の一致に基づく認知がある。どのようなメカニズムの血縁認知システムが進化するかは，その認知システムのコストと認識エラーの起きる程度に基づくと考えられる（Sherman *et al.* 1997）。晩成性鳥類では，雛は独立までの期間に非血縁個体と接触する機会は少ない。顔なじみとなる個体の大部分は血縁個体である。このような種では，顔なじみによる血縁識別がまず進化すると考えられる。若鳥の親元での滞在が長引く協同繁殖鳥類では手伝い行動に関わる識別エラーはほとんど生じないと考えられるので，多くの協同繁殖鳥類は顔なじみに基づいて血縁個体を識別していると考えられている（Komdeur and Hatchwell 1999）。

　一方，顔なじみに基づく血縁認知では，養育親と共に育った兄弟姉妹は識別できても，生年の異なる兄弟姉妹を識別できない。このことは，顔なじみの血縁認知だけでは配偶者選択においては，近親交配を十分に排除できないことを示唆している。しかし，多くの鳥類では，出生後分散に雌雄差があり，雌ほど遠方へ分散することが知られており，これは近親交配を避けるメカニズムの一つであると考えられている（Greenwood 1980）。温帯の鳴禽類の多くは1歳で繁殖可能となるが，比較的短命なので，出生後分散の性差が近親交配回避に寄与すると考えられる。

　一夫多妻や乱婚種では父性を同じくする異母兄弟が出会う可能性が高い。哺乳類では雌が複数の雄と交尾するにもかかわらず，生まれた子同士が血縁を認知していると考えられる事例が多い。このような同父異母兄弟間の血縁認知が生じるメカニズムとしては同居による顔なじみと表現型の一致が示唆されている。特に，においを手がかりとした表現型の一致による血縁認知が強く示唆される事例が多く知られている。しかし，におい，音声，形態などの表現型が識別の手がかりになっていることが確認されていても，顔なじみ

の可能性を完全に排除できていないので，表現型の一致だけが関与しているという直接的な証拠は得られていない（Widdig 2007）。

　鳥類の血縁認知に関する研究においては，表現型の一致はメカニズムとしてこれまで重要視されては来なかった（Nakagawa and Waas 2004）。しかし，長命な海鳥類は生年の異なる兄弟同士が同居によって顔なじみになる機会はないので，血縁認知が生じるとすれば表現型の一致に基づく可能性が高い。その海鳥類でにおいによる個体識別が知られていること，さらに鳴禽類でもキンカチョウのようなコロニー性の鳥類でもにおいを手がかりにした巣や血縁の認知が知られていることは，表現型の一致が鳥類でも血縁認知の重要なメカニズムであることを示唆している。個体特有のにおいはMHCと関係していると考えられており，自身を鋳型とした「真の血縁認知」（Nakagawa and Waas 2004）が機能している可能性がある。鳥類では音声による情報伝達が発達しており，音声は学習により変化することから血縁を直接判断する手がかりではなく，同居による顔なじみが基本で，音声が認知の精度を高める手がかりとして多くの種で用いられていると考えられてきた。そのために，血縁認知のメカニズムを明らかにする研究は多くなかった。しかし，これまで述べてきたように，表現型の一致に基づくと示唆される血縁認知の事例は増えつつある。顔なじみではなくても血縁認知が生じており，その際にどのような表現型の手がかりが関与しているかということを，厳密な実験によって解明することがこれからの鳥類における血縁認知の研究では重要な研究課題となると考える。

引用文献

Andersson M and Waldeck P (2007) Host–parasite kinship in a female-philopatric bird population: evidence from relatedness trend analysis. *Molecular Ecology* 16: 2797–2806.

Arct A, Rutkowska J, Martyka R, Drobniak SM and Cichon M (2010) Kin recognition and adjustment of reproductive effort in zebra finches. *Biology Letter* 6: 762–764

Barnard C (1991) Kinship and social behaviour: The trouble with relatives. *Trends in Ecology and Evolution* 6: 310–312.

Barnard CJ, Hurst JL and Aldhous PGM (1991) Of mice and kin: the functional

第1章 鳥類における血縁認知

significance of kin bias in social behaviour. *Biological Reviews* 66: 379–430.
Bateson P (1983) Optimal outbreeding. In: *Mate Choice* (ed. Bateson P), pp. 257–277. Cambridge University Press, Cambridge.
Beecher MD (1988) Kin recognition in birds. *Behavior Genetics* 18: 465–482.
Bekoff M (1992) Kin recognition and kin discrimination. *Trends in Ecology and Evolution* 7: 100.
Bonadonna F and Nevitt GA (2004) Partner-specific odor recognition in an antarctic seabird. *Science* 306: 835.
Bonadonna F, Miguel E, Grosbois V, Jouventin P and Bessiere J (2007) Individual odor recognition in birds: an endogenous olfactory signature on petrels' feathers? *Journal of Chemical Ecology* 33:1819–1829.
Bonadonna F and Sanz-Aguilar A (2012) Kin recognition and inbreeding avoidance in wild birds: the first evidence for individual kin-related odour recognition. *Animal Behaviour* 84: 509–513.
Bonneaud C, Chastel O, Federici P, Westerdahl H and Sorci G (2006) Complex MHC-based mate choice in a wild passerine. *Proceedings of the Royal Society B* 273: 1111–1116.
Byers JA and Bekoff M (1991) Development, the conveniently forgotten variable in 'true kin recognition'. *Animal Behaviour* 41: 1088–1090.
Caspers BA and Krause ET (2011) Odour-based natal nest recognition in the zebra finch (*Taeniopygia guttata*), a colony-breeding songbird. *Biology Letter* 7: 184–186.
Célérier A, Bon C, Malapert A, Palmas P and Bonadonna F (2011) Chemical kin label in seabirds. *Biology Letter* 7: 807–810.
Coffin HR, Watters JV, Mateo JM (2011) Odor-based recognition of familiar and related conspecifics: a first test conducted on captive Humboldt penguins (*Spheniscus humboldti*). *PLoS ONE* 6 (9): e25002.
Davies NB (1992) *Dunnock Behaviour and Social Evolution*. Oxford University Press, Oxford.
Davies NB, Krebs JR and West SA (2012) *An Introduction to Behavioural Ecology. fourth ed.* Wiley-Blackwell, Chichester.
Dawkins R (1976) *The Selfish Gene*. Oxford University Press, Oxford.
Dawkins R (1982) *The Extended Phenotype*. Freeman, San Francisco.
De Leon A, Minguez E and Belliure B (2003) Self-odour recognition in European storm-petrel chicks. *Behaviour* 140: 925–933.
Freeman-Gallant CR, Meguerdichian M, Wheelwright NT and Sollecito SV (2003) Social pairing and female mating fidelity predicted by restriction fragment length polymorphism similarity at the major histocompatibility complex in a songbird. *Molecular Ecology* 12: 3077–3083.
Grafen A (1990) Do animals really recognize kin? *Animal Behaviour* 39: 42–54.
Grafen A (1991a) A reply to Blaustein et *al. Animal Behaviour* 41: 1085–1987.
Grafen A (1991b) A reply to Byers and Bekoff. *Animal Behaviour* 41: 1091–1992.
Greenwood PJ (1980) Mating systems, philopatry and dispersal in birds and mammals. *Animal Behaviour* 28:1140–1162.

Grosberg RK and Quinn JF (1986) The genetic control and consequences of kin recognition by larvae of a colonial marine invertebrate. *Nature* 322: 457–459.

Hamilton WD (1964) The genetical evolution of social behaviour, I & II. *Journal of Theoretical Biology* 7: 1–52.

Hatchwell BJ, Anderson C, Ross DJ, Fowlie MK and Blackwell PG (2001) Social organization of cooperatively breeding Long-tailed tits: kinship and spatial dynamics. *Journal of Animal Ecology* 70: 820–830.

Hauber ME, Sherman PW and Paprika D (2000) Self-referent phenotype matching in a brood parasite: the armpit effect in brown-headed cowbirds (*Molothrus ater*). *Animal Cognition* 3: 113–117.

Hauber ME, Russo SA and Sherman PW (2001) A password for species recognition in a brood-parasitic bird. *Proceedings of the Royal Society B* 268: 1041–1048.

伊藤嘉昭（1992）血縁淘汰・血縁識別・共同的集合—まえがきにかえて—，『動物における協同と攻撃』（伊藤嘉昭編），1–18，東海大学出版会，東京．

Jaatinen K, Jaari S, Öst M O'Hara RB and Merilä J (2009) Relatedness and spatial proximity as determinants of host-parasite interactions in the brood parasite Barrow's goldeneye (*Bucephala islandica*). *Molecular Ecology* 18: 2713–2721.

Jaatinen K, Öst M and Lehikoinen A (2011) Adult predation risk drives shifts in parental care strategy. *Journal of Animal Ecology* 80: 49–56.

Juola FA and Dearborn DC (2012) Sequence-based evidence for major histocompatibility complex-disassortative mating in a colonial seabird. *Proceedings of the Royal Society B* 279: 153–162.

Komdeur J and Hatchwell BJ (1999) Kin recognition: function and mechanism in avian societies. *Trends in Ecology and Evolution* 14: 237–241.

Komdeur J, Richardson DS and Burke T (2004) Experimental evidence that kin discrimination in the Seychelles warbler is based on association and not on genetic relatedness. *Proceedings of the Royal Society B* 271: 963–969.

Krause ET, Kruger O, Kohlmeier P and Caspers BA (2012) Olfactory kin recognition in a songbird. *Biology Letter* 8: 327–329.

Krupp DB, DeBruine LM and Jones BC (2011) Cooperation and Conflict in the Light of Kin Recognition Systems. In: *An Oxford Handbook of Evolutionary Family Psychology* (eds. Salmon C and Shackelford TK), Oxford University Press.

Leclaire S, Merkling T, Raynaud C, Giacinti G, Bessière J-M, Hatch SA and Danchin E (2011) An individual and a sex odor signature in kittiwakes? Study of the semiochemical composition of preen secretion and preen down feathers. *Naturwissenschaften* 98:615–624.

Leclaire S, Merkling T, Raynaud C, Mulard H, Bessière J, Lhuillier E, Hatch S and Danchin E (2012) Semiochemical compounds of preen secretion reflect genetic make-up in a seabird species. *Proceedings of the Royal Society B* 279: 1185–1193.

Lópes-Sepulcre A and Kokko H (2002) The role of kin recognition in the evolution of conspecific brood parasitism. *Animal Behaviour* 64: 215–222.

Mardon J and Bonadonna F (2009) Atypical homing or self-odour avoidance? Blue petrels (*Halobaena caerulea*) are attracted to their mate's odour but avoid their own.

Behavioral Ecology and Sociobiology 63: 537–542.
Mateo JM (2008) Kinship Signals in Animals. In: *Encyclopedia of Neuroscience* (ed. Squire LR). pp. 281–289, AP, Oxford.
Mateo JM (2010) Self-referent phenotype matching and long-term maintenance of kin recognition. *Animal Behaviour* 80: 929–935.
McRae SB (1996) Family values: costs and benefits of communal nesting in the moorhen. *Animal Behaviour* 52: 225–245.
Nakagawa S and Waas JR (2004) 'O sibling, where art thou?' – a review of avian sibling recognition with respect to the mammalian literature. *Biological Reviews* 79: 101–119.
O'Dwyer TW and Nevitt, GA (2009) Individual odor recognition in Procellariiform chicks potential role for the major histocompatibility complex. *Annals of the New York Academy of Sciences* 1170: 442–446.
O'Dwyer TW, Ackerman AL and Nevitt GA (2008) Examining the development of individual recognition in a burrow-nesting procellariiform, the Leach's storm-petrel. *Journal of Experimental Biology* 211: 337–340.
Penn DJ and Frommen JG (2010) Kin recognition: an overview of conceptual issues, mechanisms and evolutionary theory. In: *Animal Behaviour: Evolution and Mechanisms* (ed. Kappeler P), pp. 55–85, Springer, Göttingen.
Petrie M, Krupa A and Burke, T (1999) Peacocks lek with relatives even in the absence of social and environmental cues. *Nature* 407: 155–157.
Richardson DS, Komdeur J and Burke J (2003) Altruism and infidelity among warblers. *Nature* 422: 580.
Russell AF and Hatchwell BJ (2001) Experimental evidence for kin-biased helping in a cooperatively breeding vertebrate. *Proceedings of the Royal Society B* 268: 2169–2174. R
Schielzeth H, Burger C, Bolund E and Forstmeier W (2008) Assortative versus disassortative mating preferences of female zebra finches based on self-referent phenotype matching. *Animal Behaviour* 76: 1927–1934.
Sharp SP and Hatchwell BJ (2005) Individuality in the contact calls of cooperatively breeding long-tailed tits (*Aegithalos caudatus*). *Behaviour* 142: 1559–1575.
Sharp SP and Hatchwell BJ (2006) Development of family specific contact calls in the Long-tailed Tit *Aegithalos caudatus*. *Ibis* 148: 649–656.
Sharp SP, McGowan A, Wood MJ and Hatchwell BJ (2005) Learned kin recognition cues in a social bird. *Nature* 434: 1127–1130.
Sherman PW, Reeve HK and Pfenig DW (1997) Recognition systems. In: *Behavioural Ecology: An Evolutionary Approach* (eds. Krebs JR and Davies NB). pp. 69–96. Blackwell Science, Oxford.
Strandh M, Lannefors M, Bonadonna F and Westerdahl H (2011) Characterization of MHC class I and II genes in a subantarctic seabird, the blue petrel, *Halobaena caerulea* (Procellariiformes). *Immunogenetics* 63: 653–666.
Strandh M, Westerdahl H, Pontarp M, Canbäck B, Dubois M, Miquel C, Taberlet P and Bonadonna F (2012) Major histocompatibility complex class II compatibility, but not class I, predicts mate choice in a bird with highly developed olfaction. *Proceedings of*

the Royal Society B 279: 4457–4463.

Stuart RJ (1991) Kin recognition as a functional concept. *Animal Behaviour* 41: 1093–1094.

Tang-Martinez, Z (2001) The mechanisms of kin discrimination and the evolution of kin recognition in vertebrates: a critical re-evaluation. *Behavioural Processes* 53: 21–40.

van der Jeugd HP, van der Veen IT and Larsson K (2002) Kin clustering in barnacle geese: familiarity or phenotype matching? *Behavioral Ecology* 13: 786–790.

Waldman B (1987) Mechanisms of kin recognition. *Journal of Theoretical Biology* 128: 159–185.

Waldman B (1988) The ecology of kin recognition. *Annual Reviews of Ecology and Systematics* 19: 543–571.

Whittaker DJ, Soini HA, Atwell JW, Hollars C, Novotny MV and Ketterson ED (2010) Songbird chemosignals: volatile compounds in preen gland secretions vary among individuals, sexes, and populations. *Behavioral Ecology* 21:608–614.

Widdig A (2007) Paternal kin discrimination: the evidence and likely mechanisms. *Biological Reviews* 82: 319–334.

Zelano B and Edwards SV (2002) An MHC component to kin recognition and mate choice in birds: predictions, progress, and prospects. *American Naturalist* 160: S225–S237.

コラム 1

ミズナギドリ類のにおい探知能力

　鳥類は一般に嗅球と呼ばれるにおい感知中枢の脳に占める割合が小さく，嗅覚が劣っており，鳥類の生活では嗅覚は重要では無いと考えられて来た。しかし，嗅覚を使って探知，情報伝達を行う鳥類は少なくないことが最近知られるようになった（T. バークヘッド著『鳥たちの驚異的な感覚世界』（沼尻由紀子訳，河出書房新社）は嗅覚を含めた鳥類の感覚についての詳しい一般書である）。キーウィやヒメコンドルはにおいを手がかりに餌を探すことが早くから知られていたが，最近では，ミズナギドリ類が巣への帰還や沖合での採餌に嗅覚を用いることを示す研究結果が多くもたらされている。ミズナギドリ類は管鼻目とも呼ばれ，くちばしに平行した管状の長い鼻孔を持つことが特徴である。この鼻孔部は体内に取り込まれた過剰な塩分を排出する機能に関係しているが，同時に高い嗅覚にも関係している。また，キーウィ，タカ類，ミズナギドリ類などは嗅球の対脳比率が大きい。

　ミズナギドリ類のどの種も，非繁殖期には海上で生活し，繁殖期には離島の地中に巣穴を掘って集団で繁殖する。抱卵は交代で行うため，採餌も雌雄のどちらかが出かける。未明に採餌場へ出かけ，群れる魚群を浅く潜水して捕らえ，日没後に巣穴に戻り給餌する。植物プランクトンは動物プランクトンに捕食されると硫化ジメチルを発生するが，ミズナギドリ類は空中に発散した硫化ジメチルを感知して餌の位置を知る（Nevitt et al. 1995）。その範囲は 10km を超える。

　嗅覚はつがい相手や巣穴の特定にも使用される。ミズナギドリ類は尾腺から麝香臭を発散する。つがい相手のにおいを記憶し，帰巣の際に，暗黒下でもつがい相手のいる巣穴を特定できる。ナンキョククジラドリやアオミズナギドリを用いた実験では，においにより個体を識別できることが明らかになっている (Bonadonna and Nevitt 2004; Mardon and

Bonadonna 2009; Célérier *et al.* 2011)。実験では，自身のにおいよりも配偶相手のにおいに引かれる傾向が見られ，このことは，配偶相手が抱卵している自身の巣穴を特定するように機能することを示唆している。

（江口和洋）

Bonadonna F and Nevitt GA (2004) Partner-specific odor recognition in an antarctic seabird. *Science* 306: 835.

Célérier A, Bon C, Malapert A, Palmas P and Bonadonna F (2011) Chemical kin label in seabirds. *Biology Letter* 7: 807–810.

Mardon J and Bonadonna F (2009) Atypical homing or self-odour avoidance? Blue petrels (*Halobaena caerulea*) are attracted to their mate's odour but avoid their own. *Behavioral Ecology and Sociobiology* 63: 537–542.

Nevitt, GA, Veit, RR and Kareiva, P (1995) Dimethyl sulphide as a foraging cue for antarctic Procellariiform seabirds. *Nature* 376: 680–682.

第2章

対称性のゆらぎと性淘汰

上田恵介

　人間もそうだが，虫や鳥やサル，ほとんどの動物は左右対称の形態を持っている。だから多くの生物は基本的に左右相称であると私たちは思いがちだ。だがアメーバのような不定形の生物やヒトデのような放射相称形の生物，カタツムリや巻き貝のように螺旋形をした生物もいる。またシオマネキ類の雄のように身体は左右相称でも，そのハサミには左右の著しい非対称性が見られるものもある。生物界に見られる非対称性という問題を，行動生態学はどのようにあつかってきたのだろうか。

1. 非対称性の種類

　van Valen (1962) は動物の形態の非対称性について，次の三つを区別した（訳語は椿 (1993) による）。その第一は「偏向的非対称性 (directional asymmetry)」で，右か左かは種によってどちらかに決まっているといった，もともとの非対称性である。たとえば「左ヒラメの右カレイ」と言われるように，カレイ目魚類の目の位置には偏向的非対称性が見られる (松浦 2005)。カレイ科やササウシノシタ科の目は右によっており（カレイ型），ヒラメ科，ダルマガレイ科，ウシノシタ科の目は左によっている（ヒラメ型）。

　巻き貝の巻き方も右巻きか左巻きかは種によって決まっており，その多くは右巻きである。キセルガイ科やサカマキガイ科は巻き貝の中では例外的に

左巻きだが，同一種の中で左右両方の巻き方が生じる種は少ないという（浅見 1992）。この陸産巻貝の左右性にはさらに面白いエピソードがある。それは右巻きか左巻きかで，捕食者の形態が変化する例が知られているのである。これは最近，明らかになったことだが，右巻きのカタツムリを専食するイワサキセダカヘビの下あごの歯の数は左が 18 本に対し，右が 25 本もあり，右巻きのカタツムリを捕食するのに効率よくできている（細 2012）。

2 番目は「分断的非対称性（antisymmetry）」で，個体群の中に左右非対称の両方のタイプが存在する場合である。たとえばシオマネキ類の雄のハサミの形がそうである。シオマネキ類の雄は左右のハサミのうちのどちらかが大きく，個体群中に両方のタイプが存在する（古賀 1999）。カレイ目魚類でも祖先型と言われるボウズガレイ科ではヒラメ型（目が左）とカレイ型（目が右）の両方のタイプが出現する（松浦 2005）。

またこれは形態ではないが，ヒトの利き腕の問題も身体の機能に関する分断的非対称性の例としてあげることができる（どちらを利き腕にするかによって，筋肉の付き方や長さが異なってくるが，本質的には形態の問題ではない）。この場合，右腕と左腕，どちらが利き腕でも生活に基本的に支障はない。現代の右利き優位の人間社会では，ハサミなど，左利き用の生活用品をあまり売っていなくて苦労するが，自然史段階のヒトにあっては，どちらでもよかったはずである。同様にシオマネキのどちらのハサミが大きくても，ボウズガレイの目がどちらにあろうとも，個体維持に関して支障はないはずである。

問題は配偶に関して起こってくる。たとえばカレイ目魚類の場合，生殖孔が身体の片側に遍在している。もし配偶行動において生殖孔の位置が問題になるなら，頻度の低いタイプは不利になってくる。これは巻き貝やシオマネキでも起こってくる問題であるし，ヒトでもデートの際，恋人が右利きか左利きかで，そのどちら側に位置するかがエスコートの成功率に影響するかもしれない。だが両者の繁殖成功に差がないなら，頻度の低いタイプも進化的に安定な戦略（ESS）として安定頻度に達しているのかもしれない。こうした分断的非対称性がどのような仕組みで個体群中に維持されているかは興味あるところである。

3番目が「対称性のゆらぎ（fluctuating asymmetry=FA[*1]）」で，これが本章のテーマである．一般に対称であるべき形態でも，遺伝的なストレス，または後天的な環境ストレスによって，発生の過程で左右非対称に発達することがある（Parsons 1990）．というより，どのような形態であろうと，厳密に測定すれば完全に左右対称ではない．対称性のゆらぎとは，本来，左右対称であると考えられる形態に見られる，方向性がランダムな，個体ごとの非対称性の程度のことである[*2]．

FAの程度は，環境ストレスに対する補正のメカニズムが，発生過程で正常に作動しているかどうかに関わっている．そこでFAは発生安定性（developmental stability）の尺度として，主としてキイロショウジョウバエなどの実験動物を対象としてであるが，集団遺伝学の分野で古くから用いられてきており（Palmer and Strobeck 1986），20世紀の終わり頃には，個体群生態学や保全生物学の分野でさかんに取り上げられたテーマである．

椿（1993）はPalmer and Strobeck（1986）の表をもとに，FAがどのような要因によって影響を受けているかを一覧表にして挙げている（表1）．それによるとたとえばヘテロ接合体頻度が高いと，個体群間の比較ではFAは小さくなる（個体間では不明）とか，測定した形質間に個体群間ではFAの相関が見られるが，個体間では見られないといった傾向がある．また極端な表現型ではFAは大きくなる傾向や，淘汰はFAの大きな個体に強く働くという傾向，環境のストレスによってFAが大きくなるという傾向がいくつかの研究から示唆されている．

[*1] 伊藤嘉昭（1993）は行動生態学の教科書『動物の社会』（改訂版）の中で，FAを"変動非対称性"と訳しているが，本章では椿に従って"対称性のゆらぎ"とした．その後，伊藤からきた手紙には「"対称性のゆらぎ"の方がよい訳語だから，次回から変える」と書いてあった．

[*2] 対称性に関する形態の測定値はある平均値を中心に正規分布する．FAの測定値としては，(1) 左右の差，(2) 左右の差の絶対値，(3) 左右の比が用いられる．またFAを個体群の代表値として用いる場合には，Palmer and Strobeck（1986）によると，この3種類の値をもとに計算する指数が8種類，及び相関係数をもとに計算する場合の9種類に分類できる．それぞれの指数の長所・短所については椿（1993）に詳しく述べられているので，参照されたい．

表1 FAに影響する要因（椿1993を簡略化）

予　　測	論文数* 肯定	否定
1) ヘテロ接合対頻度が高いとFAは小さい（個体群）	7	2
2) 〃　　　　　　　　　　　　（個体間）	1	1
3) 測定した形質間にFAの相関あり（個体群）	4	1
4) 〃　　　　　　　　　　　　（個体間）	0	4
5) 保存系統は野生生物よりFAが大きい	1	0
6) 近親交配が進むとFAは大きくなる	2	2
7) 種間交雑によってFAが大きくなる	4	3
8) 個体群間の交雑でFAは小さくなる	3	3
9) 極端な表現型ではFAは大きくなる	5	0
10) 雄の方がFAは大きい	2	3
11) 淘汰はFAの大きな個体に強く働く	5	1
12) 環境のストレスによってFAは大きくなる	6	1

*古いものでは1955年のキイロショウジョウバエに関するものがある。60年代，70年代にも多くの論文が発表されている。対象とした材料もキイロショウジョウバエから魚類，両生類，爬虫類，鳥類，哺乳類と多岐にわたっている。

2. ツバメの雌の選り好み——野外での証拠

　本来，左右対称であるように選択圧がかかっている形態に対称性のゆらぎ（FA）がある場合，FAが大きければその個体は自然選択上，また性選択上の不利益をこうむるはずである。この点に関してMøller（1992）はFAと性選択の関わりについて，ツバメの雌が配偶相手の雄を選ぶときに，FAを基準にして，左右非対称の個体よりも，左右対称の個体を選んでいるという研究を発表した（巻頭口絵1：Møllerのツバメの調査サイト）。
　ツバメでは尾の長さが雌の選り好みに重要な役割を果たしている。尾の長い個体の方が明らかに配偶成功率も繁殖成功率も高い（Møller 1988，1990a）。彼は雄の尾（最外側の尾羽）のFAを測ってみた。すると尾の長さとFAには負の相関があった（Møller 1990b）。そこで彼は尾が長くFAの小さな個体は質の高い雄であり，雌はそのような質の高い雄をFAにもとづい

て選んでいるのではないかと考え，尾の長さを短くした場合と，長くした場合の両方についてFAを操作した実験を行った。つまり雄のツバメの尻尾の先を部分的に切りとって左右非対称の個体をつくり，その個体の配偶成功や繁殖成功をみたのである。結果は尾羽を短くされた場合も，長くされた場合も，左右対称の尾羽を持つ個体の方が，そうでない個体より高い成功を収めたのである（Møller 1992）。Møllerはこれらの操作実験から，雌は対称的な尾羽を持つ，質の高い雄を配偶者として好んでいると結論したのである。

しかし彼のこの実験にはケンブリッジ大学のBalmford and Thomas（1993）から批判が寄せられた。彼らは鳥では尻尾を非対称にすると飛翔能力（とくに揚力）が低下するというデータを示し，Møller（1992）の結果は雌による選り好み，つまり性淘汰の結果ではなく，自然淘汰そのものに関わるものであると批判したのである。

尻尾を切られたツバメはエサ集めがうまくできなくなり，その結果，繁殖成功率が低下したのだという，この批判は的を得たものであった。もちろんMøllerは周到に対称・非対称に関わらず，その雄が関わった巣の雛の体重には差がないというデータを示しているが，それは雄の採食能力を示すものではない。なぜなら雄が採食量を減少させた分，雌が補償的にエサ集めをしているかもしれないのである。もうひとつの点は，雌が非対称の尾羽の雄を好まないのではなく，非対称の雄は同性内での配偶者獲得競争において不利なのかも知れないことである。Møllerはこの点についても雄同士の争いの観察結果を示し，両者に差がないという結論を得ているが，Balmford and Thomas（1993）も指摘しているように，野外のデータとしては観察時間が短すぎる。Møller（1990b）が示したFAと尾羽の長さの負の相関も，ツバメの尾には強い自然淘汰がかかっていると考えれば，性淘汰を仮定しなくても理解できる。ではツバメの尾は本当に性淘汰とは無関係なのだろうか。

Møllerはこの批判に対して，早速，別の実験を組み立ててFAに対する雌の選り好みの証拠を提出した（Møller 1993）。それは尾羽の長さを変えるのではなく，ツバメの最外側の尾羽を部分的に黒くまたは白く塗って，非対称性をつくり出す，というものであった。非対称の雄は尾羽の1枚を白く，1枚を黒く塗られた。対照（control）雄は両方とも黒く，対称（symmetrical）

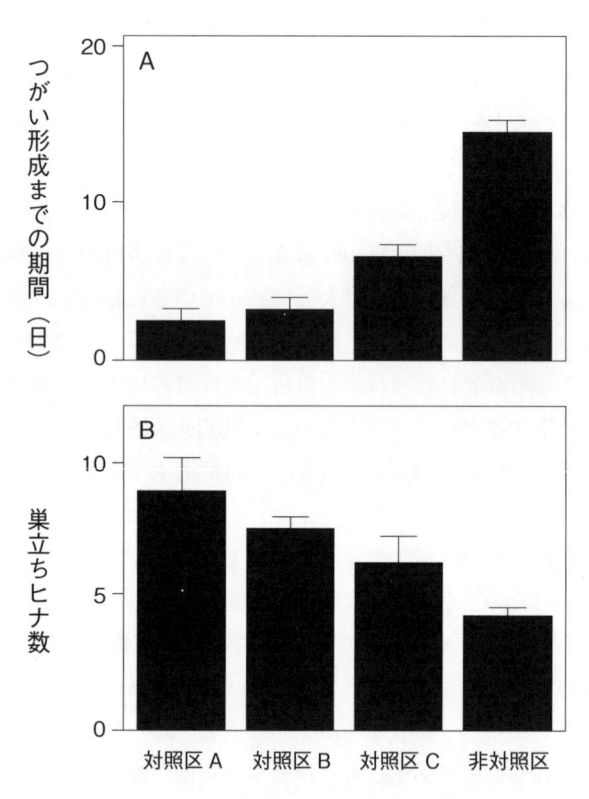

図1 ツバメの雌による選り好み実験.
非対称区の雄は最外側尾羽の先端から20mmの部位を1枚は白く，1枚を黒く塗られた（左右はランダム）．対照区C（control）の雄は両方とも先端から20mmを黒く，対照区Aは先端から10mm，対照区Bは先端から20mmを両側尾羽とも白く塗られた（Møller 1993）．

雄は両方とも白く塗られた。これなら飛翔能力に影響はでない。その結果，つがい形成までに至る時間は，明らかに左右対称の尾羽を持つ雄で早かったのである（図1A）。ツバメの雌は対称的な尾羽を持つ雄を配偶者として好んでいると言える。また巣立たせた雛数にも有意な差があった（図1B）。左右対称の尾羽を持つ雄は雌と早くつがいになることができ，雛を早く巣立たせて2回目の繁殖に取りかかれるからであった。

だがこれはもともとの量的形質に基づく対称性の揺らぎではない。形態的

な色彩非対称である．この点に関しては誰も批判していないが，私は大きな問題があると思っている．

3. キンカチョウの雌の選り好み――飼育下の鳥での証拠

アメリカの鳥学者 Nancy Burley らはキンカチョウの雌が，雄に付けられた足輪の色彩によって配偶者を選んでいることを明らかにした（Burley 1981, Burley *et al.* 1982）．Burley らが飼育下でキンカチョウの雌に雄を選ばせる実験を行ったところ，雌は青や緑より，赤やオレンジの足輪をつけた雄の方を，より好んだのである．

この実験の持つ意味は，単に雌の選り好みを明らかにしたというにとどまらなかった．Burley らの実験は個体の質を変えずに雌に対する雄の"誘引度"のみを変えることができるということ，それと足輪を交換することによって，個体同士で誘引度を自由に変えることが出来るということを示したのである．この点に目を付けたのが Swadddle and Cuthill（1994）である．彼らは両足にオレンジと緑の足輪を2個ずつ，対称，非対称に組合せを変えて装着し，雌の好みが対称性にあるかどうかをテストしたのである．その結果は明らかであった．雌は左右の足輪の組合せが対称になっている雄をより好んだのである（図2）．しかしこれについてもさきの Møller のツバメの実験と同じ批判が可能であろう．つまりキンカチョウの足輪の非対称性は，量的形質ではなく，色彩に関する形態学的非対称だからである．

性淘汰には二つの異なる過程がある．それは雄（雌）同士が異性をめぐって争う同性内淘汰（intra-sexual selection），雌（雄）が雄（雌）の形質を選ぶ異性間淘汰（inter-sexual selection）の二つの過程である．たとえばキジ類やカモ類の雄の美しい羽色の進化には異性間淘汰が強く働いている．一方，シカやカブトムシの角やゾウアザラシなどの海獣類に見られる雄の巨大な体躯のように，雄同士で争って雌を獲得するのに役立つ形質の進化には，同性内淘汰が強く働いている．FA に対する雌の選好性についても，この二つの過程を区別して考えるべきである．つまり雌が実際にその雄を FA に基づい

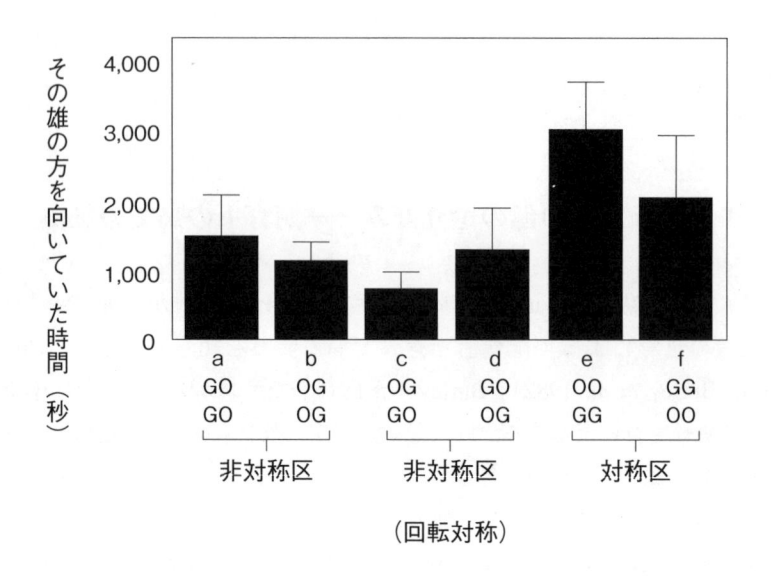

図2　キンカチョウの雌による選り好み実験.
Gは緑色, Oはオレンジ色の足輪. 対称, 非対称, 回転対称について, 各2通り, 計6通りの実験が行なわれた (Swaddle & Cuthill 1994).

て選んだのか，またはFA自体が同性内（雄同士）の競争能力を決定し，雌は自動的に勝者とつがうのかという点である．

　長谷川眞理子は，クジャクのように，とくに雄の飾りが発達した鳥では，全体の形態的シンメトリー（整った美しさ）に対して，強い性淘汰が働くので，発生過程のエラーでFAが大きくなるのではと考えた．そこで長谷川は高橋真理子らと，伊豆サボテン公園でクジャクについて配偶者選択の研究を行った（Takahashi *et al.* 2008）．結果は雌による選り好みが，Petrie *et al.*（1991）のいうような"尾羽（最近まで上尾筒と思われてきたが，正確には上尾筒ではなく，羽毛の生える部位はそれよりさらに背中側である）"にある目玉の数によって行なわれるのでもないし，FAとの相関も見られないというものであった．これが鳥一般の傾向とは考えられないが，雌の選り好みに果たしているFAの役割は，まだ少しはありそうである．

4. FA は個体の質を正直に反映しているのか

　Møller（1990b）はツバメの尾の長さと FA には負の相関があることを示し，長い尾を持つ個体は FA も小さく質の高い個体であると述べた。また Møller and Hoglund（1991）は，雄に対して強い性淘汰が働いている種では長い尾羽や身体の飾りの FA は小さくなると主張している（良い遺伝子仮説）。ゆえにレックや一夫多妻という，雄に対して雌の強い選り好みが働く鳥では，大きく美しい飾りを維持するのはそれなりに健康で体力的に優れた個体でなければならないと，彼らは考えている。また Brookes and Pomiankowski（1994）も，先の二つの実験から対称性は遺伝的にも，表現型においても，雄の質を正直にあらわす指標であると述べている。だが一般的に FA の大きさは選んだ形質のサイズに無関係か，後述するシリアゲムシ類のように，サイズの両極端で増加する U 型の変化をすることも多い（Soule 1982）。本当に FA は個体の質の反映として，性淘汰において重要な役割を果たしているのだろうか。

5. 複数の飾りを持つ雄における FA の意味

　Møller and Pomiankowski（1993）は FA を用いて，鳥の中でも尾羽や冠羽などの美しい飾りを，一つではなくいくつも持つ種がいるのはなぜかという問題にアプローチした。かれらは系統的に十分独立した 22 の科・亜科に属する鳥類を選び，一つしか飾りのないグループと複数の飾りを持つ種の配偶システムを比較したのである。すると複数の飾りを持つグループでは 10 のうち 9 までが，レックや一夫多妻という，強い性淘汰を受けていると思われる配偶システムを持っていた（表 2）。また一つしか飾りを持たない 14 グループでは 9 グループまでが一夫一妻であった。
　ではなぜ性淘汰が強く働いている（と思われる）鳥で，複数の飾りが進化するのだろう。彼らは（1）複数の飾りがそれぞれ別のメッセージを持っているという「複数メッセージ仮説」，（2）複数の飾りは雄の状態をそれぞれ

表2　配偶システムと飾りの派手さ (Møller and Pomiankowski 1993).

配偶システム	飾りの数	
	一つ	複数
一夫一妻	ヨタカ科 ハチドリ科（大部分） カワセミ科 ハチクイ科 ブッポウソウ科 タイランチョウ科 ツバメ科 オウチュウ科 カササギヒタキ亜科	キヌバネドリ科
レックまたは一夫多妻	シギ科 コトドリ科 テンニンチョウ亜科 ハタオリドリ亜科 ムクドリモドキ科 マイコドリ科 カザリドリ科 タイヨウチョウ科 フウチョウ科	ライチョウ科 キジ亜科 シチメンチョウ亜科 ノガン科 ハチドリ科

科・亜科の名称と分類は Sibley and Ahlquist (1990) に従う.

部分的に反映していて，雌はそれを細かくチェックできるという「細分メッセージ仮説」，そして (3) 飾りのコストは雄にとってそんなに大きくなく，また雄の質を反映するものでもなく，雌もそんなにきちんと選り好みをしていないという「あいまい信号仮説」の三つの仮説を FA を利用して検証してみた。

　一つしか飾りを持たないグループでは，飾りの大きさと FA に負の相関があったのに対し，複数の飾りを持つ種では相関はなかった。また生存に密接に関わってくる翼長（自然淘汰が働いている）と飾りとでは，一つの飾りしか持たない種で，飾りの FA の方がサイズとより強い負の相関があるという結果が出た。一つの飾りしか持たない種では飾りの対称性は雄の質を正直にあらわしているのに対し，いくつもの飾りを持つ種ではそうではないこと，

つまり「あいまい信号仮説」に有利な結果だったのである。レックや一夫多妻種の雄はほとんど雛の世話をしない。このことも雄をしてコストの大きな複数の飾りを進化させることを促進したのではないかと，Møller and Pomiankowski（1993）は考えている。

　強い定向進化の淘汰圧のもとでは，発生のホメオスタシスの効果を減少させるような遺伝的ストレスがかかってくる。そこでいくつもの飾りを持つ種でFAが大きいことは，近過去において急速に起こった定向進化（ランナウェイ過程）の可能性を示唆している。このような性的な飾りは発生過程を制御するメカニズムの正確さを正直に現わしていると考えられる。なぜなら大きな飾りをつくるには絶対的に大きなコストがかかっているので，質的に劣る個体が大きな飾りを持てたとしても，無理をした分，発生過程にゆらぎが生じ，FAが大きくならざるを得ないからである。

6. 種間の違いよりFAが重要——シリアゲムシの場合

　ニューメキシコ大のRandy Thornhillは日本のシリアゲムシ属 *Panorpa* で面白い事実を発見している。シリアゲムシ類では雄が雌にエサを与えて交尾をせまる婚姻贈呈（鳥でいうところの求愛給餌）という行動が知られている。Thornhillが1991年に日本に滞在した際，長野県で調べた2種のシリアゲムシ *Panorpa nipponensis*（PN）と *P. ochraceopennis*（PO）は面白いことに，両種が混在して配偶者を獲得しようと，雌にディスプレイする。雌に贈呈する獲物を持っている雄のまわりに獲物を持たないサテライト雄が集まって，鳥のレックのような集団を形成するのだが，この時，両種とも入り交じって集まるのである。どちらの雄もフェロモンを出すが，雌を引き寄せるためではなく，おそらく雄を集めるためである（雌はこのフェロモンに刺激を受けないことが実験的に確かめられている）。

　さてこの研究の結果だが，もちろん2種が混在していても交尾は同種内でしか行なわれない。交尾に成功した雄は，成功しなかった雄に比べて，両種とも左右の翅長におけるFAが明らかに小さく，寿命もFAと負の相関があ

った（Thornhill 1992a, b）。贈呈用の獲物の争奪戦では PO が PN より強いことが多かったが，これは種の違いというより，PO では FA が PN より小さいことに起因していると Thornhill は考えている。

7. ヒトではどうか？

　Thornhill らはまた人間を材料として，対称性が異性を引きつけるかどうかの研究を行っている。Gangestad *et al.* (1994) はヒトについて肘の幅や足の幅など七つの形質について FA を測定し，異性に好まれる顔との負の相関を得ている。また Grammer and Thornhill (1994) はコンピューターグラフィックスでヒトの顔を合成し，顔自体の FA の大きさと異性による好みとの間に負の相関があることを示している。これらの研究から，ヒトにおいては，身体全体の対称性と顔の対称性は相関しており，異性に対して魅力ある顔はより対称性の強い顔であると，Thornhill らは主張している（Thronhill and Gangsted 1994）。

　ただしヒトを用いた研究で注意しなければならないことは，ヒトの社会には文化的バイアスが強くかかっていることである。とりわけ異性に対する選り好みは，時代，民族によっても大きく変化する。Thornhill らの得た結果が，アメリカ白人社会にのみ，または実験に使ったニューメキシコ大学のアルバイト学生にのみ当てはまる結果であるという可能性も否定できない。欧米の科学論文でヒトという言葉が使われるとき，著者は意図していなくても，それは欧米先進諸国の白人だけを指すことが往々にしてあるからである。アジア人やアフリカ人などの非白人，世界各地のさまざまな少数民族など，異なった文化環境にあるヒトでは，文化選択の程度も対象も異なるのだから，まったく別の結果が出ることも十分考えられる。

　さらに問題なのは，魅力ある顔をした雄（雌もそうだが）が高い繁殖成功を享受するかどうかについては多くの疑問がある。我々の社会を見渡してみても，この両者に少なくとも相関があるとは言いがたいことは，多くの人が実感しているはずである。結婚相手を選ぶ基準には，顔や身長という身体の

形態的形質の持つ重要性はむしろ小さく，その人物の人柄（精神的形質）や経済状態，さらには家柄・宗教・政治的信条などといった文化的形質要素が大きく影響するからである。ヒトについての社会生物学的研究は無駄とは言わないが，複雑で高度な（そして非遺伝的な）精神活動を行なえる人間にとって，その行動基準をダーウィン適応度だけで測ろうというのは，いささか乱暴ではないかと私は考えている。

とは言え，用いる分野によっては FA は有効な指標となりうる（Polak and Trivers 1994）。FA はヒトの場合，とくに医学面から注目されている。それはダウン症などの遺伝病，近親婚との関わりや，飲酒や喫煙が発生過程にある胎児に及ぼす影響面での関心である。とくに母体における飲酒や喫煙などの環境ストレスが FA を増大させる方向に作用することは，ブタオザルで妊娠 30 ～ 130 日の間に母親を何度も捕らえると，胎児の FA が増大すること（Newell-Morris *et al.* 1989）からも十分に考えられる。

8. 淘汰圧の強さと FA の程度

FA と性淘汰の関係について，ツバメとキンカチョウで行なわれた二つの実験には，一つの大きな問題がある。実験の結果はたしかに非対称的な形質を持つ雄より，対称的な形質を持つ雄を雌が選んでいるというものであるが，操作した形質は色彩の違いに関する質的な非対称性であって，一般に考えられている量的な FA ではなかった。量的な FA を操作すると，Møller（1992）の最初の実験のように，自然淘汰による影響が出てしまう可能性がある。室内，野外を問わず，FA を操作する実験ではこの点に注意が払われねばならないだろう。

もともと FA を自然淘汰や性淘汰の尺度として用いる場合，これは避けて通れない問題である。もしある形質の左右対称性がその生物の生存にとって重要なものであった場合，その形質には強い淘汰圧がかかっている。ツバメの尾の長さのように，強い自然淘汰圧に晒されている形質の FA は必然的に小さくならざるを得ない（Møller 1990b）。逆に言えば大きな FA が検出され

る形質は自然淘汰や性淘汰が強くかかっていない中立的な形質である。また自然淘汰は生存そのものに影響するので，必然的にFAは小さくならざるを得ない。順番で言うと，中立的な形質＞性淘汰のかかっている形質＞自然淘汰のかかっている形質の順にFAは小さくなると考えられる。ツバメの尾羽には，自然淘汰と性淘汰の双方の淘汰圧がかかっていると考えられる。どちらの淘汰圧が強く効いているかはわからないが，FAと淘汰の関係を研究しようとする場合，注意しなければならない点である。

しかしこれから逆に，どのような形質に強い淘汰圧がかかっているかを知ることができる。たとえば渡り鳥は年中その地域にとどまって繁殖する留鳥と比べて，長距離を飛ぶ能力に対して強い淘汰圧がかかっているはずである。自然淘汰は翼に対して正確な対称性を要求する。そこで渡り鳥と留鳥では翼に見られるFAに差があるはずだと考えられる。つまり渡り鳥の翼ではFAは必然的に小さく，留鳥では翼のFAは大きいことが予測されるのである。しかし1994年にノッティンガムで開かれた第5回国際行動生態学会議で，Cuervo and Møllerがヨーロッパのスズメ目の小鳥で，長距離の渡りを行なう個体群と，短距離を渡る，または留鳥性のイギリスの個体群を比較した結果では，長距離を渡るスウェーデンの個体群の方がFAが大きいことが示されたのである。彼らは，長距離を渡る個体群では翼長が長くなり，より繁殖地に早く到着できる雄が利益を得るため，長い翼長に対して強い性淘汰の圧力がかかり，その結果，発生上のエラーが起きやすく，FAが大きくなるのではと説明していた。

FAは生物の適応度の一つの尺度として，行動生態学のみならず，応用行動学や保全生物学などの種々の分野で，新しい発見やテーマを切り開いていく可能性をもっている。さらにFAの問題は動物のみならず植物にもあてはまる。たとえば左右（放射）対称的な花の多くはハナバチ類によって花粉媒介される（加藤1993）が，この時，ハナバチが同じ花でもよりFAの小さな花を選んで訪花しているとしたら，花ごと（または株ごと）の受精率（繁殖成功）に差が出て来るはずである。これはまさに動物における配偶者選択のアナロジーとして考えることができる。

しかしあくまでも使い方次第である。FAを知るには必然的に微小な測定

値を扱わねばならないから，測定誤差やデータ処理の問題など技術的な面をクリアすることはまず第一の問題だろう（29ページ注2）。また測定されたFAが遺伝的なものなのか，または環境ストレスによって発生・成長の過程で後天的に生じたもの（エピジェネシス）なのかを区別する努力も必要である。

これには動物より植物の方が適しているかもしれない。たとえば植物の1個体のすべての細胞は同一の遺伝子を持っているが，植物1個体が作る葉はさまざまな大きさや形をしていることが多い。もし異なった環境ストレスを時間をずらして与えることによって，葉ごとに異なるFAが検出されたなら，ほぼ完全に環境ストレスと遺伝的ストレスを区別することが可能である。

しかし動物については，どのような環境ストレスがどのようにFAに影響するかについて我々の持っているデータはまだまだ少ない（Watson and Thornhill 1994）。対称性を発現する（というよりも非対称性を補正する）遺伝的・発生的メカニズムにまでさかのぼった解明は，行動生態学が直接扱う分野ではないが，近年，大きく進展しつつあるので楽しみな分野である。

引用文献

浅見崇比呂（1992）進化するらせんとカタツムリ（適応）―（進化生態学と進化遺伝学の接点）．遺伝別冊 no. 4: 104–117.

Balmford A and Thomas A (1992) Swallowing ornamental asymmetry. *Nature* 359: 487–488.

Brookes M and Pomiankowski A (1994) Symmetry and sexual selection: A reply. *Trends in Ecology and Evolution* 9: 201–202.

Burley N (1981) Sex ratio manipulation and selection for attractiveness. *Science* 211: 721–722.

Burley N, Krantzberg G and Radman P (1982) Influence of colour-banding on the conspecific preferences of Zebra Finches. *Animal Behaviour* 30: 444–455.

Gangstad SW, Thornhill R and Yeo R (1994) Facial attractiveness, developmental stability, and fluctuating asymmetry. *Ethology and Sociobiology* 15: 73–85.

Grammer K and Thornhill R (1994) Human (*Homo sapiens*) facial attractiveness and sexual selection: the role of symmetry and averageness. *Journal of Comparative Psychology* 108: 233–242.

細 将貴（2012）右利きのヘビ仮説：追うヘビ，逃げるカタツムリの右と左の共進化（フ

ィールドの生物学シリーズ）．東海大学出版会, 東京．

伊藤嘉昭（1993）動物の社会―改訂版．東海大学出版会，東京．

Jennions MD (1993) Female choice in birds and the cost of long tails. *Trends in Ecology and Evolution* 8: 230–232.

加藤真（1993）送粉者の出現とハナバチの進化．『花に引き寄せられる動物（シリーズ地球共生系4：井上民二・加藤真編）』．pp.33–78. 平凡社，東京．

古賀庸憲（1999）シオマネキ類の配偶行動．海洋と生物 21: 509–515.

松浦啓一（2005）魚の形を考える．東海大学出版会，東京

Møller AP (1988) Female choice selects for male sexual tail ornaments in the monogamous swallow. *Nature* 332: 640–642.

Møller AP (1990a) Male tail length and female mate choice in the monogamous swallow *Hirundo rustica*. *Animal Behaviour* 39: 458–465.

Møller AP (1990b) Fluctuating asymmerry in male sexual ornaments may reliably reveal male quality. *Animal Behaviour* 40: 1185–1187.

Møller AP (1992) Female swallow preference for symmetrical male sexual ornaments. *Nature* 357: 238–240.

Møller AP (1993) Female preference for apparently symmetrical male sexual ornaments in the barn swallow *Hirundo rustica*. *Behavioral Ecology and Sociobiology* 32: 371–376.

Møller AP (1994) Symmetrical male sexual ornaments, paternal care, and offspring quality. *Behaivoral Ecology* 5: 188–194.

Møller AP and Hoglund J (1991) Patterns of fluctuating asymmetry in avian feather ornaments: Implications for models of sexual selection. *Proceedings of the Royal Society B* 245: 1–5.

Møller AP and Pomiankowski AN (1993) Why have birds got multiple sexual ornaments? *Behavioral Ecology and Sociobiology* 32: 167–176.

Newell-Morris LL, Fahrenbruch CE and Sackett GP (1989) Prenatal Psychological Stress, Dermatoglyphic Asymmetry and Pregnancy Outcome in the Pigtailed Macaque (*Macaca nemestrina*). *Biology of the Neonate* 56: 61–75.

Palmer AR and Strobeck C (1986) Fluctuating asymmetry: measurement, analysis, patterns. *Annual Review of Ecology and Systematics* 17: 391–421.

Parsons PA (1990) Fluctuating asymmetry: an epigenetic measure of stress. *Biological Reviews* 65: 131–145.

Petrie M, Halliday TR and Sanders C (1991) Peahens prefer peacocks with elaborate trains. *Animal Behaviour* 41: 323–331.

Polak M and Trivers R (1994) The science of symmetry in Biology. *Trends in Ecology and Evolution* 9: 122–124.

Sibley CG and Ahlquist JE (1990) *Phylogeny and Classification of Birds*. Yale University Press, New Haven.

Soule ME (1982) Allomeric variation. I. The theory and some consequences. *American Naturalist* 120: 751–764.

Swaddle JP and Cuthill IC (1994) Preference for symmetric males by female zebra finches. *Nature* 367: 165–166.

Takahashi M, Arita H, Hiraiwa-Hasegawa M and Hasegawa T (2008) Peahens do not prefer peacocks with more elaborate trains. *Animal Behaviour* 75: 1209–1219.

Thornhill R (1992a) Fluctuating asymmetry, interspecific aggression and male mating tactics in two species of Japanese scorpionflies. *Behavioral Ecology and Sociobiology* 30: 357–363.

Thornhill R (1992b) Fluctuating asymmetry and mating system of the Japanese scorpionfly *Panorpa japonica*. *Animal Behaviour* 42: 867–879.

Thornhill R and Gangestad SW (1993) Human facial beauty. *Human Nature* 4: 237–269.

椿宜高（1993）適応度の指標としての左右対称性. 個体群生態学会報 50: 57–64.

van Valen L (1962) A study of fluctuating asymmetry. *Evolution* 16: 125–142.

Watson PJ and Thornhill R (1994) Fluctuating asymmetry and sexual selection. *Trends in Ecology and Evolution* 9: 21–25.

第3章

鳥類の配偶システムとつがい外父性

油田照秋

　我々が美しいと感じる鳥たちの色彩や鳴き声，また興味深いと感じる繁殖行動の多くは，鳥類の配偶システムや交配パターンに起因する。本章では，鳥類の社会的及び遺伝的配偶システムとその違い，またその違いを生み出す要因について，これまでの研究を基に概観する。

　鳥類の多くは一夫一妻の配偶システムを持つ。人間社会において一夫一妻は一般的な婚姻形態だが，実は動物社会全体では非常に稀なシステムである。なぜ鳥類では一夫一妻が多いのだろうか。なぜ系統的に鳥と人間のように大きく異なるグループで同じような配偶システムが進化したのだろうか。他の生物ではどのような配偶システムが一般的なのだろうか。

　鳥類の繁殖といえば，おしどり夫婦という言葉に代表されるように，しばしば深い絆で結ばれた夫婦愛を象徴していた。しかし，1980年代後半からの研究によりこのイメージは大きく覆された。なんと一夫一妻の鳥類の90％以上がパートナー以外との子供を残していたのである。この人間社会でいうところの"浮気"はあまりにもセンセーショナルで，過去40年の鳥類学の中でも最も大きな発見の一つといわれている。もちろん研究者だけでなく，一般市民にも大きな衝撃を与えた。なお，この"浮気"は専門用語ではつがい外交尾（extra-pair copulation）やつがい外父性（extra-pair paternity）などと呼ばれる。

鳥類は，いつ，どのような状況で浮気をするのだろうか。そもそも何故パートナー以外との子供を残すのだろうか。雄からアプローチするのか，それとも雌からアプローチするのか。過去20年間で様々な研究成果が蓄積され，数多くの興味深い仮説が提唱されてきた。その一方で，鳥類のつがい外交尾は非常に多様性に富んでおり，統一的に理解するのが難しいことも明らかになってきた。

　本章では，まず鳥類の配偶システムについて概観する。鳥類の多くは一夫一妻だが，その他にも様々な配偶システムを持つことから，繁殖システムの進化や性選択を調べる上で優れた対象生物といえる。次に，鳥類に特徴的なつがい外交尾（つがい外父性）について詳しく取り上げ，種間あるいは種内での変異パターンや，それを生み出すメカニズムについて，これまで提唱されている仮説を紹介する。最後に，これまでに残されている課題や今後の方向性について議論する。

1. 鳥類の配偶システム

　今日我々の周りで観察される鳥類の多様な配偶システム（図1）は，それぞれの種における生態と進化史の相互作用によって形作られている（Bennet and Owens 2002）。生態の中でも特に子育てなど親から子に対する投資量（parental care）と子の生存率（適応度）の関係は配偶システムに大きく影響

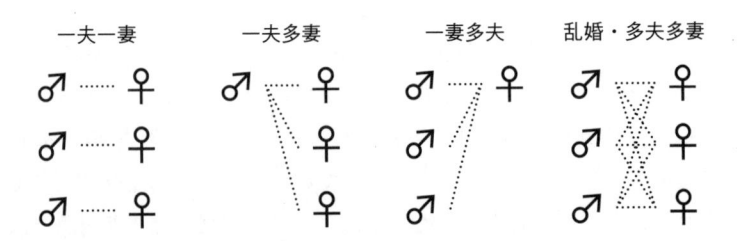

図1　社会的配偶システムの模式図
点線はペアボンドまたは配偶関係を示す．

表1 鳥類の配偶システムとの関係性がみられる一般的な特徴．ただし例外も非常に多い．

	一夫一妻	一夫多妻	一妻多夫	乱婚	多夫多妻	協同繁殖
子育て	♂♀	♀	♂	♀	♂♀+	♂♀+
孵化時の発達段階	晩成	早成	早成	早成	晩成	晩成
子の要求量	高	低	低	低	高	高
資源の分布	ランダム	集中	集中	不規則	集中	集中
雄間競争	弱	強	弱	強	強	?
雌間競争	弱	弱	強	?	強	?
性的二型	小	大	大	大	小	?

する。子の生存率が親からの投資に大きく影響される場合，例えば雛が未熟な状態で孵化する晩成性（altricial）な場合，多くの種で雌雄は協力して子育てをおこなう。このため強いペアボンド（雌雄の絆）が形成され，一夫一妻になりやすい。逆に子の生存率が親の投資に大きく左右されない，例えば自力で体温調節できるなど，雛がある程度発達した状態で孵化する早成性（precocial）な種では，多くの場合子育ては雌雄のどちらかがおこなう。このため片親は子育てに縛られず他の配偶相手を探すことができるので一夫一妻以外の配偶システムが形成されやすい。この親からの投資と子の生存率の関係は孵化時の雛の発育段階や資源の分布などとも密接に関係し，配偶システムに大きく影響する（表1）。鳥類では，カッコウ類に代表される真性托卵鳥やツカツクリ科の一部を除く全ての種で，孵化後生まれた雛の世話をする。よって鳥類の配偶システムの違いは，子に対する投資のパターンを説明することとおおむね同義になる。また，配偶システムは系統発生に影響されることも知られている。これは各々の進化の歴史が配偶システムに影響することを意味しており，つまりそれぞれのシステムは，系統樹上にランダムに分布するのではなく，近縁の種はより似た配偶システムを持つ傾向がある（Bennet and Owens 2002）。

　鳥類は，一夫一妻や一夫多妻，一妻多夫，乱婚（多夫多妻），協同繁殖と様々な配偶システムを持つ（表2）。以下では，それぞれの配偶システムについて子に対する投資（卵，雛の要求量）に着目し，どのような状況で進化する

表2 社会的な配偶システムに分けた鳥類の例

一夫一妻	一夫多妻	一妻多夫	乱婚（多夫多妻）	協同繁殖
多くのキツツキ類	多くのキジ類	一部のレンカク類	多くのツカツクドリ科	オーストラリアムシクイ科
多くの海鳥	多くのゴクラクチョウ類	一部のミフウズラ類	一部のシギダチョウ科	一部のミツスイ科
多くの猛禽類	一部のムシクイ科	一部のヒレアシシギ類	ハチドリ類	一部のカラス科
多くのシギチ類	一部のハタオリドリ類	**タマシギ**	**イワヒバリ**	**オナガ**
多くのスズメ目	一部のミンサザイ類	アメリカレンカク	ドングリキツツキ	**エナガ**
多くのオウム類	**ウグイス**	クビワミフウズラ	ヒバリツメナガホオジロ	セージェルヨシキリ
多くのカワセミ類	**オオヨシキリ**	コバシチドリ		ドングリキツツキ
ツル科	**セッカ**	ムナグロバンケン		フロリダヤブカケス
ハト科	**ミソサザイ**			
アオウドリ	オナガクロムクドリモドキ			
カルガモ	ハゴロモガラス			
キジバト				
スズメ				
シジュウカラ				
ヒヨドリ				

太字は日本で繁殖する種．一部 Bennet and Owens (2002) から引用．

か，という点について例を用いて説明する。

　冒頭に述べたように，鳥類で最も一般的な配偶システムは特定の雄1羽と雌1羽がつがいを形成する一夫一妻（monogamy）である．一夫一妻の特徴は，雌雄1羽ずつが繁殖の期間中，つがいの絆を持ちながら行動することである．つがいを形成する期間は，短いものでは1回の繁殖シーズンのみだが，数年にわたってつがいが維持されることも珍しくない．オウム類やワシ類，ハト類に至っては一生同じ個体とつがい続けることがほとんどである．一夫一妻は鳥類全体の90％以上を占めるといわれるが（Gill 2007），他の分類群では少数派である．例えば鳥類に近縁の爬虫類では10000種近く確認された種の中で，一夫一妻はごく少数のトカゲ類以外ほとんど確認されていない（Bull *et al.* 1998; Bull 2000）．また哺乳類では，霊長類でも29％（361種中106種），全体では一部の食肉目などわずか9％に過ぎない（Lukas and Clutton-Brock 2013）．

　一般に，一夫一妻は，雄の参加が子育てに不可欠な場合，また雄が他のつがい相手を維持するために必要な資源を独占できないような場合に進化すると考えられる．鳥類で一夫一妻が多い理由は，抱卵や給餌，保護などの子の要求量が高く，雄親が子育てに貢献することに価値が生まれるからである（Lack 1968）．片親が卵や雛を温めている間にもう一方が餌を取ってきたり，なわばりを防衛するなど，雌雄で役割分担をする例も少なくない．これに対して，多くの爬虫類は子育てをおこなわず，子供は卵から孵化すると同時に，独りで生きていく．したがって，雄親と雌親が一緒に過ごす必然性は存在しない．これは多くの魚類や両生類でも同様である．一方，哺乳類は子育てをおこなうが，雌親だけが授乳により子供に栄養を与えることができる．多くの哺乳類は体に十分な栄養を蓄積できたり，母乳を与えながらも自身の採餌ができたりするため，雄親の助けを必要としないことが多い（タヌキやキツネなどは例外で，雄親が雌親に餌を運んでくる）．したがって，我々とおなじ哺乳類でも一夫一妻の種はほとんどいない．

　鳥類以外でもっとも一般的な配偶システムが一夫多妻（polygyny）である．そもそも雄の配偶子（精子）は雌の配偶子（卵子）と比べて一つ当たりのコストが圧倒的に小さい．したがって，雄は交配相手の質よりも数に投資し，

雌は逆に質に投資することが多い。つまり，雄は複数の雌と交配することで繁殖成功を高め，雌はより質の高い（強い，綺麗，子育てが上手い）雄と交配することで繁殖成功を高める（ベイトマンの原理：総説としてClutton-Brock (2007)）。しかし，この一般的な傾向が鳥類では一見当てはまらない。鳥類で一夫多妻の配偶システムを持つ種はわずか2%である（Gill 2007）。鳥類における一夫多妻は，雄の協力がなくても子育てができる場合，あるいは雄の協力よりもなわばりの質の方が重要な場合にみられ，早成性の子を持つ種や，果実など集中した場所にある資源を利用している種に多くみられる。雌雄の繁殖に対しての役割の違いは大きく，雄はなわばりを誇示し，雌がほとんどの抱卵，育雛をおこなうことが多い。多くは，なわばりの質に違いのできる湿地や草原などで繁殖する鳥で，日本ではウグイスやセッカなどのウグイス類やキジなどがあげられる。これらの種は特に，雄の方が雌よりも繁殖成功度が変化しやすく，性的二型（sexual dimorphism）を発達させている種が多い（コラム2：性的二型）。

　他の分類群においても，また鳥類においても最も稀な配偶システムは一妻多夫（polyandry）である。先に述べた配偶子の形成コストからも，一夫多妻が自然な交配システムで一妻多夫が稀なことがわかる。一妻多夫が成立するのは，通常雄だけが子育てをおこない，かつ1匹の雄が1匹の雌の子しか受け入れない場合である。雄だけが子育てをする動物は産卵縄張りをもつ魚類などでしばしばみられるが，複数の雌を迎える場合が多く，一妻多夫ではなく多夫多妻や一夫多妻である。1匹の雌が複数の雄を独占する状況は非常に稀で，タツノオトシゴやヨウジウオなどで見つかっている程度である（Wilson et al. 2003）。鳥類で一妻多夫の配偶システムを持つ種は全体の1%にも満たないが，見つかっている少数の例は，タマシギやレンカク，ミフウズラ，アメリカイソシギなどの一部のチドリ目である（Bennet and Owens 2002）。これらの多くは，雌雄で通常にみられる産卵以外の性的役割が逆（sexual role reversal）になった繁殖生態を持っており，雄が抱卵，育雛をする一方，雌がなわばりを誇示し，雄をめぐり競争し，ディスプレイなどをすることが多い。鳥類の一妻多夫は，進化生態学的にも非常に興味深く，しかし一番理解が進んでいない配偶システムだといえる（Owens 2002）。

複数の雄と複数の雌が交配する乱婚（promiscuity）は，鳥類の6％ほどを占めており，これらの種ではつがい関係を形成しない（Gill 2007）。雄による子への投資は通常精子だけで，雌だけが抱卵や育雛をおこなう。雄は交配後すぐに他の雌を探す。乱婚は，ハチドリ類やマイコドリ科，ツカツクリ科などでみられる。また，ライチョウやシギ類には，レック（lek）とよばれる共同求愛場で複数の雄がディスプレイをすることにより，雌との交配機会をえる種もいる。この配偶システムは雄が雌と共同で子育てをするメリットがほとんどない早成性の鳥類で多くみられ，一夫多妻と同様に性的二型を発達させている種が多い。

　また，乱婚のように複数の雄と複数の雌が交配するが，つがい関係を保つシステムを多夫多妻（polygynandry）とよぶ。乱婚では基本的に雌だけが子育てをするが，多夫多妻では複数羽が協力して子育てをする種や逆に，前述した一妻多夫のように雄だけが子育てをする種もいる。高山地帯の岩場で繁殖するイワヒバリは，多夫多妻の配偶システムを持つことで知られている。この種では，血縁関係のない雄と雌それぞれ数羽からなる群れで繁殖し，優位雄は複数の雌を独占しようとする一方，雌は複数の雄に交尾可能であることをディスプレイし交尾をする。雄は交尾の有無や回数に応じて複数の巣の雛に給餌をし，反対に雌は複数の雄にディスプレイし交尾をすることで，雄による子育ての協力を最大化するよう行動する（Davies et al. 1995; Hartley et al. 1995）。他に多夫多妻の配偶システムを持つ種は，走鳥類（ダチョウ目，レア目，ヒクイドリ目，キーウィ目鳥類の総称）やシギダチョウ科や一部のホウカンチョウ科が知られている（Bennet and Owens 2002）。

　これら4種類の配偶システムに加え，鳥類では3羽以上の成鳥が一つの巣の雛を世話する協同繁殖（cooperative breeding）というものも進化している。協同繁殖が進化するのは，生息地飽和仮説（habitat saturation hypothesis）で説明される，繁殖場所や雛を育てるための餌資源が制限になっている場合で，ヘルパーと呼ばれる個体が自身の繁殖を控えるか，共有することで成立する。ヘルパーは，協同繁殖をすることで，包括適応度（inclusive fitness）で説明される間接的利益やヘルパー自身のその後の繁殖成功率を上げるなどさまざまな直接的利益を得ている可能性が示唆されている（Clutton-

Brock 2002)。本稿では協同繁殖について詳しい説明は省くが，詳細はHatchwell and Komdeur（2000）や Clutton-Brock（2002），江口（2005）の総説論文を参考にされたい。鳥類の協同繁殖は，全体の少なくとも3.2％（308/9672）の種，139科で確認されており，今後も報告例が増えると予想される（Arnold and Owens 1998）。この繁殖形態も系統樹上にランダムに分布しているわけではなく，一部の系統に集中している。例えば，オーストラリアムシクイ科の全26種やミツスイ科の21種，ホウセキドリ科の15種などやミツスイ上科やカケス，オナガなどを含むカラス科の56種である（Bennet and Owens 2002）。協同繁殖の進化も他の配偶システムと同じように，系統的な生活史と生態（環境）の相互作用に起因することがわかる。

　以上のように，鳥類は一般的に種ごとに異なる配偶システムを持つ一方で，同一種内においても環境条件などに応じて柔軟に変化させることも知られている。例えば，ヨーロッパの密生した低木林に生息するヨーロッパカヤクグリというスズメに似た鳴禽類は，食物密度に応じて変化するなわばりの重複の仕方により，一夫一妻，一夫多妻，一妻多夫，多夫多妻と配偶システムを変えることが確認されている（Davies and Houston 1986; Davies and Hartley 1996）。本種のように，基本的に一夫一妻の種が環境条件が悪い場合に協同繁殖する例や，雄が資源を独占できた場合に一夫多妻になる例は他にも多くある。また，種によっては，前述した四つの配偶システムに分類することが難しい種も多く，つがい関係の期間（乱婚と多夫多妻）や血縁関係の有無（多夫多妻と協同繁殖）など配偶システムの定義により違うタイプに分類されることもある。

　さらに，次項で述べるつがい外父性により，元来考えられていた配偶システムは，外見上の社会的な配偶システムであり，遺伝的なものはより複雑だということがわかってきている。例えば，社会的には一夫一妻（socially monogamy）でも遺伝的には一妻多夫（genetically polyandry）などである。

　これらの配偶システムにくわえ，鳥類では，第7章であげているように托卵により繁殖するものも少なくない。真性托卵とよばれる常に他種の鳥類に抱卵，育雛をゆだねる種はカッコウ類をはじめ約100種，全体の約1％で報告されている。また，自分の巣に産んだ卵に追加する形で同種のほかの巣に

第3章　鳥類の配偶システムとつがい外父性

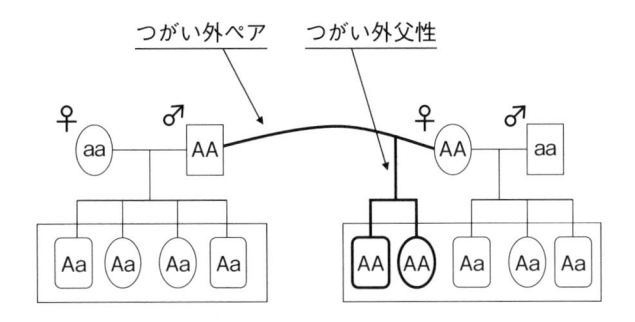

図2　つがい外父性の模式図
細線は社会的なペアと親子関係，太線はつがい外ペアとつがい外父性を示す．アルファベットは遺伝的特徴を表す．

さらに卵を産む種内托卵は，早成性や集団繁殖する鳥で多くみられ，16目234種で確認されている（Yom-Tov and Geffen 2005）。

2. つがい外父性（Extra-pair paternity）

> "鳥類の繁殖においてつがい外父性は，普遍的であり，一般的である。またこれらが交尾前後の性選択の強力な根源になりえることから，この現象の進化的な要因と影響の理解なくして，鳥類の配偶システムや性選択の総合的な理解は得られないであろう。"（Schmoll 2011）

つがい外父性とは，社会的なペアの絆があるにも関わらず，ペアの片方または両方がペア以外とも交配する遺伝的には乱婚の一種である現象を指す（図2）。冒頭でも述べたように，多くの鳥類は例外的に，しかしわれわれ人間と同じように一夫一妻の配偶様式を持っている。多くの鳥類は長い間決まったパートナーと連れ添い，協力して子育てをすることから，日本でもまた海外においても夫婦仲や忠実さの象徴とされてきた。近代鳥類学の父ともいえるイギリスのDavid Lackも自著で，鳥類全体の半分以上を占めるスズメ目の

9割以上（93%）が通常一夫一妻で，一妻多夫は知られていないと言及している（Lack 1968）。しかし，近年この認識は，分子遺伝学の進歩とDNA技術を用いた研究により完全に覆された。巣にいる雛の一部は，実際に育てられた社会的な父親の子ではないことがわかったのである。この発見は，鳥類学だけでなくそれまで鳥類の研究を基盤としてきた進化生態学や行動学など多くの分野に大きな衝撃を与えた。

Griffith et al.（2002）は150種以上の研究をレビューし，約90％の種においてつがい外父性が確認されたことを示した。さらに，雛の割合では11.1%，またつがい外の雛を1羽でも含む巣は全体の18.7%という高い値だった。ちなみに，社会的に一夫一妻の野生個体群でこれまで知られている中で一番つがい外父性率が高い種はオオジュリンで，なんと55％の雛がつがい外受精によるもので，そのような雛を1羽でも含む巣は86％に及んでいた（Dixon et al. 1994; 総説としてGriffith et al. 2002）。逆につがい外交尾が確認されておらず，遺伝的にも厳密に一夫一妻な種は社会的に一夫一妻といわれる種のわずか25％に満たない。スズメ目に限ればその割合は14％でしかなく，つまりその他の86％の種では通常，遺伝的には一妻多夫，または乱婚だということになる。実際今日では，つがい外父性率が5％以下の種及び個体群はその理由を調べる価値がある，といわれている（Griffith et al. 2002）。現在までに観察例がなく，遺伝的にも厳密な一夫一妻といわれる鳥類は，海鳥や猛禽類などに多くみられる（Griffith et al. 2002）。これらの種は通常クラッチサイズが小さいが子に対する投資は大きく，雌雄が協力して子育てをする。また，つがいの絆が強く，長年にわたりつがいを形成する種が多い。これらの種では，後述するようなつがい外交尾のコストが利益を上回るのだろう。

DNAを用いた親子判別によりつがい外父性の研究がはじまったのは1980年代後半であり，鳥類学の歴史の中では比較的新しい。しかし，研究者の関心は非常に高く，過去20数年の間に膨大な数の研究がおこなわれてきた。例えば，ISI Web of Knowledgeで「extra-pair paternity」と入力し検索すると1989年から2014年の25年間で1370もの公表文献が検索された（2015年6月1日現在）。過去10年間に注目しても平均して年間70以上もの文献

が検索される。それほど世界中の多くの研究者がこのテーマについて研究をしているのは，その生物進化学的な重要性もさることながら，未だにこの現象の基本的なことの多くが未解明だからである．

3. つがい外父性研究のテーマ

　詳細に入る前に，まずつがい外父性（extra-pair paternity）とつがい外受精（extra-pair fertilization）つがい外交尾（extra-pair copulation）の違いについて述べておく。言葉の意味からも明らかだが，つがい外交尾という行動の結果，つがい外受精，そしてつがい外父性という現象が認められる。これらは非常に似ているため，どれかひとつの用語で統一してもよさそうである。そうなら，そもそもパートナー以外と交尾するという個体の行動を知りたいのだからつがい外交尾が適しているように思える。しかし，これらを分けて考える理由は，現実には交尾回数と父性（受精率）が一致しないことが多いからである（Dunn and Lifjeld 1994 など）。つまり，交尾はしても実際に受精しない場合が多いということである。この場合，雌の体内において何らかのメカニズムにより特定の精子が選ばれている可能性がある。この現象自体は他の分類群でもみつかっており，精子競争（sperm competition）や雌の隠された性選択（cryptic female choice）と呼ばれる。実際には，野外個体群の交尾あるいは受精プロセスを観察するのは非常に難しく，多くの場合われわれが知りうるのは父性解析によるつがい外父性である。交尾行動の詳細がわかれば cryptic female choice をはじめ交配システムの進化について飛躍的に理解が深まるのは間違いない。しかし実際は行動観察の研究が進んでいないことを念頭に置きながら，以下では結果であるつがい外父性という言葉を中心にこれらの研究テーマについてみていく。

　これまでに注目されてきたつがい外父性の研究目的は主に以下の2点があげられる。まず第一に，つがい外父性率やつがい外交尾などの行動の多様性と柔軟性の解明である。つまり，つがい外父性（交尾）が起こる具体的な仕組みやメカニズム（直接的要因）に関するものである。つがい外父性率は種

や個体群，あるいは同一個体群内の個体間，同一ペアの繁殖機会など全ての階層クラスにおいても大きな変異がみられる．近縁種でも大きく異なる例として，ハシボソヨシキリでは 36％の雛がつがい外子だったのに対して (Schulze-Hagen *et al.* 1993)，同属のニシオオヨシキリではわずか 3.4％に過ぎなかった (Hasselquist *et al.* 1995)．同一種内においても，例えばイエスズメでは，アメリカ本土で調べられた個体群のつがい外父性率は標準的といわれる 10.5％だったのに対し，イギリスのランディ島個体群では非常に低いとされる 1.3％しかなかった (Griffith *et al.* 1999)．また，センダイムシクイやエゾムシクイと同じ属のキタヤナギムシクイでは，スウェーデンの個体群ではつがい外父性が全くみられなかった (Gyllensten *et al.* 1990) のに対し，ノルウェーの個体群では全体の半分の巣で確認された (Bjørnstad and Lifjeld 1997)．さらに，同じ個体群，あるいは同じつがいでも，繁殖機会によってつがい外父性率は異なる．筆者が調べた北海道のシジュウカラ (口絵2) では，同じ繁殖シーズンにも繁殖ペアによって育てた雛の半分近くがつがい外受精によるものだったペアもいれば，20羽近く巣立たせても1羽もいなかったペアもいた．また，同じペアでもシーズン1回目の繁殖ではつがい外父性の雛が多かったにもかかわらず2回目では1羽もいなかった例もある (油田未発表)．

　つがい外父性の変異パターンについては数多くの研究がおこなわれており，それを生み出す要因についても繁殖個体密度や繁殖期の同調性，遺伝的多様性，生存率など様々な可能性が挙げられている (Griffith *et al.* 2002 など)．しかし，遺伝的要因については研究が蓄積され，ある程度理解が進んでいる一方で，環境要因などについてはデータの蓄積が不十分で統一的な説明をするには至っていない．つがい外父性率の多様なバリエーションを説明するには，系統学的グループ，近縁種，種，個体群，個体など階層ごとに要因を検討する必要があるだろう (Griffith *et al.* 2002)．また，父性は繁殖個体や環境の微妙な変化で大きく結果が変わることから，同一個体群における個体レベルの長期モニタリングなどによる質の高いデータも望まれる (Westneat and Stewart 2003)．

　第二のつがい外父性の研究テーマは，この現象がどのように進化し，維持

され，現在観察される状態になっているか，つまりつがい外交尾が生存や繁殖にどう影響するかという進化的機能の解明である。この疑問には，雄と雌のつがい外父性の適応的意義とコストについて説明する必要がある。雄はつがい外父性が直接自分の子孫の数（繁殖成功）に影響するので，その行動が適応的なのは理解しやすい。実際，父性判定の技術が確立されておらず，つがい外交尾などの行動だけが確認されていた時点では，つがい外父性の研究は雄視点の行動（メイトガードや雌のつがい外交尾に対する雄の反応など）に着目していた（Barash 1976; Beecher and Beecher 1979）。つまり，つがい外父性は主に雄の戦略と考えられていたのである。

　しかし，研究が進むにつれ，雌も頻繁に，また積極的につがい外相手を求めて交尾していることがわかってきた（Westneat and Stewart 2003 など）。そもそも雄が求愛しても雌が受け入れなければ交尾は成立しない。雄が強引に交尾を強いるケースも特に水鳥などで観察されており，それが父性判定の結果，受精に繋がっているというデータもあるが，雌が抵抗すればその可能性は低くなるだろう（Westneat and Stewart 2003）。また，ニワトリでは雌は，劣位雄の精液を選択的に排出することができるということもわかっている（Pizzari and Birkhead 2000）。さらに，鳥類は精子を長期間生存させる為の精子貯蔵管を備えていることから，雌による交尾後の配偶子選択があることも示唆されるようになった。以上のことから，交尾成功や精子の移動は主に雌がコントロールしているといわれており，現在ではつがい外父性は，雄だけの戦略ではなく，むしろ雌側の戦略が強いのではないか，と考えられている（Birkhead and Møller 1993; Petrie and Kempenaers 1998 など）。以下，つがい外父性における適応的意義とコストについて雌雄それぞれの観点から説明する。

4. 雄のつがい外父性の適応的機能とコスト

　雄のつがい外父性による適応的機能は比較的理解しやすい。雄はつがい以外の雌と交尾し受精することで，自ら子育てをせずに他の巣に自分の子を残

すことができる。また，自分の巣環境やなわばりの質が悪い等の理由で雛の生存率が低くなることが予想される状況では，雄は他の巣に自分の子を残すことにより繁殖成功を高めることができる。

　一方，つがい外交尾によるコストはどのようなものがあるだろうか。まず，一番重要なコストと考えられるのは，つがい外相手を探す時間的コストである（Kempenaers *et al.* 1995; Chuang *et al.* 2001）。雄はつがい外相手を探すと同時に自分のつがい相手をつがい外交尾から守らなければならない（mate guarding）。つまり浮気相手を探すことは自分のパートナーに浮気される危険性を生じる。同様に，雛への給餌や捕食者からの防衛もつがい外交尾とトレードオフの関係にあるだろう（Westneat and Stewart 2003）。この他のコストは，精子量の減少（Birkhead 1991），感染症の拡散（Sheldon 1993），つがいや他の雄との闘争（Westneat and Stewart 2003），また将来のつがい解消率の増加（Ens *et al.* 1993）などがあげられる。

　このようなコストが，つがい外父性の適応的価値をうわまわらない限り，雄がつがい外交尾をすることは適応的だといえる。実際，雄にとって，つがい外父性の適応的な影響力は非常に大きいので，雄がつがい外交尾を求める行動は一般的である。つがい外父性が確認されている43種の雄の行動を観察した結果，そのうち39種では，雄が受精可能な雌のなわばりに進入していることがわかった。またそのうち30種は，雄からつがい外交尾を試みていたことも観察された（Westneat and Stewart 2003）。つがい外父性の理解を深める上で，雄の行動がどのように子の父性に影響するかを調べることは重要だろう。

　しかし，これらの観察結果もつがい外交尾が雄主導と示したわけではない。このような種でも雌主導のつがい外交尾は存在し，場合によってはむしろ一般的なことかもしれない。雌のつがい外交尾を求める行動は，後述するコストがある限り，稀な上に消極的で目立たなく観察されにくい可能性が高い。さらに雌の行動は，前述した交尾後の配偶子選択により，観察される以上に父性に影響力を持っていると考えられている（Westneat and Stewart 2003）。では雌にとってのつがい外父性の適応的意義とコストはなんだろうか。

5. 雌のつがい外父性の適応的機能とコスト

　雄にとってつがい外交尾にコストがあるように，雌にもさまざまなコストがあると考えられている。このコストが，種，個体群，個体，環境によって違い，それがつがい外父性率に影響しているのかも知れない（Petrie and Kempnaers 1998）。

　雌にとってつがい外交尾をするコストとして提案されているのは，まずつがい雄による子への投資の削減である（Trivers 1972; Petrie and Kempenaers 1998; Sheldon 2002; Westneat and Stewart 2003 など）。雄は自分の巣に他人の子が含まれている可能性が高くなると（または父性が不明確な場合）子育てをする利益が減少する（Møller and Cuervo 2000）。実際に種間比較では，雄による子への投資（抱卵）の程度はつがい外父性率と関係していることが示されている（Matysiokova and Remes 2013）。同一種内をみると，雌のつがい外交尾などの行動によって，雄が抱卵（Osorio-Beristain and Drummond 2001），巣の防衛（Weatherhead *et al.* 1994），子育て（Dixon *et al.* 1994; Chuang-Dobbs *et al.*. 2001）などの子に対する投資を減らしている，という観察結果が報告されている。しかし一方で，雄の行動は変わらないという報告もあり（Whittingham and Lifjeld 1995; Bouwman *et al.* 2005），雄による投資の削減が一般的なつがい外父性のコストとは結論づけられていない（Westneat and Stewart 2003）。また，雄のコストと同じように，雌も複数の雄と接触することによる感染症や寄生虫などのリスクが上がると考えられている（Sheldon 1993）。積極的につがい外相手を探す場合は，雄のメイトガードを避けながらつがい外相手を探し移動する，またその雄を評価するというコストも指摘されている。もし繁殖密度が低く，交配可能なつがい外雄が近くにいない場合，雌の雄を探し移動する時間やエネルギーコストがつがい外父性の利益を上回らなければいけない（Petrie and Kempenaers 1998）。

　では，雌にとってつがい外父性の適応的意義はなんだろうか。雌は雄のようにつがい外受精により子の数を増やすことはできない。よって雌は，自身の生存率と繁殖成功率（雛の巣立ち率）をあげる直接的利益（direct benefit），あるいは，雛の遺伝的質をあげて雛の適応度（生存率，繁殖成功率）

を上昇させる間接的利益（indirect benefit）によって適応的利益を得ていると考えられている。雌にとってのつがい外父性の適応的機能の仮説は主に五つにまとめられている（Petrie and Kempenaers 1998; Griffith *et al.* 2002; Westneat and Stewart 2003; Akçay and Roughgarden 2007）。

(1)「優良遺伝子（good genes）仮説」

　雌は自分のつがい相手よりも質のいい雄との子を残すことにより，自分の子の適応度を上げている，という仮説である（Møller 1988）。雌は雄の社会的地位，大きさ，羽毛の色・質，さえずりなどを指標に雄の質を評価しているとされる。したがって，雌は遺伝的に質の低い雄とつがいになった場合，より良い雄を求めてつがい外交尾をおこなうと期待される。本仮説では，つがい雄とつがい外雄の間に遺伝的質を表す形質に差があることが前提である。よって，この仮説のもとでは，種，または個体群のつがい外父性率は，適応度に関係する形質をつかさどる遺伝的変異と正の相関があることが予想される（Petrie and Kempenaers 1998）。つまり，羽の色など雄間の形質に変異が大きい場合につがい外父性率も高くなる。逆に，ボトルネックなどにより遺伝的多様性が低い個体群では，つがい外父性率は低いと予想される。

(2)「遺伝的適合性（genetic compatibility）仮説」

　この仮説は，雌はつがい相手よりも遺伝的に相性のよい雄との子を残して適応度を上げている，というものである（Kempenaers *et al.* 1999; Tregenza and Wedell 2000）。先の優良遺伝子仮説では，雄の遺伝的質に絶対的な優劣が存在することを仮定しているため，つがい外雄として選ばれる個体は雌個体によって変わらない。一方，遺伝的適合性仮説では，雄の遺伝的質は雌の遺伝的構成によって左右されるため，雌によって選ばれる雄が異なる。また，本仮説の両極端として，近親交配（inbreeding）や異系交配（out-breeding）の回避が挙げられる（Brooker *et al.* 1990; Blomqvist *et al.* 2002; Foerster *et al.* 2003; Pryke *et al.* 2010）。つまり，近親個体や遠縁な個体とは遺伝的な相性が悪い，ということである。繁殖可能な個体の密度が極端に低い状況では，兄弟同士，あるいは他種とつがいになってしまうことがある。このような状

況下では，雌はつがい外受精により多くのつがい外子を残して適応度を上げていると予想される。

(3)「遺伝的多様性（genetic diversity）仮説」

雌は複数の雄と子供を残すことにより，一度の繁殖で雛の遺伝的多様性を高めることができる。この仮説は，不確実な環境では自分の子の遺伝的多様性を高める戦略が有利になるという考えに基づいている。つまり子の遺伝的多様性が，環境が多様であったり変動が大きく，特に病原菌や寄生虫と共進化している環境でも，少なくとも数個体は生き残るチャンスを向上させ，繁殖失敗を最小化させる，ということである（Westneat *et al.* 1990）。このような戦略は，両賭け（Bet-hedging）戦略ともよばれる（Beaumont *et al.* 2009など）。この仮説も優れた雄だけでなく多くの雄につがい外交尾の機会があることを予測する。同時に，つがい間でもつがい外父性率に大きな差がでないことが期待される（優良遺伝子仮説では，優秀な雄とのつがいはつがい外父性率が低く，劣位雄とのつがいでは高い）。もし雌がつがい相手との遺伝的類似性を評価することができ，遺伝的多様性を高めるため遺伝的に近い雄とペアになったときにつがい外交尾をしている場合は前述の遺伝的適合性で説明される。よってこの仮説は，雌に遺伝的類似性を評価する能力がないが，遺伝的多様性を高めるためにつがい外交尾する場合に限られる（Griffith *et al.* 2002）。

このように本仮説は，他の仮説と分離し検証することは難しく，また子の遺伝的多様性が適応的だという考えは理論上成立するが，実証するには個体レベルの長期的なモニタリングが必要なため，現在までのほとんどの研究は，この仮説を支持あるいは棄却するに至っていない（Wan *et al.* 2013）。

(4)「受精保険（fertility insurance）仮説」

つがい雄の受精能力が低かった場合（低い妊性，性的不能など）確実に卵を受精させるための保険としてつがい外交尾をしているという仮説である（総説としてHasson and Stone 2009）。自然界では卵が孵化しないことが平均で15％と驚くほど多い（Morrow *et al.* 2002）。未孵化の理由は未受精と胚死亡

が考えれるが，孵化率の低下は鳥類の繁殖成功において重要な要素であることから，雌の適応度には相当な損失だと考えられる。つがい相手が性的不能な場合のコストは非常に高く，これを削減できるような戦略は容易に選択されると考えられる（Griffith 2007）。鳥類において，雄の受精能力についての理解は進んでいないが，ある個体の受精能力（精子の数や質）は不変的ではなく，外傷や病気の有無，栄養状態，交尾回数などによって大きく変動すると考えられる（Westneat *et al.* 1990 など）。したがって，雌はペア相手の受精能力を評価し，選択的につがい外交尾をしている可能性も議論されている（Sheldon 1994）。しかし，雄の受精能力は遺伝的質（優良遺伝子）または，雌との遺伝的相性（適合性）とも関係している可能性があり，この仮説も他の仮説と区別することは難しい。観察研究や種間比較研究では，これまでに孵化率とつがい外父性率の関係を調べた例があるが，一貫性のある結果は出ていない（Wetton and Parkin 1991; Kempenaers *et al.* 1999; Morrow *et al.* 2002）。

(5) 雄からの援助などの「直接的利益（direct benefit）仮説」

基本的につがい外の雄は，精子を提供する以外には雌に利益をもたらさないとされるが，最近の研究では雌はそれ以外にも直接的な利益を得ている可能性が示唆されている（Petrie and Kempenaers 1998）。例えば，アジサシの雌はつがい相手以外にも餌乞いをし，雄が求愛給餌をした後つがい外交尾をしていることが観察されている（Gonzalez-solis *et al.* 2001）。また，北アメリカに生息するハゴロモガラスでは，雄がつがい外交尾相手のなわばりに捕食者が現れた場合，モビング（mobbing）をして追い払うことや，雌もつがい外相手のなわばりで採餌する，といった行動も観察されている（Gray 1997）。さらに，つがい外交尾をすることにより父性を不明確にし，近隣の雄からのハラスメントやなわばり争いを避けている可能性も指摘されている（Westneat and Stewart 2003）。以上のように，雌はつがい外交尾をすることにより雄から直接的な利益を受けていることも十分に考えられる。

(1) から (3) の仮説は，雌親の繁殖成功度を直接上げるのではなく，子

の遺伝的な質・多様性から子の適応度（生存率，繁殖率）を上げるため間接的利益とされる。対して，（4）と（5）の仮説は，雌親の繁殖成功を直接向上させるので直接的利益に分類される。

6. 適応的機能仮説における課題

　前述した全ての仮説は理論的には成立するが，厳密に検証するのが非常に難しく，20年以上にもおよぶ努力にも関わらず総括的に示されたものはほとんどない。おそらく全ての仮説は多かれ少なかれ自然界でも当てはまるのだろうが，その相対的な重要性を知ることは極めて困難である。その最も大きな理由は，上述した五つの仮説が排他的でなく，同時につがい外父性の要因となりえることによる（Griffith *et al.* 2002）。例えば，雌は遺伝的に質のよい雄から求愛給餌を受け，つがい外交尾をすることによって直接的利益と間接的利益を同時に得ている可能性がある。また前述したように，雄の受精能力は遺伝的に決定される可能性もあり，優良遺伝子仮説と受精保険仮説を区別することは難しい（Sheldon 1994）。さらに，遺伝的な適合性が低いと受精が進まないため，受精保険仮説は遺伝的適合性仮説の極端な例とも捉えることができる。今日までのほとんどの研究は，一つの仮説を他と厳密に区別し検証しておらず，一つの仮説を支持あるいは棄却するに至っていない。また，ある種あるいは個体群に当てはまっても，他では当てはまらないケースが多い。

　第二に，つがい外父性研究の欠点の一つとして遺伝的な研究が観察に基づいた研究よりも主流となったことがある（例えば，Westneat and Stewart 2003）。多くの研究は巣内の雛のつがい外父性率が雌親のつがい外交尾の行動を表すと仮定しているが（Griffith 2007），実際は多くの種で両者に相関がないことが確認されている（Dunn and Lifjeld 1994）。つがい外父性における間接的な分子研究は，直接的な観察に基づいた研究なくしては，実際のつがい外交尾などの行動を過小，または過大評価する可能性がある（Griffith and Immler 2009）。また，前述したような雌雄のつがい外交尾に伴うコスト

を検証するには，子の生存率や父性の結果だけでなく個体レベルの競争や子に対する投資やつがい相手の協力などの観察が不可欠になる。

　第三に，仮説検証の難しい理由に，精子競争や前述した cryptic female choice とよばれる雌による交尾後の配偶子選択についての理解が進んでいない点がある。鳥類は，雌が交尾後長い期間精子を保管できることから，交尾後の性選択が強いといわれている（Birkhead and Møller 1992）。しかし野外で交尾を直接観察することが非常に難しく，操作実験的研究も少ないので交尾後の性選択がどのように，どの程度つがい外受精に関与しているかは，現在まで不明確なままである。

　最後に，最近では適応的機能仮説そのものに異議を唱える総説論文も発表された（Forstmeier *et al.* 2014）。この論文では，雌のつがい外父性は，雌にとって適応的でない場合でも，遺伝子の拮抗的な多面発現性などにより進化しうることが議論されている。例えば，ある遺伝的特徴が雌雄両方のつがい外交尾行動に発現する場合，雌にとって適応的でなくても雄にとって適応的ならばその遺伝子は集団内に維持される可能性がある。また，適応的な遺伝的特徴がつがい外受精を高めるような多面的発現をする場合，雌内でもそのような遺伝子が維持されるだろう。彼らは，これまでのつがい外父性の研究は，普遍的な研究結果が得られていないにも関わらず，適応的仮説の検証に偏っており，つがい外父性をより総合的に理解するには，行動生態学から繁殖生理学，進化遺伝学を結合させることが有効だろうとしている。

7. 今後の展望

　分子遺伝学的技術の発展と普及により父性判定が容易になったことで，多様な視点から鳥類の繁殖戦略についての研究が進んでいる。しかし，環境や個体の特徴や状況による，つがい外父性率や行動の多様性に一貫性は少ないため，統一的な解釈が難しい。むしろこのような多くの研究が蓄積されたことで，鳥類のつがい外父性の行動はそのコストと利益に反映される微妙な状況の違いに大きく影響される，あるいは，複数の要因が同時に影響すること

がわかってきた。

　これまでにあげられている仮説や考えを検証し，つがい外父性という現象の理解を深めるには，今後も多くの理論や実験に基づいた研究が必要となるだろう。中でも，影響力のあるレビュー論文では，主に以下の三つが提案されている (Petrie and Kempenaers 1998; Griffith *et al.* 2002; Westneat and Stewart 2003; Neodorf 2004)。

　まずは，飼育個体群や野生個体群を使った操作実験である。操作実験を用いた研究は比較的古くからおこなわれており，つがい外父性の間接的利益の仮説などが検証されてきている。例えば，飼育個体群ならば雄間やつがい間の血縁度を操作し，その結果がつがい外父性率に影響するかどうかを調べることで，遺伝的適合性仮説を効率的に検証することが可能になる (Pryke *et al.* 2010 など)。また，野生個体群でも，羽の長さや色など性選択に関わるつがい相手の表現型形質を操作し，つがい外父性の行動への影響を評価することで優良遺伝子仮説の検証になる (Saino *et al.* 1997; Johannessen *et al.* 2005; Safran *et al.* 2005 など)。これら以外にも，つがい外父性率に関係するとされている繁殖密度や，捕食圧，餌資源量などの環境要因を操作し，つがい外父性率を比べることによりつがい外父性行動の意義が明確になるだろう。

　次に必要になるのは，つがい外子とその異父兄弟にあたるつがい内子の適応度を比べる研究である。もし，雌がつがい外受精により間接的利益を得ているのであれば，つがい外子の適応度はつがい内子よりも高くなる，と予想される。しかし，鳥類の適応度を正確に測るには，雛の孵化後早い段階で父性を確認し，その後の成長率や生存率，繁殖成功率などを調べなければいけない。鳥類の生存率は種によって大きく異なるが，つがい外とつがい内子の適応度を比べるには長期間にわたって膨大な数を調べなければならない。さらに適応度に強く影響する形質を発見するのも重要だろう。

　鳥類は他の分類群に比べ，繁殖個体群を個体レベルで識別し，生存や分散，繁殖成功などから適応度を長期間にわたって調べている研究が多い (Clutton-Brock and Sheldon 2010)。中でも最初にこのような長期間にわたる研究をおこなったのは，オランダ (Kluijver 1951) とイギリス (Lack

1954）のヨーロッパシジュウカラとアオガラの生活史を追跡した研究だろう。これらの研究は，鳥類以外を含む多くの長期間個体レベル研究の見本となり，進化生態学など多くの自然科学の理解に貢献してきた。このような個体レベルで適応度を調べている研究に分子遺伝学的技術を取り入れ父性判定をすることにより，どのような個体が，どのような状況でつがい外父性による利益を得ているかがより明らかになると期待できる。今日までに，このような手法で，つがい外父性の間接的利益を示した例は，例えば，アオガラの雛の生存率を追跡した研究（Kempenaers 1997）や，シロエリヒタキの雛の質を調べた例（Sheldon 1997），オガワコマドリの雛の免疫反応などを調べた研究（Johnsen et al. 2000）がある。しかし，反対につがい外子とつがい内子の間に有意な違いはみつからなかったとする研究も少なくない（Krokene et al. 1998; Lubjuhn et al. 1999; Schmoll et al. 2003 など）。個体間の遺伝的質の違いは一般的に小さく，雛の生存能力を平均 2％しか説明しないという報告もある（Møller and Alatalo 1999）。今後，このような比較研究が蓄積されることにより，つがい外父性の間接的利益がより明確になるだろう。

　最後に，つがい外父性という現象を理解するのに必要なのは，つがい外父性によって適応度に利害が生じる個体（主につがい雌，つがい雄，つがい外雄）の利害関係を整理し，行動を詳細に調べ，分析することだろう。つがい外父性にまつわる社会的相互作用では，ある個体の特徴や行動は他の個体にとって重要な環境要因の一つになり，彼らの適応度に影響する。Westneat and Stewart（2003）は総説論文において，この利害関係にある当事者のコストと利益を詳細に検証している。彼らは，このアプローチが種間から個体間といったあらゆる階層クラスにおいて，つがい外父性率や行動の生態学的理由を説明することにつながるだろう，としている。多くの実験や理論に基づいた研究は，つがい外父性は雌による戦略という先入観から，雌の適応度に偏って注目してきた（Petrie and Kempenaers 1998; Foerster et al. 2003; Charmantier et al. 2004; Jennions and Petrie 2007 など）。しかし，実際には環境条件や他個体との関係性によって雄のつがい外行動も大きく変化すると考えられる。例えば，遺伝的に質の良い雌とつがいになった雄はパートナー

がつがい外交尾をするのを避けるためにメイトガードを強めるだろう。この場合，つがい外父性率は，雄の行動（戦略）によって決定される。また，シロエリヒタキでは，雄は受精率を上げるためにつがい外交尾のときにはつがい内交尾に比べ5倍以上も精子を送っていることが分かった（Michl *et al.* 2002）。

　このように，適応度に利害関係が生じる個体のつがい外行動を説明する場合には，Differential allocation 仮説とよばれる考えが役立つだろう。この仮説は，親鳥は，つがい相手の質や，環境条件などで決まるその都度の繁殖の価値により，投資量を戦略的に分配する，という仮説で，Burley（1986）によって提唱された。例えば，つがい相手の遺伝的質（または適合性）が良く，雛の適応度が高くなる（価値が高い）と予想される場合，雄はつがい内子の父性を得るためにメイトガードを強め，雌はつがい外交尾を避け，つがい雄を遺伝的な父親にするように努めると予想できる。また，他の巣に比べ，自分の巣の雛が捕食や浸水など何らかの理由で巣立ち率が低い（価値が低い）と予想される場合，雄はつがい外交尾により多く投資し，他の巣に子を残す戦略が適応的になる。

　今後，個体レベルで，また多様な環境下でのつがい外行動を観察した研究が増えることにより，雌雄それぞれの繁殖の価値が，つがい外父性率や行動を説明できることを証明するだろう。

＊＊＊

　本章で紹介したように，つがい外父性は従来考えられてきた鳥類の配偶システムの概念を覆すものであり，この現象が発見されて以来，実に多くの研究がされてきた。30年以上にわたる2000以上の公表された研究の成果は，この分野において私たちに多くの新しい，興味深い発見やアイデアを提供してきた。しかし，その行動やつがい外父性率の多様性，適応的意義などには未だ，解明されていないことが多く，現象の一般化には情報がいまだ不十分である。しかし，この現象の進化生態学や行動生物学的な重要性から，鳥類の配偶システムにおけるつがい外父性は，今後も常に注目され挑戦しがいのあるテーマであることは間違いない。

引用文献

Akçay E and Roughgarden J (2007) Extra-pair paternity in birds: review of the genetic benefits. *Evolutionary Ecology Research* 9: 855–868.

Arnold KE and Owens IPF (1998) Cooperative breeding in birds: a comparative test of the life history hypothesis. *Proceedings of the Royal Society B* 265: 739–745.

Barash DP (1976) Male response to apparent female adultery in the mountain bluebird (*Sialia currucoides*): an evolutionary interpretation. *American Naturalist* 110: 1097–1101.

Beaumont HJE, Gallie J, Kost C, Ferguson GC and Rainey PB (2009) Experimental evolution of bet hedging. *Nature* 462: 90–93.

Beecher MD and Beecher IM (1979) Sociobiology of bank swallows: reproductive strategy of the male. *Science* 205: 1282–1285.

Bennett PM and Owens IPF (2002) *Evolutionary Ecology of Birds: Life Histories, Mateing Systems, and Extinction*. Oxford University Press, New York.

Birkhead TR (1991) Sperm depletion in the Bengalese finch, *Lonchura striata*. *Behavioral Ecology* 2: 267–275.

Birkhead TR and Møller AP (1992) Numbers and size of sperm storage tubules and the duration of sperm storage in birds: a comparative study. *Biological Journal of the Linnean Society* 45: 363–372.

Birkhead TR and Møller AP (1993) Female control of paternity. *Trends in Ecology and Evolution* 8: 100–104.

Bjørnstad G and Lifjeld JT (1997) High frequency of extra-pair patern- ity in a dense and synchronous population of willow warblers *Phylloscopus trochilus*. *Journal of Avian Biology* 28: 319–324.

Blomqvist D, Andersson M, Küpper C, Cuthill IC, Kis J, Lanctot RB, Sandercock BK, Székely T, Wallander J and Kempenaers B (2002) Genetic similarity between mates and extra-pair parentage in three species of shorebirds. *Nature* 419: 613–615.

Bouwman KM, Lessells CM and Komdeur J (2005) Male reed buntings do not adjust parental effort in relation to extrapair paternity. *Behavioral Ecology* 16: 499–506.

Brooker MG, Rowley I, Adams M and Baverstock PR (1990) Promiscuity: an inbreeding avoidance mechanism in a socially monogamous species? *Behavioral Ecology and Sociobiology* 26: 191–199.

Bull CM (2000) Monogamy in lizards. *Behavioural Processes* 51: 7–20.

Bull CM, Cooper SJB and Baghurst BC (1998) Social monogamy and extra-pair fertilization in an Australian lizard, *Tiliqua rugosa*. *Behavioral Ecology and Sociobiology* 44: 63–72.

Burley N (1986) Sexual selection for aesthetic traits in species with biparental care. *American Naturalist* 127: 415–445.

Charmantier A, Blondel J, Perret P and Lambrechts MM (2004) Do extra-pair paternities provide genetic benefits for female blue tits *Parus caeruleus* ? *Journal of Avian Biology* 35: 524–532.

Chuang-Dobbs HC, Webster MS and Holmes RT (2001) Paternity and parental care in the

black-throated blue warbler, *Dendroica caerulescens*. *Animal Behaviour* 62: 83–92.
Clutton-Brock T (2002) Breeding together: kin selection and mutualism in cooperative vertebrates. *Science* 296: 69–72.
Clutton-Brock T (2007) Sexual selection in males and females. *Science* 318: 1882–1885.
Clutton-Brock T and Sheldon BC (2010) Individuals and populations: the role of long-term, individual-based studies of animals in ecology and evolutionary biology. *Trends in Ecology and Evolution* 25: 562–573.
Davies N and Hartley I (1996) Food patchiness, territory overlap and social systems: an experiment with dunnocks *Prunella modularis*. *Journal of Animal Ecology* 65: 837–846.
Davies N, Hartley IR, Hatchwell BJ, Desrochers A, Skeer J and Nebel D (1995) The polygynandrous mating system of the alpine accentor, *Prunella collaris*. I. Ecological causes and reproductive conflicts. *Animal Behaviour* 49: 769–788.
Davies N and Houston A (1986) Reproductive success of dunnocks, *Prunella modularis*, in a variable mating system. II. Conflicts of interest among breeding adults. *Journal of Animal Ecology* 55: 139–154.
Dixon A, Ross D, O'Malley SLC and Burke T (1994) Paternal investment inversely related to degree of extra-pair paternity in the reed bunting. *Nature* 371: 698–700.
Dunn PO and Lifjeld JT (1994) Can extra-pair copulations be used to predict extra-pair paternity in birds? *Animal Behaviour* 47: 983–985.
Dunn P, Whittingham L and Pitcher T (2001) Mating systems, sperm competition, and the evolution of sexual dimorphism in birds. *Evolution* 55: 161–175.
江口和洋（2005）鳥類における協同繁殖様式の多様性．日本鳥学会誌 54: 1–22.
Ens BJ, Safriel UN and Harris MP (1993) Divorce in the long-lived and monogamous oystercatcher, *Haematopus ostralegus*: incompatibility or choosing the better option? *Animal Behaviour* 45: 1199–1217.
Foerster K, Delhey K, Johnsen A, Lifjeld JT and Kempenaers B (2003) Females increase offspring heterozygosity and fitness through extra-pair matings. *Nature* 425: 714–717.
Forstmeier W, Nakagawa S, Griffith SC and Kempenaers B (2014) Female extra-pair mating: adaptation or genetic constraint? *Trends in Ecology and Evolution* 29: 456–464.
Gill FG (2007) *Ornithology (3rd ed.)* W. H. Freeman and Co., New York.［FG ギル著，山岸哲　監訳（2009）『鳥類学』，新樹社］
González-Solís J, Sokolov E and Becker PH (2001) Courtship feedings, copulations and paternity in common terns, *Sterna hirundo*. *Animal Behaviour* 61: 1125–1132.
Gray EM (1997) Female red-winged blackbirds accrue material benefits from copulating with extra-pair males. *Animal Behaviour* 53: 625–639.
Griffith SC (2007) The evolution of infidelity in socially monogamous passerines: neglected components of direct and indirect selection. *American Naturalist* 169: 274–813.
Griffith SC and Immler S (2009) Female infidelity and genetic compatibility in birds: the role of the genetically loaded raffle in understanding the function of extrapair paternity. *Journal of Avian Biology* 40: 97–101.

Griffith SC, Stewart IRK, Dawson DA, Owens IPF and Burke T (1999) Contrasting levels of extra-pair paternity in mainland and island populations of the house sparrow (*Passer domesticus*): is there an "island effect"? *Biological Journal of the Linnean Society* 68: 303–316.

Griffith SC, Owens IPF and Thuman KA (2002) Extra pair paternity in birds: a review of interspecific variation and adaptive function. *Molecular Ecology* 11: 2195–2212.

Gyllensten UB, Jakobsson S and Temrin H (1990) No evidence for illegitimate young in monogamous and polygynous warblers. *Nature* 343: 168–170.

Hartley IR, Davies NB, Hatchwell BJ, Desrochers A, Nebel D and Burke T (1995) The polygynandrous mating system of the alpine accentor, *Prunella collaris*. II. Multiple paternity and parental effort. *Animal Behaviour* 49: 789–803.

Hasselquist D, Bensch S and von Schantz T (1995) Low frequency of extrapair paternity in the polygynous great reed warbler, *Acrocephalus arundinaceus*. *Behavioral Ecology*, 6: 27–38.

Hasson O and Stone L (2009) Male infertility, female fertility and extrapair copulations. *Biological Reviews of the Cambridge Philosophical Society* 84: 225–244.

Hatchwell B and Komdeur J (2000) Ecological constraints, life history traits and the evolution of cooperative breeding. *Animal behaviour* 59: 1079–1086.

Jennions MD and Petrie M (2007) Why do females mate multiply? A review of the genetic benefits. *Biological Reviews* 75: 21–64.

Johannessen LE, Slagsvold T, Hansen BT and Lifjeld JT (2005) Manipulation of male quality in wild tits: effects on paternity loss. *Behavioral Ecology* 16: 747–754.

Johnsen A, Andersen V, Sunding C and Lifjeld JT (2000) Female bluethroats enhance offspring immunocompetence through extra-pair copulations. - *Nature* 406: 296–299.

Kempenaers B and Sheldon BC (1996) Why do male birds not discriminate between their own and extra-pair offspring? *Animal Behaviour* 51: 1165–1173.

Kempenaers B, Congdon B, Boag P and Robertson RJ (1999) Extrapair paternity and egg hatchability in tree swallows: evidence for the genetic compatibility hypothesis? *Behavioral Ecology* 10: 304–311.

Kempenaers B, Verheyen GR and Dhondt AA (1995) Mate guarding and copulation behaviour in monogamous and polygynous blue tits: do males follow a best-of-a-bad-job strategy? *Behavioral Ecology and Sociobiology* 36: 33–42.

Kempenaers B, Verheyen GR and Dhondi AA (1997) Extrapair paternity in the blue tit (*Parus caeruleus*) : female choice, male characteristics, and offspring quality. *Behavioral Ecology* 8: 481–492.

Kluijver HN (1951) The population ecology of the great tit, *Parus m. major* L. *Ardea* 39: 1–135.

Krokene C, Rigstad K, Dale M and Lifjeld J (1998) The function of extrapair paternity in blue tits and great tits: good genes or fertility insurance? *Behavioral Ecology* 9: 649–656.

Lack D (1964) A long-term study of the great tit (*Parus major*). *Journal of Animal Ecology* 33: 159–173.

Lack D (1968) *Ecological adaptations for breeding in birds*. Methuen, London

第3章 鳥類の配偶システムとつがい外父性

Lubjuhn T, Strohbach S, Brun J, Gerken T and Epplen J (1999) Extra-pair paternity in great tits (*Parus major*) – a long term study. *Behaviour* 136: 1157–1172.

Lukas D and Clutton-Brock TH (2013) The evolution of social monogamy in mammals. *Science* 341: 526–530.

Matysioková B and Remeš V (2013) Faithful females receive more help: the extent of male parental care during incubation in relation to extra-pair paternity in songbirds. *Journal of Evolutionary Biology* 26: 155–162.

Michl G, Török J, Griffith SC and Sheldon BC (2002) Experimental analysis of sperm competition mechanisms in a wild bird population. *Proceedings of the National Academy of Sciences* 99: 5466–5470.

Morrow EH, Arnqvist G and Pitcher TE (2002) The evolution of infertility: does hatching rate in birds coevolve with female polyandry? *Journal of Evolutionary Biology* 15: 702–709.

Møller AP (1988) Female choice selects for male sexual tail ornaments in the monogamous swallow. *Nature* 332: 640–642.

Møller AP and Alatalo RV (1999) Good-genes effects in sexual selection. *Proceedings of the Royal Society B* 266: 85–91.

Møller AP and Cuervo J (2000) The evolution of paternity and paternal care in birds. *Behavioral Ecology* 11: 472–485.

Neodorf DLH (2004) Extrapair paternity in birds: understanding variation among species. *Auk* 121: 302–307.

Osorio-Beristain M and Drummond H (2001) Male boobies expel eggs when paternity is in doubt. *Behavioral Ecology* 12: 16–21.

Owens IPF (2002) Male-only care and classical polyandry in birds: phylogeny, ecology and sex differences in remating opportunities. *Philosophical Transactions of the Royal Society B* 357: 283–293.

Petrie M and Kempenaers B (1998) Extra-pair paternity in birds: explaining variation between species and populations. *Trends in Ecology and Evolution* 13: 52–58.

Pizzari T and Birkhead TR (2000) Female feral fowl eject sperm of subdominant males. *Nature* 405: 787–789.

Pryke SR, Rollins LA and Griffith SC (2010) Females use multiple mating and genetically loaded sperm competition to target compatible genes. *Science* 329: 964–967.

Safran RJ, Neuman CR, McGraw KJ and Lovette IJ (2005) Dynamic paternity allocation as a function of male plumage color in barn swallows. *Science* 309: 2210–2212.

Saino N, Primmer C, Ellegren H and Møller A (1997) An experimental study of paternity and tail ornamentation in the barn swallow (*Hirundo rustica*). *Evolution* 51: 562–570.

Schmoll T (2011) A review and perspective on context-dependent genetic effects of extra-pair mating in birds. *Journal of Ornithology* 152: 265–277.

Schmoll T, Dietrich V, Winkel W, Epplen JT and Lubjuhn T (2003) Long-term fitness consequences of female extra-pair matings in a socially monogamous passerine. *Proceedings of the Royal Society B* 270: 259–264.

Schulze-Hagen K, Swatschek I, Dyrcz A and Wink M (1993) Multiple paternity in broods of aquatic warblers *Acrocephalus paludicola*: first results of a DNA-fingerprinting study. *Journal of Ornithology* 134: 145–154.

Sheldon BC (1993) Sexually transmitted disease in birds: occurrence and evolutionary significance. *Philosophical transactions of the Royal Society B* 339: 491–497.

Sheldon BC (1994) Male phenotype,fertility, and the pursuit of extra-pair copulations by female birds. *Proceedings of the Royal Society B* 257: 25–30.

Sheldon BC (2002) Relating paternity to paternal care. *Philosophical transactions of the Royal Society B* 357: 341–350.

Sheldon BC, Merilo J, Qvarnstrom A, Gustafsson L and Ellegren H (1997) Paternal genetic contribution to offspring condition predicted by size of male secondary sexual character. *Proceedings of the Royal Society B* 264: 297–302.

Tregenza T and Wedell N (2000) Genetic compatibility, mate choice and patterns of parentage: Invited Review. *Molecular Ecology* 9: 1013–1027.

Trivers R (1972) Parental investment and sexual selection. In: *Sexual Selection and the Descent of Man* (ed. B Campbell), pp. 136–179. Aldine Press, Chicago.

Wan D, Chang P and Yin J (2013) Causes of extra-pair paternity and its inter-specific variation in socially monogamous birds. *Acta Ecologica Sinica* 33: 158–166.

Weatherhead PJ, Montgomerie R, Gibbs HL and Boag PT (1994) The cost of extra-pair fertilizations to female red-winged blackbirds. *Proceedings of the Royal Society B* 258: 315–320.

Westneat D, Sherman P and Morton M (1990) The ecology and evolution of extra-pair copulations in birds. In: *Current Ornithology vol.7* (ed. Power DM), pp. 331–370, Plenum Press, New York.

Westneat DF and Stewart IRK (2003) Extra-pair paternity in birds: Causes, correlates, and conflict. *Annual Review of Ecology, Evolution and Systematics* 34: 365–396.

Wetton JH and Parkin DT (1991) An association between fertility and cuckoldry in the house sparrow, *Passer domesticus*. *Proceedings of the Royal Society B* 245: 227–233.

Whittingham LA and Lifjeld JT (1995) High paternal investment in unrelated young: extra-pair paternity and male parental care in house martins. *Behavioral Ecology and Sociobiology* 37: 103–108.

Wilson AB, Ahnesjo I, Vincent ACJ and Meyer A (2003) The dynamics of male brooding, mating patterns, and sex roles in pipefishes and seahorses (family Syngnathidae). *Evolution* 57: 1374–1386.

Yom-Tov Y and Geffen E (2005) Host specialization and latitude among cuckoos. *Jornal of Avian Biology* 36: 465–470.

コラム 2

性的二型

　鳥類の特徴といえば，クジャクやオシドリ，ゴクラクチョウ（フウチョウ）に代表される構造色を含む色とりどりの羽色，美しい飾り羽，さらには複雑で多様なさえずり，求愛ダンスをはじめとするディスプレイなどが挙げられる。このような特徴は一部の魚類や両生類，昆虫などでもみられるが，鳥の性選択による進化は多種多様かつ奇抜で極端なものが多い。鳥類が他の分類群に比べ注目され，研究されている理由の一つは，この第二次性徴の程度と種類の多様性に帰するものが大きい（Andersson 1994; Bennet and Owens 2002）。例えば，羽の装飾を見ると，クジャクやオシドリのように雌雄で羽の長さや色，飾り羽などが顕著に違う種もいれば，アオガラのように雌雄で頭部の羽の紫外線を反射する程度が微妙に違う種もいる。また，カラスやハトのように見た目からは全く雌雄の差が区別できない種も多い。また興味深いことに，マガモとカルガモのように同属で交雑するような近縁な種でも性的二型が顕著に見られる種と全く見られない種に分かれることもある。大きさを見ても，ライチョウ類やノガン類に見られるように雄が雌よりも倍以上重い種もいれば，レンカクや多くの猛禽類，海鳥のように雌の方が大きな種も多い。ではなぜこのような性的二型における多様性は起きるのだろうか。

　性的二型は，雄と雌で適応的な性質が異なるために進化すると考えられる。これは，雌雄の性選択（sexual selection）のかかり方の違い（配偶者を巡る競争の結果生じる繁殖成功率の違い）によって生じる。雄同士，あるいは雌同士が配偶者を巡って争う同性間競争（intrasexual selection）や，配偶者が異性を選ぶ際に起こる配偶者選択（mate choice）がこの雌雄の性選択を加速する。そして興味深いことに，これらは全て前述した配偶システムに密接に関係している（第3章表1を参

照)。つまり，言い換えれば性的二型は雌雄の子育てなど子に対する投資と関係する。

　一夫一妻では，他の繁殖システムに比べ性的二型が小さい。これは，同性間競争や配偶者選択が緩和され，雌雄どちらも繁殖成功率に個体差が少なくなることによる。また多くの場合子に対する投資に雌雄差が少ないことも，同性間競争や配偶者選択を弱めることに関係している。

　一方で一夫多妻や乱婚の場合，雄の繁殖成功率は雌よりも変化しやすい。つまり，複数の雌に選ばれる雄は多くの子を残せるが，逆に雌に選ばれず子を残せない雄も多くなる。このような場合，雄同士の競争や雌による配偶者選択が厳しくなり性的二型が進化しやすい (Clutton-Brock 2007)。このような配偶システムでは繁殖における雄と雌の役割の違いが大きく，それぞれ異なる性選択，また自然選択がかかる。前述したような色鮮やかな羽色や飾り羽，多様なさえずりや求愛ダンスの多くは，これらの配偶システムの雄に顕著にみられる。

　最後に，一妻多夫では雌の繁殖成功度は雄よりも変化しやすい。雌は雄を巡り競争し，強い雌は多くの雄を獲得し多くの雛を残すことができる。逆に雄同士では繁殖成功に違いが生まれにくい。このことから，この配偶システムでは，性選択は雌に強くかかり，雌が大きく色鮮やかになり縄張りを防衛する行動を進化させることが多い。タマシギなどはその典型的な例である。

　このように，David Lack が 1968 年に提唱して以来，現在でも鳥類における色や大きさといった性的二型を最もよく説明するのは配偶システムだと考えられている (Lack 1968; Schlicht and Kempenaers 2011)。しかし，もちろん鳥類の性的二型は，配偶システムだけでは説明できない。一夫一妻でもオシドリのように顕著な性的二型を進化させている種もいれば，ウグイスの仲間のように一夫多妻でも雌雄の見た目は同じ種もいる（ウグイス類の雄は複雑で特徴的なさえずりを進化させている）。この一部は，遺伝的な配偶システムで説明される。つまり，同性間の繁殖成功度に大きな違いがないと考えられる一夫一妻でも，つ

がい外父性を通じて実際は強い性選択が働き，その結果性的二型が進化している可能性がある（Owens and Hartley 1998; Dunn et al. 2001; Schlicht and Kempenaers 2011 など）。逆に社会的に一夫多妻の鳥類でも，つがい外父性により雄同士の繁殖成功率に社会的配偶システムから予想されるほど違いが生じていないかもしれない。

（油田照秋）

Andersson M (1994) *Sexual Selection*. Princeton University Press, Princeton.
Bennett PM and Owens IPF (2002) *Evolutionary Ecology of Birds: Life Histories, Mateing Systems, and Extinction*. Oxford University Press, New York.
Clutton-Brock T (2007) Sexual selection in males and females. *Science* 318: 1882–1885.
Dunn P, Whittingham L and Pitcher T (2001) Mating systems, sperm competition, and the evolution of sexual dimorphism in birds. *Evolution* 55: 161-175.
Lack D (1968) *Ecological adaptations for breeding in birds*. Methuen, London
Owens IPF and Hartley IR (1998) Sexual dimorphism in birds: why are there so many different forms of dimorphism? *Proceedings of the Royal Society B* 265: 397–407.
Schlicht E and Kempenaers B (2011) Extra-pair paternity and sexual selection. In: *From Genes to Animal Behavior: Social Structures, Personalities, Communication by Color* (eds. Inoue-Murayama M, Kawamura S and Weiss A), pp. 35-65, Springer, Tokyo.

第4章

鳥類における雄から雌への給餌行動の機能

遠藤幸子

　動物の雄たちは，なぜ雌に餌を与えるのか？　この問いは，さまざまな分類群において，繁殖をめぐる雌雄の関係性を解明することに貢献してきた。鳥類においても，多くの種の雄が雌に餌を運ぶ。例えば，ある種の雌は質のよい餌やより頻繁に餌を運ぶ雄との交尾を受け入れる。これは，雌が雄の給餌行動を交尾相手の選択の指標として用いていることを示唆する。一方，抱卵する雌にとって，雄から与えられる餌は貴重な栄養源であり，雌の抱卵行動を支えるだろう。両親がともに子の世話をする鳥類では，雌が抱卵し，雄が雌に給餌するという役割分担は，雌雄両方に利益をもたらすはずだ。このように，雌雄間における餌の受け渡しの行動生態学的意義を調べることは，繁殖をめぐる雌雄の性的対立の機構や繁殖における雌雄の役割分担の進化を解明することを可能にする。そこで，本章では，鳥類の雄から雌への給餌の機能に関して提唱されてきたこれまでの仮説とその検証結果について整理し，給餌行動に関する研究が明らかにしてきたこと，そしてこの研究分野の今後の展望について議論する。

　多くの鳥類種において，繁殖期に雄が雌に対して餌を与える行動が知られており（Silver *et al.* 1985），ハト目，カッコウ目，チドリ目，タカ目，フクロウ目，ブッポウソウ目，キツツキ目，ハヤブサ目，スズメ目などで広くみ

られる（Lack 1940）。この行動は，主に一夫一妻制の鳥類において，つがい形成からその後の繁殖期間を通して観察されることから，1940年代にはつがい関係を維持する機能があると考えられていた（Lack 1940）。1980年代以降は，繁殖は雄と雌との間で協力的に行われるだけでなく，お互いの利害のもとに対立しているという「性的対立」といった考え方が確立し始め（Trivers 1972; Parker 1979; Birkhead 2000; Arnqvist and Rowe 2005），雄から雌への給餌行動も性的対立の観点から研究されるようになった（Thornhill 1976; Sakaluk 1984; Vahed 1998; Tobias and Sedden 2002; Tryjaonwski and Hromada 2005; Gwynne 2008）。このような時代の流れの中で，雄から雌への給餌行動が，産卵や抱卵のための雌への栄養補給としての役割を果たしていることや雄と雌との交尾の駆け引きに用いられていることなど，鳥類の繁殖において重要な役割を果たすことが明らかになってきた（e.g. Nisbet 1973; Carlson 1989; Palokangas *et al.* 1992; Green and Krebs 1995; González-Solıs *et al.* 2001; Velando 2004; Tryjanowski and Hromada 2005）。これらの雄から雌への給餌行動の研究は，鳥類の繁殖における雌雄の利害対立や協力といった関係性の理解に貢献してきたといえるだろう（Arnqvist and Rowe 2005）。

　鳥類において，雄から雌への給餌が観察される主な時期は，(1) つがい形成前，(2) つがい形成後から産卵期と (3) 抱卵期である（e.g. Lack 1940; Galván and Sanz 2011）。これまでの研究は基本的にこの期間ごとに分けて行なわれており，各繁殖段階で給餌行動の進化してきた要因が異なることが示唆されている（Galván and Sanz 2011）。(1) のつがい形成前に行われる給餌が，もし雌のつがい雄を選択するときの基準として機能しているならば（Palokangas *et al.* 1992; Helfenstein *et al.* 2003; つがい相手選択仮説），その行動の進化は雌による選択圧を受けているだろう。(2) のつがい形成後から産卵期では，既につがい関係が成り立っているため，つがいの繁殖成功につながる行動として進化したと考えられる（Royama 1966; Nisbet 1973; Galván and Sanz 2011; 栄養補給仮説，Lack 1940; Helfenstein *et al.* 2003; つがい関係維持仮説）。ただし，雌雄では繁殖に対する利害が対立するため（Arnqvist and Rowe 2005），雌雄にはそれぞれ異なった選択圧がかかってい

るだろう（González-Solıs *et al.* 2001; Velando 2004; Tryjanowski and Hromada 2005; 雄が雌に交尾を受け入れてもらうための給餌仮説，Niebuhr 1981; Wiggins and Morris 1986; Donázar *et al.* 1992; Green and Krebs 1995; 雌による雄の育雛能力査定仮説）．（3）の抱卵期における給餌は，主に抱卵している雌に対して行なわれるため，雌の抱卵を促し，孵化率などのつがいの繁殖成功を上げる機能を担っていると考えられる（Lyon and Montgomerie 1985; Galván and Sanz 2011; Moore and Rohwer 2012; 栄養補給仮説）．さらに，抱卵期の雄の給餌行動には捕食圧がかかっていると考えられる．なぜなら，親鳥の巣への出入りは，捕食者に巣が見つかる危険性を高めることが示唆されているからである（e.g. Martin *et al.* 2000）．このように，繁殖段階ごとに給餌行動の進化する背景は異なるだろう．そこで，本稿では各繁殖段階に分けて，これまでに明らかになってきた繁殖期にみられる雄から雌への給餌行動の機能について紹介することによって，この行動の鳥類の繁殖における重要性を再検討していく．

　これまでの研究において，つがい形成前から産卵期における給餌行動は「求愛給餌（courtship feeding）」や「婚姻贈呈（nuptial gift）」，抱卵期にみられるものは「抱卵給餌（incubation feeding）」と表現されることが多かった．また，全体を通して使われる言葉としては，「つがい間給餌（mate feeding）」がある．これらの用語は，給餌行動が観察される時期の区分が本稿の分け方と異なる場合もあるため，本稿で用いると混乱を招く恐れがある．そのため，本稿では，前述した（1）つがい形成前，（2）つがい形成後から産卵期と（3）抱卵期の雄から雌への給餌という表現を用いる．

1. つがい形成前の雄から雌への給餌の機能
　　──つがい相手選択仮説

　一部の鳥類において，つがい形成前に雄から雌への給餌が観察される（Lack 1940）．つがい形成前には，雄が雌に対して，さえずりや求愛ダンスなどによってアピールするような行動が多くの種で観察される（Anderson 1994）．

表1 鳥類における雄から雌への給餌行動の機能に関する仮説のまとめ（遠藤 2014 を表化）

繁殖段階	提唱されている仮説	主な事例
つがい形成前	1) つがい相手選択仮説	
つがい形成後 〜産卵期	1) 栄養補給仮説	Nisbet 1973, Tobias and Seddon 2002
	2) 雌に交尾を受け入れてもらうための給餌仮説	González-Solıs et al. 2001, Velando 2004
	3) 雌による雄の育雛能力査定仮説	Niebuhr 1981, Wiggins and Morris 1986
	4) つがい関係維持仮説	
抱卵期	1) 栄養補給仮説	Lyon and Montgomerie 1985, Nilsson and Smith 1988
	2) 雌による雄の育雛能力査定仮説	
	3) つがい関係維持仮説	

　そのような雌のつがい雄を選択するときの基準として，雄から雌への給餌行動が進化したとするつがい相手選択仮説が提唱されている（Palokangas *et al.* 1992; Helfenstein *et al.* 2003）。

　つがい形成前の給餌の機能として，雌が雄の給餌頻度や給餌物の質によって，つがい相手の雄を選択しているという仮説がたてられ，検証されてきた（Palokangas *et al.* 1992; Helfenstein *et al.* 2003）。Palokangas *et al.*（1992）はチョウゲンボウ *Falco tinnunculus* を対象に，雌のつがい相手の選択に関わる要因として雄から雌への給餌頻度が関係しているかどうかを調べたが，雄の給餌頻度が高いほど，雌のつがい相手として選択されるというような傾向は見られなかった。ミツユビカモメ *Rissa tridactyla* では，前年度の繁殖期間中に雌によく給餌していた雄は，次の年に早くつがいになる傾向がみられた（Helfenstein *et al.* 2003）。ミツユビカモメでは，雄の雌への給餌頻度

の傾向に年変動はないことがわかっており（Helfenstein *et al.* 2003），それゆえ，将来のつがい相手の選択の指標として機能しうると Helfenstein らは考察した。

　これらの研究は，雄の給餌行動とつがい相手の選択との関係を明らかにする上で，不十分だと考えられる点がある。Palokangas *et al.*（1992）の研究では，給餌頻度の測定をつがいが形成された後の 1 週間以内という期間に設定しており，厳密にはつがい形成前の給餌頻度を測定するべきであると考える。また，二つ目の研究対象であるミツユビカモメでは，雄から雌への給餌は営巣後につがい内で行なわれることがわかっており（Helfenstein *et al.* 2003），それゆえつがい外の雄の給餌の特徴を雌は知ることができないと考えられる。したがって，一般的にいわれるつがい相手の選択というよりは，つがい関係を維持するかどうかの雌の意思決定に，雄から雌への給餌の投資量が影響を与えると解釈するほうが自然であると考えられる（つがい関係維持仮説）。

　この時期に行なわれる給餌の機能に関する仮説検証は，他の繁殖段階に比べると少ない（Palokangas *et al.* 1992; Helfenstein *et al.* 2003）。なぜだろうか？　鳥類における雄から雌への給餌は，主につがい形成後から見られるようになる種が多いことが報告されている（e.g. Lack 1940; Helfenstein *et al.* 2003）。このような傾向から，つがい形成前や繁殖期間外で見られたとしても，その給餌頻度は低く，機能について検証することが難しいと考えられる。

　また，雌が雄の給餌の傾向を判断するためには，ある程度の時間を要すると考えられる（Palokangas *et al.* 1992）。そのため，時間の限られている雌による雄の選択の場面においては，形態やさえずりのように短時間で判断できるものが用いられることが多いのではないだろうか（Andersson 1994）。それゆえ，雄の給餌行動の特徴はつがい相手の選択の基準として進化しにくいのではないかと考えられる。

　最後に，観察上の基本的な問題点として，繁殖段階による鳥類の行動の観察しやすさの偏りが挙げられる。種によってはつがい形成前の鳥類の行動を観察することは，つがい形成後の行動を追うよりも困難であることが予測される。そのような対象生物の観察しにくさ，データのとりにくさが，研究例

の少なさと関係している可能性もあるだろう。

2. つがい形成後から産卵期における雄から雌への給餌の機能

さまざまな鳥類種において、つがい形成後から産卵期にかけて雄から雌への給餌が観察される（Lack 1940; Galván and Sanz 2011）。この時期の給餌の機能については、前項におけるつがい相手選択仮説のような性選択によって進化したであろう機能に加えて（雌による雄の育雛能力査定仮説）、繁殖における雄と雌との性的対立によって生じる機能（雄が雌に交尾を受け入れてもらうための給餌仮説）や、つがいとして繁殖成功を上げる機能（栄養補給仮説）を持つといった考え方が加わる。また、繁殖成功を上げる上で機能していると考えられるが、その中に性選択の機能も含むような仮説も提唱されている（つがい関係維持仮説）。これらの考え方に基づき、以下の四つの仮説を説明する。(1) 雌の栄養補給仮説（Nisbet 1973; Carlson 1989; Palokangas *et al.* 1992; Green and Krebs 1995）、(2) 雄が雌に交尾を受け入れてもらうための給餌仮説（González-Solıs *et al.* 2001; Velando 2004; Tryjanowski and Hromada 2005）、(3) 雌による雄の育雛能力査定仮説（Niebuhr 1981; Wiggins and Morris 1986; Donázar *et al.* 1992; Green and Krebs 1995）、(4) つがい関係維持仮説（Helfenstein *et al.* 2003）である。

(1) 雌の栄養補給仮説

産卵前の雌は、卵を生産するために多くのエネルギーを必要とする（e.g. Williams 2005）。雄の給餌が、それを補足する役割をもつというのが本仮説である（Royama 1966; Nisbet 1973）。アジサシ *Sterna hirundo* では、この時期に雄から多くの餌を給餌された雌ほど卵が大きくなった（Nisbet 1973）。チョウゲンボウでは、産卵前に雄からの給餌頻度が高い雄とつがった雌ほど、産卵数が多かった（Palokangas *et al.* 1992）。同様の傾向は、ヨーロッパコマドリ *Erithacus rubecula* においても観察された（Tobias and Seddon 2002）。また、セアカモズ *Lanius collurio* においては、実験的に縄張り内の餌量を

増やしたところ，それらの餌が雌への給餌に使われ，餌を与えなかった縄張りの雌と比べて産卵数が多かった（Carlson 1989）。このように，この時期の雄から雌への給餌は，雌の卵生産を助けると考えられてきた（Royama 1966; Nisbet 1973）。

ただし，同種であっても，調査年によって雄の給餌頻度と産卵数との間に正の相関がある年とそうでない年が確認される場合もある。ミツユビカモメで行なわれた研究では，3年にわたって雄の給餌頻度と産卵数との関係を調べた結果，1年だけ産卵数と雄からの給餌頻度との間に正の相関が検出され，それ以外の2年では検出されなかった（Helfenstein et al. 2003）。Helfenstein et al.（2003）は，この理由のひとつとしてミツユビカモメの産卵数が1～3卵と変異が少ないことをあげた。このように，種内でみられる産卵数の幅が狭い場合では，雄の給餌頻度の影響があったとしても検出されにくいかもしれない。このような場合には，産卵数だけではなく，卵サイズの違いにも注目すべきであると考えられる。また，給餌頻度だけでなく，雌に与えられた餌の質も考慮することにより，雄からの給餌行動が産卵数や卵サイズに与える影響をより適切に評価することができるだろう（Bolton et al. 1992）。

また，雄の給餌によってつがい形成から産卵までにかかる日数が変わる種もいる。ミサゴ *Pandion haliaetus* では，つがい形成後の給餌頻度が高い雄とつがった雌ほど，産卵するまでの日数が短かった（Green and Krebs 1995）。雄からの給餌量が多ければ，雌は産卵に必要な栄養を早く得ることができると考えられる。さまざまな鳥類において，繁殖期の早い時期に産卵するほど，繁殖成績がよいという傾向がみられるため（e.g. Newton and Marquiss 1984; Verhulst and Tinbergen 1991），早く卵を産むことはつがいにとって利益となるだろう。さらに，繁殖が失敗したときに再営巣する種では，より早く産卵を開始した方が再営巣できる可能性は高まると考えられる（e.g. Smith et al. 1987; Verboven and Verhulst 1996）。

このように，この時期の雄からの給餌は，雌の産卵のための重要な資源となっていることが示唆されている。そして，この時期の雄から雌への給餌は鳥類の繁殖における性的役割のひとつであると考えられる。産卵数の増加は，

残せる子孫の数が増える可能性を高めるかもしれない。また，大きな卵は孵化した時の雛も大きくなることが知られており，子の生き残り率を上げることが示唆されている（Williams 1994; Christians 2002）。このような雄からの給餌による産卵数や卵サイズの増加が，実際にその後の繁殖にどういった影響を与えているのかを，今後明らかにしていく必要があるだろう。

(2) 雄が雌に交尾を受け入れてもらうための給餌仮説

雄が雌に交尾を受け入れてもらうために給餌をすると解釈しているのが本仮説である（González-Solıs et al. 2001; Velando 2004; Tryjanowski and Hromada 2005）。社会的一夫一妻の鳥類の約90％以上でつがい外における交尾が確認されている（Griffith et al. 2002）。そのため，雄は自分の父性を確実にするために，複数回交尾を行なうことが多くの種で知られている（Birkhead and Parker 1997; Birkhead and Møller 1992）。それに対して，雌はつがいの雄と多く交尾をすることは利益にならないだけでなく，採食する時間が減少したり，捕食される危険性が高くなるなど不利益にさえなる（Clutton-Block and Parker 1995; Arnqvist and Rowe 2005）。このような性的対立のもとで，餌が交尾の駆け引きに用いられるとこの仮説は考える。

キアシセグロカモメ *Larus cachinnans*（Velando 2004）やアジサシ（González-Solıs et al. 2001）では，雄から雌への給餌頻度が高いほど，交尾頻度が高くなるとの傾向が見られた。また，オオモズ *L. excubitor* においては，雄がエネルギー価の高い餌を持ってきたときほど，雌は交尾を受け入れた（Tryjanowski and Hromada 2005）。このように，これらの研究は，雄の給餌が雌の交尾受け入れの意思決定に影響を与えることを示唆した。ただし，「多くの給餌を行った雄が，実際に自分の巣において高い父性を確保できたか」という直接的な雄の利益の定量化はできていない。今後，雄が給餌をすることで得られる利益を明らかにするために，親子判定といった遺伝的な解析も含めた研究がなされることが期待される。

一方で，交尾と給餌との関連性がないと報告されている種もいる（e.g. Yamagishi and Saito 1985; Kempenaers et al. 2006）。このような情報が今後多く集まり，交尾と関連して給餌が行なわれる種とそうでない種の生態を比

較することができれば，つがい内における交尾と関連した給餌行動の進化してきた背景を明らかにすることができるかもしれない。

また，雄がつがい外交尾をする際，つがい外の雌に給餌をすることがいくつかの種で報告されている（上田 1994）。コアジサシ *S. albifrons* の雄は，つがい外の雌に交尾を迫るとき，小魚を運ぶ。このとき，低い割合ではあるが，雄はつがい外交尾に成功した（鳥羽 1989）。オオモズの雄は，つがい雌に与える餌に比べてエネルギー価の高い餌をつがい外雌に与え，エネルギー価の高い餌を持っていった雄ほど，つがい外雌に交尾を受け入れられていた（Tryjaonwski and Hromada 2005）。この際，つがい雌に対してエネルギー価の高い餌を与えていた雄ほど，つがい外雌に対してもエネルギー価の高い餌を与える傾向があった（Tryjaonwski and Hromada 2005）。これは，雌はつがい外雄から給餌を受けることによって，餌という直接的利益と雄の質に関する情報という間接的利益とを得ることができることを示唆する。雄は，つがい雌がつがい外交尾を行った可能性を察知すると（例えば，長時間雌の姿を見失うなど），雌に対して身体的攻撃（e.g. Valera *et al.* 2003）や雛に対する投資を減らすといった報復を行うことが知られている（Møller 1988; Dixon *et al.* 1994）。そのため，雌にとってつがい外交尾は，コストが伴う行為でもある。それゆえ，雌は，つがい外雄の給餌行動から雄の質を査定し，交尾に応じるかの意思決定をしているのかもしれない。一方，雄は，つがい外交尾の成功のために，エネルギー価の高い餌をつがい外雌に提供していると考えられる。本仮説は，このような雄と雌の利害関係を考慮することで，説明できるだろう。

(3) 雌による雄の育雛能力査定仮説

ミサゴやヒメチョウゲンボウ *F. naumanni* などいくつかの鳥類種において，巣作り完了後から産卵期にかけての雄からの給餌頻度が，その後の雛に対する給餌頻度と相関することが知られている（Niebuhr 1981; Wiggins and Morris 1986; Donázar *et al.* 1992; Green and Krebs 1995）。つまり，雌に対してよく給餌する雄は，雛に対する給餌頻度も高い。よって，雌は自身に対する雄の給餌頻度を見ることによって，つがい相手の育雛能力を査定するこ

とができるだろう。産卵前につがい雄の繁殖投資が予想できれば，雌がその繁殖で産む適切な卵の数を決めるときの意思決定を行う上で適応的であると考えられる。なぜなら，雄の繁殖投資が少ないと雛の生存や成長に負の影響があることが多くの種で報告されており（Wolf *et al.* 1988; Clutton-Block 1991），給餌能力の低い雄のもとで多くの雛を育てることは雌にとってコストになるかもしれないからである（Clutton-Block 1991）。しかしながら，既存研究において，雌への給餌頻度と雛への給餌頻度との相関が確認された上で，産卵数が調節されたといった報告はない（e.g. Nisbet 1973; Helfenstein 2003）。

(4) つがい関係維持仮説

これまでに論じてきたように，雄から雌への給餌行動はつがい形成後にも見られる。そのため，この行動はつがいのつながりを維持する役割を果たしていると考えられてきた（Lack 1940; Goodwin 1951）。前述した Helfenstein *et al.*（2003）の研究では，ミツユビカモメを対象に，雄の給餌率によって次年度の離婚率が異なるかどうかを調べている。この研究では，雄の給餌頻度と離婚率との間に有意な相関関係はみられなかった（Helfenstein *et al.* 2003）。ただし，例数が少ないため，より多くのデータを用いて検証されるべきだと Helfenstein らは述べている。

ミツユビカモメのように，年に1回繁殖する種では，年度をまたいで離婚率を測定する必要がある。また，年2回繁殖を行なう種では，1回目の繁殖終了後の離婚率を測定することとなる。本仮説はこのような検証方法をとるため，長期的な個体追跡が必要となる。それゆえ，解析に耐えうる十分な例数を集めることが困難で，実証研究が少ないのが現状といえる。

ただし，つがいのつながりを客観的に評価する方法は上記以外の視点でも試されており（e.g. Wachtmeister 2001），給餌行動に関しても従来とは異なったアプローチが必要であると考えられる。例えば，給餌頻度が高い雄とつがった雌ほどつがい外交尾をする割合が低いといった傾向を調べることは，ひとつのつがいのつながりを示す指標となるかもしれない。今後，このような観点から解析を行なうことで，本仮説がより検証しやすいものとなること

が期待される。

　これまでに，以上の四つの仮説が提唱され，検証されてきた。これらの仮説は排他的ではない。さらに，これらの仮説検証で見られた現象がつながることによって，異なった仮説が生じる可能性も考えられる。例えば，雄の育雛能力査定仮説によって検証されている，雄の雌への給餌頻度が高いほど，雛への給餌頻度が高くなるという現象が成り立つ上で，雄の給餌頻度が高いほど産卵数や卵サイズが多くなるという現象が起こるならば（栄養補給仮説），それは栄養補給によって単純に産卵数や卵サイズが変わることを示しているのではないかもしれない。つまり，雌は雄の質を査定することによって，産卵数や卵サイズを調節しているのかもしれない（雌の投資配分調節仮説：e.g. Horváthová *et al.* 2012）。このように，今後研究が進むことによって，仮説の整理も必要となると考えられる。

　また，この時期における雄からの給餌頻度は，産卵前に高くなるといった傾向が見られる（Royama 1966; Yamagishi and Saito 1985; Nilsson and Smith 1988）。このような発現時期の特徴と四つの仮説検証の結果から，つがい形成後から産卵期にかけての雄から雌への給餌は，交尾や産卵行動と強い関連性のある行動であると考えられた。

3. 抱卵期における雄から雌への給餌の機能

　抱卵期にも，雄から雌への給餌は観察される（Lack 1940; Silver *et al.* 1985）。この時期に給餌が行なわれる種は，他の期間に比べて多いことが報告されている（Lack 1940）。抱卵期の給餌の機能については，(1) 雌の栄養補給仮説（Lyon and Montgomerie 1985; Galván and Sanz 2011; Moore and Rohwer 2012），(2) 雌による雄の育雛能力査定仮説（Nisbet 1973; Hatchwell *et al.* 1999），(3) つがい関係維持仮説（Lack 1940; Hatchwell *et al.* 1999）の三つの仮説が提唱されてきた。詳細について以下に説明する。

図1　巣に鱗翅目を持ってきたモズの雄（右）とそれを受け取った抱卵中の雌（左）（撮影：遠藤幸子）

(1) 雌の栄養補給仮説

　Galván and Sanz（2011）の研究から，スズメ目鳥類における雄から雌への給餌行動は，雌のみが抱卵する種においてより多くみられると示された。単独で抱卵を行なう雌は，巣にとどまり卵を温めている時間は，餌をとることができない。そのため，雄の給餌は，抱卵する雌の栄養補給をする役割があると考えるのが本仮説である（e.g. Lyon and Montgomerie 1985; Galván and Sanz 2011; Moore and Rohwer 2012）。

　なぜ，雌は長い時間，巣にとどまる必要があるのだろうか？鳥類では，卵の温度を適切な温度に維持することで，卵の孵化率が上がることが報告されている（Deeming 2002; Stein *et al.* 2009）。雄による雌への給餌行動は，卵の孵化や正常な発育に必要であるために進化したと考えられる。

　実際に，19種の鳥類を対象とした種間比較の研究から，雄からの給餌頻度が高い種では雌が抱卵にかける時間が長くなる傾向が観察された（Martin and Ghalambor 1999）。また，雄が必ず抱卵期に給餌するユキホオジロ *Plectrophenax nivalis* において，抱卵期のはじめに雄を除去した巣としなか

った巣における雌の抱卵行動を比較した研究では，前者において雌が巣から離れる時間が長くなった（Lyon and Montgomerie 1985）。さらに，雄を除去した巣では，除去しなかった巣よりも孵化率が低かった（Lyon and Montgomerie 1985）。同様に，アカフウキンチョウ *Piranga olivacea* においても抱卵期における雄の除去実験が行なわれており，雄を除去しなかった巣において雌の滞巣時間が有意に長いという傾向が見られた（Klatt *et al.* 2008）。また，一夫一妻で繁殖をするものと一夫多妻でするものとが混在するマダラヒタキ *Ficedula hypoleuca* では，一夫一妻の形態で繁殖した巣において，雄の給餌頻度がより高かった（Lifjeld *et al.* 1987）。そして，一夫一妻の巣では雌が巣から離れる時間がより短く，孵化率がより高くなる傾向があった（Lifjeld *et al.* 1987）。また，Galván and Sanz（2011）の種間比較の研究においても，雄からの給餌が行われる種ほど，孵化率が高かった。Lifjeld *et al.*（1987）の研究では繁殖形態の違いを考慮する必要があるが，上記のように，雄の給餌は雌の抱卵行動に影響を与え（e.g. Boulton *et al.* 2010; Matysioková *et al.* 2011），結果として孵化率に影響を与えることが示唆されている。

　また，雄の給餌頻度が雌の抱卵期間の長さに影響を与えることも報告されている。ハシブトガラでは，雄の給餌回数が多いほど，雌の抱卵日数が短くなることが報告された（Nilsson and Smith 1988）。前述のユキホオジロにおいては，抱卵期のはじめに雄を除去した巣では，抱卵期間が長くなる傾向があった（Lyon and Montgomerie 1985）。抱卵期間が短くなるということは，卵が捕食にさらされる期間が短くなることを意味するだろう。一方，雄の給餌回数が少ないことによって雌の抱卵期間が長くなるときには，雌の抱卵時間が短く，卵の最適温度が維持されないという状況も併発している可能性があり，卵の孵化率の低下（Lyon and Montgomerie 1985）や胚の発達異常が起こりやすいかもしれない。これらの複合的な要因を考慮し，雄の給餌頻度に応じた抱卵期間の長さの変動と繁殖成功に与える影響について解明していく必要があるだろう。

　ただし，雄の給餌が雌の1日の必要摂食量以上に頻繁に行なわれることが必ずしも，繁殖成功につながるわけではない。親鳥の巣への出入りは，捕食

者に巣が見つかる危険性を高めることが示唆されているからである（e.g. Martin *et al.* 2000）。雄が給餌のために巣を訪れる頻度は種や個体によってさまざまだが（Martin and Ghalambor 1999; Moore and Rohwer 2012），巣で抱卵に従事する時間が多くを占める雌の行動と比べて，給餌のための雄の巣への活発な出入りは捕食者によってより観察されやすいだろう。Martin and Ghalambor（1999）は，捕食圧の低い樹洞性の種は，捕食圧の高い開放巣を造る種より，より給餌頻度が高くなる傾向があることを報告した。また，スズメ目鳥類の抱卵期の雄による給餌行動の有無が，巣場所の特徴と関係することも報告されている（Galván and Sanz 2011）。さらに，25属78種の鳥類を対象にしたMatysioková *et al.*（2011）の研究では，捕食率と雄からの給餌頻度との間に相関関係がみられた。このように，主に巣で行なわれる抱卵期の給餌は，捕食の危険性と抱卵時間の確保とのトレードオフの中で進化してきたと考えられる。つまり，雄の給餌行動は，基本的には雌への栄養補給のために進化していると考えられるが，その行動は卵や親鳥自身に対する捕食圧の影響を受けていると考えられる。このことに考慮して，抱卵期における給餌の機能を明らかにしていく必要があるだろう。

　また，捕食やその他の選択圧を考慮することによって，雄が周囲の状況に応じて給餌回数を調節しているという行動を説明できるかもしれない。いくつかの種では，雄は特に気温の低いときに頻繁に給餌を行う傾向がみられた（Nilson and Smith 1988; Smith *et al.* 1989; Pearse *et al.* 2004）。気温が低い時の方が，雌のエネルギー消費が大きいことや，巣を長く離れたときの卵の温度変化が大きくなることが考えられる（Ardia *et al.* 2010）。卵の発生には抱卵による最適温度の保持が重要であり，低温にさらされる期間が長くなると胚の正常な発達が妨げられることが知られている（Olson *et al.* 2006; Nilsson *et al.* 2008）。これより，雄は低温といった状況下において，より多くの給餌が求められるかもしれない。このような環境条件に応じた雄の給餌頻度の調節は，つがいにとって適応的であると考えられる。また，キイロアメリカムシクイ *Setophaga petechia* では，雌が強く餌乞いをすると，雄が給餌頻度を増やすという傾向がみられた（Moore and Rohwer 2012）。本種では，餌乞いが雌の空腹状態を示すことも示唆されており（Moore and Rohwer

2012)．雄は雌の空腹度に応じ給餌回数を調節していると考えられる。このような雄による給餌回数の調節機構を調べることは，給餌行動の進化にどのような選択圧がかかっているかを明らかにする手段のひとつとなるだろう。

(2) 雌による雄の育雛能力査定仮説

　これは，抱卵期の雄の給餌頻度が，雄の雛に対する投資量を査定する指標となるという仮説である（Hatchwell et al. 1999）。この時期に雄の質を査定することでどのような利益が生じるのであろうか？　例えば，抱卵期に繁殖失敗をしたときの，次の繁殖におけるつがい相手の選択に影響を与えるかもしれない。ただし，このように考える場合，後述のつがい関係維持仮説と重なる解釈があるため，お互いの仮説の位置づけを明確にするか，ひとつに整理される必要があると考えられる。Hatchwell et al.（1999）のエナガ *Aegithalos caudatus* の研究においては，抱卵期の雄の給餌頻度はヘルパーのいない時の雄の雛に対する給餌頻度とは関係がなかったが，ヘルパーがいるときでは負の相関を示した。よって，雄が抱卵期に餌をたくさん持ってきたからといって，その雄が育雛期にも多くの餌を持ってくるとは限らないことが示された（Hatchwell et al. 1999）。抱卵期の雄による給餌頻度とその後の雛に対する給餌頻度との間に正の相関がみられるといったこの仮説を支持するような結果はいまだ得られていない。

(3) つがい関係維持仮説

　抱卵期における雄の給餌は，雄と雌のつがいのつながりを強くすると考えるのが本仮説である（Lack 1940）。Lifjeld and Slagsovold（1986）は，マダラヒタキ *Ficedula hypoleuca* において抱卵初期における雄から雌への給餌頻度を測定後，巣の卵を全て除去した。そして，再営巣するときに雌がつがい相手を変えるかどうかを調べた（Lifjeld and Slagsovold 1986）。その結果，雄の給餌頻度が高いほど，再びつがいになる傾向が高いといった傾向はみられず，この仮説は支持されなかった。また，上記のような実験的手法は用いずに，早い時期に繁殖に失敗し再営巣する際，つがいが離婚するかどうかを調べたエナガの研究では，例数の少ないことを考慮する必要はあるが，雄の

給餌頻度と離婚率との間に関係は見られなかった（Hatchwell *et al.* 1999）。このように，いくつかの検証は行なわれているが，この仮説を支持する結果は報告されていない。

　このように，これまでの抱卵期の雄からの給餌は，雌の抱卵時間を維持するための雄の役割として進化してきたという背景が大きいだろう。なぜなら，孵化率は雌雄両方の適応度に関わるからである。また，繁殖成功を高める上で捕食や気温といった外部条件によって，給餌行動を調節することも必要であることが示唆された。このように，抱卵期の雄から雌への給餌は繁殖成功のために適切に行なわれることが重要であり，給餌頻度が単に高いことが一概によいとはいえない。そのため，つがいのつながりを強める働きや雄の質を示す指標としては進化しにくいのではないだろうか。

　このように，抱卵期の雄からの給餌はつがいの繁殖成功のための雄の性的役割として行なわれることが示唆された。しかし，雄側にとっては，給餌に対する投資とつがい外交尾などへの投資との間にはトレードオフがあるかもしれない（Klatt *et al.* 2008）。さらなる研究が行なわれることにより，抱卵期の給餌行動の進化についても，性的対立的観点からの解釈が必要になるかもしれない。

4．雄から雌への給餌行動の進化

　ここまで，鳥類における雄から雌への給餌の機能について提唱されてきた仮説とその検証結果について紹介してきた。本稿では「雄から雌への給餌」と限定して紹介してきたが，一部の鳥類では雌から雄への給餌が見られる（Lack 1940）。ミフウズラの仲間 *Turnixs spp.* では，雌から雄への給餌が行われることが報告されている（Lack 1940）。ミフウズラの仲間は，一妻多夫であり，卵の世話や抱卵は雄が行う。つまり，鳥類の多くの種で見られる雌雄の役割が逆転している。それと同様に給餌行動に関しても，雌雄の役割が逆転していた。このことから，一般的に給餌が雄から雌に対して行われるこ

とは，鳥類の繁殖形態と深く関わっていることが示唆される（Lack 1940）。つまり，成鳥間における給餌行動は，鳥類の繁殖における性的役割のひとつとして進化した一面があるだろう。それは，産卵期と抱卵期における栄養補給仮説からも示唆される。一方で，給餌がつがい相手やつがい外の相手との交尾の駆け引きにも用いられることから，雌雄の性的対立の側面によって促され進化することも示唆された。なお，つがい関係維持仮説と雄の育雛能力査定仮説については，支持する検証結果が少ないため，さらなる検証が必要だろう。

また，本研究においては，繁殖段階ごとに区分して，雄から雌への給餌行動の機能について明らかにしてきた。仮説の検証結果からも示唆されたように，雄から雌への給餌行動の機能は繁殖段階ごとで異なる機能を有すると考えられる。つがい形成後から産卵期にかけてと抱卵期の両方の繁殖段階において，雄からの給餌が雌の栄養補給の機能を果たすと示唆されたが，それにかかる選択圧は異なることも示唆された。産卵期では産卵のため，抱卵期には適切な抱卵時間を維持するための雌に対する栄養補給であると考えられ，その選択圧はまったく異なるであろう。さらに，雄から雌への給餌行動は抱卵期に見られる種が最も多い（Lack 1940）といった行動の発現しやすさも異なる。これらのことは，雄から雌への給餌行動が繁殖段階ごとに異なって進化してきたことを示唆するだろう。

このように，雄から雌への給餌は自然選択と性選択の両方によって進化することが示唆された。そして，雄から雌への給餌行動は，種によっても，繁殖時期によっても異なった機能を有する可能性も示唆された。種の生態的特徴と給餌行動の見られる進化的背景を考慮することで，鳥類の繁殖における雄から雌への給餌行動の機能を今後より明らかにすることができると考えられた。

5. 給餌行動研究の今後の展望

これまで，雄から雌への給餌行動は，行動生態学的視点から多くの研究が

行なわれてきた。その中で，雄から雌への給餌は，特に繁殖段階初期において，鳥類が繁殖を成功させる上で重要な働きをしていることが明らかになってきた。ただし，繁殖段階ごとに分けて研究が行なわれてきたことにより，個体の適応度に実際どれくらいの影響を与えているのかという点に関して，明らかになっていない研究も多い。例えば，雌に交尾を受け入れてもらうための給餌仮説に関しては，父性の確保を明らかにするための解析が必要である。それらを明らかにしていくことにより，雄から雌への給餌行動が鳥類の繁殖において果たしている機能をより理解することにつながるだろう。

さらに，近年では認知的観点からの研究も行なわれている。Ostojić et al. (2013) は，カケス *Garrulus glandarius* の雄が，雌に給餌する際に，雌の食物の好みに応じて餌を選んで与えることを示した。この研究は，雄と雌とが給餌行動を通して，これまで検証されてきたよりもより多くの情報のやり取りをしていることを示唆した。このように，雄から雌への給餌行動を「餌を介した雄と雌とのコミュニケーション」としてみることによって，Ostojić et al. (2013) のような繁殖における雌雄の関係性の新たな発見が導かれるのではないかと著者は考える。その際に著者が注目しているのは，雄からの給餌の際に見られる雌の餌乞い行動である。鳥類の多くの種において，給餌の際，雌が雄に対して餌を乞うことが知られている (Lack 1940; Smith 1980; Yamagishi and Saito 1985; Royama 1988; Ostojić et al. 2013)。これまでの研究から，雌が餌乞いを通して，雄に給餌を促すような情報を伝えていることが示唆されている (Tobias and Sedden 2002; Otter et al. 2007; Ellis et al. 2009; Moore and Rohwer 2012)。このことから，雌の餌乞いは雄の給餌頻度や給餌物の選択に関する意思決定に影響を与えると考えられる。この雌雄のコミュニケーションに着目し，個体がつがい相手の行動に応じてどうふるまうのかを明らかにすることは，一夫一妻の鳥類におけるつがいの関係性と給餌行動の意義を雌雄の両方の視点から解明することを可能にするであろう。

このように，これからの雄から雌への給餌行動に関する研究は，これまでの行動生態学分野の研究に加えて，認知科学の分野などにおいても，興味深い研究テーマを提供するであろうと考えられる。

引用文献

Andersson M (1994) *Sexual selection*. Princeton University Press, New jersey.
Ardia DR, Pérez JH and Clotfelter ED (2010) Experimental cooling during incubation leads to reduced innate immunity and body condition in nestling tree swallows. *Proceedings of the Royal Society B* 277: 1881–1888.
Arnqvist G and Rowe L (2005) *Sexual Conflict*. Princeton University Press, New Jersey.
Birkhead TR (2000) *Promiscuity: An Evolutionary History of Sperm competition*. Harvard University Press, London.
Birkhead TR and Møller AP (1992) *Sperm Competition in Birds: Evolutionary Cause and Conseqence*. Academic Press, London.
Birkhead TR and Parker GA (1997) Sperm competition and mating systems. In: *Behavioural Ecology: An Evolutionary Approach* (eds. Krebs JR and Davis NB), pp. 121–145. Blackwell, Oxford.
Bolton M, Houston D and Monaghan P (1992) Nutritional constrains on egg formation in the lesser black-backed gull: an experimental study. *Journal of Animal Ecology* 61: 521–532.
Boulton RL, Richard Y and Armstrong DP (2010) The effect of male incubation feeding, food and temperature on the incubation behavior of New Zealand Robins. *Ethology* 116: 490–497.
Carlson A (1989) Courtship feeding and clutch size in Red-backed shrikes (*Lanius Collurio*). *The American Naturalist* 133: 454–457.
Christians JK (2002) Avian egg size: variation with in species and inflexibility with in individuals. *Biological reviews of the Cambridge Philosophical Society* 77: 1–26.
Clutton-Brock TH (1991) *The Evolution of Parental Care*. Princeton University Press, New jersey.
Clutton-Block TH and Parker GA (1995) Sexual coercion in animal societies. *Animal Behaviour* 49: 1345–1365.
Deeming C (2002) *Avian incubation: behaviour, environment and evolution*. Oxford University Press, London.
Dixon A, Ross D, O'Malley SLC and Burke T (1994) Paternal investment inversely related to degree of extra-pair paternity in the reed bunting. *Nature* 371: 698–700.
Donázar JA, Negro JJ and Hiraldo F (1992) Functional analysis of mate-feeding in the Lesser Kestrel *Falco naumanni*. *Ornis Scandinavica* 23: 190–194.
Elllis JMS, Langen TA and Berg EC (2009) Signalling for food or sex? Begging by reproductive female white-throated magpie-jays. *Animal Behaviour* 78: 615–623.
Galván I and Sanz JJ (2011) Mate-feeding has evolved as a compensatory energetic strategy that affects breeding success in birds. *Behavioral Ecology* 22: 1088–1095.
González-Solís J, Sokolov E and Becker PH (2001) Courtship feedings, copulations and paternity in common terns, *Sterna hirundo*. *Animal Behaviour* 61: 1125–113.
Goodwin D (1951) Some aspects of the behavior of the jay *Garrulus glandarius*. *Ibis* 93: 414–442.
Green DJ and Krebs EA (1995) Courtship feeding in Ospreys *Pandion haliaetus*: acriterion

for mate assessment? *Ibis* 137: 35–43.

Griffith SC, Owens IPF and Thuman KA (2002) Extra pair paternity in birds: a review of interspecific variation and adaptive function. *Molecular Ecology* 11: 2195–2212.

Gwynne DT(2008) Sexual conflict over nuptial gifts in insects. *Annual Review of Entomology* 53: 83–101.

Hatchwell BJ, Fowlie MK, Ross DJ and Russell AF (1999) Incubation behavior of Long-tailed tits: Why do males provision incubating females? *Condor* 101: 681–686.

Helfenstein F, Wangner RH, Danchin E and Rossi JM (2003) Function of courtship feeding black-legged kittiwakes: natural and sexual selection. *Animal behaviour* 64: 1–7.

Horváthová T, Nakagawa S and Uller T (2012) Strategic female reproductive investment in response to male attractiveness in birds. *Proceedings of Royal Society B* 279:163–170.

Kempenaers B, Lanctot RB, Gill VA, Hatch SA and Valcu M (2006) Do females trade copulations for food? An experimental study on kittiwakes (*Rissa tridactyla*). *Behavioral Ecology* 13: 345–353.

Klatt PH, Stutchbury BJM and Evans ML (2008) Incubation feeding by male Scarlet Tanagers: a mate removal experiment. *Journal of Field Ornithology* 79: 1–10.

Lack D (1940) Courtship feeding in birds. *Ark* 57: 169–178.

Lifjeld JT and Slagsvold T (1986) The function of courtship feeding during incubation in the pied flycatcher *Ficedula hypoleuca*. *Animal Behaviour* 34: 1441–1453.

Lifjeld JT, Slagsvold T and Stenmark G (1987) Allocation of incubation feeding in polygynous mating system: a study on pied flycatchers *Ficedula hypoleuca*. *Animal Behaviour* 35: 1663–1669.

Lyon BE and Montegomerie RD (1985) Incubation feeding in snow bunting: female manipulation or indirect male parental care? *Behavioral Ecology and Sociobiology* 17: 279–284.

Martin TE and Ghalambor CK (1999) Male Feeding Females during Incubation. I. Required by Microclimate or Constrained by Nest Predation? *The American Naturalist* 153: 131–139.

Martin TE, Martin PR, Olson CR, Heidinger BJ and Fontaine JJ (2000) Parental care and clutch sizes in North and South American Birds. *Science* 287: 1482–1485.

Matysioková B, Andrew C and Vladimír R (2011) Male incubation feeding in songbirds responds differently to nest predation risk across hemispheres. *Animal Behaviour* 82: 1347–1356.

Moore SD and Rohwer VG (2012) The functions of adult female begging during incubation in sub-Arctic breeding yellow warblers. *Animal Behaviour* 84: 1213–1219.

Møller AP (1988) Paternity and paternal care in the swallow, *Hirundo rustica*. *Animal Behaviour* 36: 996–1005.

Neibuhr V (1981) An investigation of courtship feeding in Herring gulls *Larus argentatus*. *Ibis* 123: 218–223.

Newton I and Marquiss M (1984) Seasonal trend in the breeding performance of sparrowhawk. *Journal of Animal Ecology* 53: 809–829.

Nilsson JA and Smith HG (1988) Incubation feeding as a male tactic for early hatching. *Animal Behaviour* 36: 641–647.

Nilsson JF, Stjernman M and Nilsson JÅ (2008) Experimental reduction of incubation temperature affects both nestling and adult blue tits *Cyanistes caeruleus*. *Journal of Avian Biology* 39: 553–559.

Nisbet ICT (1973) Courtship-feeding, Egg-size and Breeding success in Common Tern. *Nature* 241:141–142.

Olson CR, Vleck CM and Vleak D (2006) Periodic cooling of bird eggs reduces embryonic growth efficiency. *Physiological and Biochemical Zoology* 79: 927–936.

Ostojić L, Shaw RC, Cheke LG and Clayton NS (2013) Evidence suggesting that desire-state attribution may govern food sharing in Eurasian jays. *Proceedings of the National Academy of Sciences* 110: 4123–4128.

Otter KA, Atherton SE and Oort HV (2007) Female food solicitation calling, hunger levels and habitat differences in the black-capped chickadee. *Animal Behaviour* 74: 847–853.

Palokangas P, Alatalo RV and Korpimaki E (1992) Female choice in the kestrel under different availability of mating options. *Animal Behaviour* 43: 659–665.

Parker G (1979) Sexual selection and sexual conflict. In: *Sexual Selection and Reproductive Competition in insects* (eds. Blum MS and Blum NA), pp. 19–80, Academic Press, New York.

Pearse AT, Vavitt JF and Curry Jr JF (2004) Effects of food supplementation on female nest attentiveness and incubation mate feeding in two sympatric wren species. *Willson Bulletin* 116: 23–30.

Royama T (1966) A re-interpretation of courtship feeding. *Bird study* 13: 116–129.

Sakaluk SK (1984) Male crickets feed females to ensure complete sperm transfer. *Science* 223: 609–610.

Silver R, Andrews H and Ball GF (1985) Parental care in an ecological perspective: a quantitative analysis of avian subfamilies. *American Society of Zoologists* 25: 823–840.

Smith SM (1980) Demand behavior: A new interpretation of courtship feeding. *Condor* 82: 291–295.

Smith HG, Källander H and Nilsson JÅ (1987) Effect of experimentally altered brood size on frequency and timing of second clutches in the great tit. *Auk* 104: 700–706.

Smith HG, Källander H, Hultman J and Sanzén B (1989) Female nutritional state affects the rate of male incubation feeding in the pied flycatcher *Ficedula hypoleuca*. *Behavioral Ecology and Sociobiology* 24: 417–420.

Stein LR, Oh KP and Badyaev AV (2009) Fitness consequences of male provisioning of incubation females in a desert passerine bird. *Journal of Ornithology* 151: 227–233.

Thornhill R (1976) Sexual selection and nuptial feeding behavior in *Bittacus Apicalis* (Insecta: *Mecoptera*). *The American Naturalist* 110: 529–548.

鳥羽悦夫 (1989) コアジサシにおけるつがい外交尾. 日本鳥学誌 38: 67–77.

Tobias JA and Sedden N (2002) Female begging in European robins: do neighbors eavesdrop for extrapair copulation? *Behavioral Ecology* 13: 637–642.

Trivers RL (1972) Parental investment and sexual selection. In: *Sexual selection and the decent of man* (ed. Cambell B), pp. 136–207, Aldine publishing company, Chicago.

Tryjanowski P and Hromada M (2005) Do males of the great grey shrike, *Lanius*

exucubitor, trade food for extrapair copulation? *Animal Behaviour* 69: 529–533.
上田恵介（1994）拡張された精子競争 —鳥の社会行動の進化と同性内淘汰—. 山階鳥類研究所研究報告 26: 1–46.
Vahed K (1998) The function of nuptial feeding in insects: review of empirical studies. *Biological reviews of the Cambridge Philosophical Society* 73: 43–78.
Valera F, Hoi H and Krištín A (2003) Male shrikes punish unfaithful females. *Behavioral Ecology* 14: 403–408.
Varboven N and Verhulst S (1996) Seasonal variation in the incidence of double broods: the data hypothesis fits better than the quality hypothesis. *Journal of Animal Ecology* 65: 264–273.
Velando A (2004) Female control in yellow-legged gulls: trading paternity assurance for food. *Animal Behaviour* 67: 899–907.
Verhulst S and Tinbergen JM (1991) Experimental evidence for a causal relationship between timing and success of reproduction in the great tit *Parus m. major*. *Journal of Animal Ecology* 60: 269–282.
Wachtmeister CA (2001) Display in monogamous pairs: a review of empirical data and evolutionary explanation. *Animal Behaviour* 61: 861–868.
Wiggins DA and Morris RD (1986) Criteria for female choice of mates: Courtship feeding and parental care in the Common tern. *The American Naturalist* 128: 126–129.
Williams TD (1994) Intraspecific variation in egg size and egg composition in birds: effects on offspring fitness. *Biological Reviews* 68: 35–59.
Williams TD (2005) Mechanisms underlying the cost of egg production. *BioSciense* 55: 39–48.
Wolf L, Ketterson ED and van Nolan Jr (1988) Paternal influence on growth and survival of dark-eyed junco young: do parental males benefit? *Animal Behaviour* 36: 1601–1618.
Yamagishi S and Saito M (1985) Function of courtship feeding in the Bull-headed shrike *Lanius bucephalus*. *Journal of ethology* 3: 113–121.

第5章

条件的性比調節

山口典之

　有性生物では，1回の繁殖で生産する子の雄と雌の比（性比）をどのようにするのが適応的かという性配分の問題が生じる。どのような性比が適応的であるかは，自身の体調，ヘルパーの数，つがい相手の質といった母親が経験する生態的・社会的条件によって変化する。本章では，現在までに多く蓄積された鳥類における条件的性比調節の実証研究を紹介する。また，母親はどのような生理的機構により，条件的に雌雄を産み分けることが可能なのかという問題について，近年得られた成果を紹介する。

1. 子の出生性比とその適応的調節

　娘を生むべきか，息子を産むべきか。有性生物には，その選択肢がある。[*1]

---

*1　両親は，子を生んだあとに，どちらの性により多くの投資をするか（場合によってはどちらかの性を殺すか）という問題にも直面する。例えばオオハナインコは飼育下で非常に偏った出生性比で卵を産むが，野外ではある条件下で選択的に息子を殺すことにより，ブルード性比を調節する（Heinsohn *et al.* 1997, 2011）。子が独立するまでにしばらく時間を要する鳥類では，親は複数の繁殖ステージで子の性比を調節することが可能である。産卵までに性比を調節すれば，望まない性にかける投資が少なくてすむ。一方，ある性比を生産することで母親が得る適応度利益が，確率的に変動する環境条

娘と息子をどれくらいずつ生産するかで親の適応度に違いが生じる場合，一腹の子をどんな割合で娘と息子にするかという，性を配分する戦略[*2]が自然淘汰により進化する。この問題は，行動生態学では「性配分（sex allocation）」とよばれ，古くから多くの研究者の注目を集めてきた。もっとも有名なのは R. A. Fisher による，多くの有性生物で子の性比[*3]がほぼ 1：1 であることの説明であろう。彼は，どのような性比で子を生産する形質が進化的に安定なのかを，交配がランダムにおこなわれる等，いくつかの仮定[*4]をおいた条件下で数理的に解析した。彼が仮定した単純な条件下では，息子と娘の適応度は，個体群中の雌 1 個体あたりに雄が何個体いるかで決まる。個体群中に雄が多いときは，一部の雄は繁殖にあぶれてしまう（誰があぶれるかは偶然決まる）。逆に，雄が相対的に少ないときは，雄たちは複数の雌と交尾し，高い繁殖成功をあげる。つまり，個体群性比が雌に偏っているときには，息子を多く生む戦略が有利であり，雄に偏っているときには，娘を多く生む戦略が有利となる。このシーソーゲームでは，結局は息子と娘をちょうど同数生産する戦略がもっとも有利となる[*5]。

Fisher の数理モデルは，性配分の基礎を理解する上で極めて有効であるが，実際にみられる性比に関する現象をすべて説明できるわけではもちろんない。交配パターンに空間構造がある（局所的配偶競争，Local Mate Competition ＝ LMC），空間ごとに資源量が異なり，それに応じて生産できる子の数が変わる（局所的資源競争，Local Resource Competition ＝ LRC）といったより

　　件（例えば卵生産の時点で予測が困難な育雛期の餌量の変動など）の影響を受けるときは，産卵より後の段階での性比操作が有利になるかもしれない。親が性比調節するタイミングに絡めた進化生態学研究も大変興味深いが，今回は産卵時までの性比調節に関する話題に限定する。
*2　行動生態学では多少なりとも遺伝する生物の性質のことを戦略と表現する。詳細は粕谷（1990），粕谷（2012）等を参照のこと。
*3　雌雄の個体数の比を性比という。実際には，「雌数または雄数／（雌数＋雄数）」という割合値も慣例的に性比と表現することが多い。
*4　性比は母親が決定する，雌雄の交配能力に個体差がない，雌はすべて交尾する，雌が生産する子の数に個体差がない等。
*5　数理モデルの詳細については矢原（1995），粕谷（1990）等を参照のこと。

第 5 章　条件的性比調節

複雑な条件では，1：1 の性比が進化的に安定とは限らない。さらに，生物が経験する生物・非生物環境は，一生の間で常に一定ということはまずないだろう。ある雌が一生のうちに複数回繁殖する場合，その時々の状況に応じて，ある性比を生産することで期待される適応度利益が変動することは十分考えられる。この可能性は，Trivers and Willard（1973）ではじめて明確な仮説として提案された。彼らは母親の体調が娘と息子の適応度に異なる影響をおよぼすならば，繁殖時の母親の体調に応じて，生産する子の性比を調節することが適応的であると主張した。ひらたくいうと，母親は自分の体調に応じて娘と息子を産み分ける（あるいは子の性比を調節する）べきであるという仮説である。この仮説では娘と息子の適応度に異なる影響を与える要因を母親の体調に限定しているが，両親の遺伝的形質や繁殖時に経験する様々な環境条件に拡張可能である。実際，後述するように鳥類における子の性比調節研究の多くは，Trivers and Willard（1973）の仮説とその拡張版をテストする形をとっている。

　理論が提案されたら実証が必要とされる。Trivers and Willard（1973）の仮説とその拡張版が要求するような，母親の体調等が息子と娘の適応度に異なった効果を与える状況は様々な分類群で期待できると考えられるが，中でも鳥類は，この理論にもとづく実証研究をおこなう上で適した材料だと考えられてきた。その理由の一つは，性決定様式にある。鳥類の雌雄は ZW 型性染色体，つまり雌ヘテロ型の染色体性決定により決まる。卵母細胞に Z 染色体が含まれると雄，W 染色体だと雌となり，子の性を母親が操作する潜在的可能性があると考えられている。また，性染色体分離により性が決まる，減数分裂第一分裂が排卵前に起こるというのも，母親による操作を可能とする重要な要素である（Krackow 1995, Pike & Petrie 2003, Alonso-Alvarez 2006）。実際に調査する際の利点としては，多くの鳥種が巣を作ること，1 回の繁殖で生産する一腹卵の数が膨大でない（せいぜい十数個）であることも挙げられる。孵化前には，また晩成性鳥種の場合は孵化後についても，

---

*6　ほとんど羽毛が生えておらず，目も開いていない未熟な状態で生まれる性質のこと。そのため晩成性の雛は，孵化後しばらくの間，親の助けなしに餌を得ることができない。

外見からは雌雄の識別が困難であるという問題については，近年の著しい遺伝子解析技術の進歩により，ほぼ克服されているといって良い。鳥類の場合，血液を採取することにより個体のDNAを得る[*7]ことが多いが，口内を綿棒でぬぐって採取した粘膜から微量のDNAを抽出することに成功した報告もあり，特に孵化後まもない雛にとって，負担が少ない有効な手法である（Seki 2003）。

2. 鳥類における条件的性比調節の実証例

　鳥類の雌が何らかの条件に応じて自身の子の性比を調節しているかを調査する研究は，1990年代から盛んにおこなわれるようになった。その中でも，今なおもっとも顕著な実証例は，協同繁殖種[*8]であるセーシェルヨシキリでみられる，ヘルパー数となわばりの質に応じた子の性比調節である。本種の雌は普通，1回の繁殖でひとつだけ卵を産む。雌はこの唯一の卵の性を，自身の適応度が高くなる方向に産み分ける。本種では主に娘がヘルパーとなり，自分の弟妹である巣内雛に給餌することで，両親の繁殖を助ける。そこでヘルパー数が不足しているとき，母親は娘を生産する。餌量の多いなわばりでは，ヘルパーの助けにより両親の適応度は上昇する。しかし，餌量が少ないなわばりでは，ヘルパーの存在が，なわばり内の餌の枯渇を介して，むしろ親の繁殖成功を低下させてしまう。餌量が多いなわばりでも，ヘルパーが増加すると餌の枯渇による負の効果が顕在化してしまう。そこで母親は，なわばり内の餌量に応じて，あるヘルパー数に到達するまで雌を生産し，その後は分散する性である息子を生産する（Komdeur 1992, 1996; Komudeur *et al.* 1997）。

[*7] 鳥類の赤血球には核が含まれるため，ごく少量の血液から遺伝子解析に十分な量のDNAを得ることができる。

[*8] 群れで生活し，その中の特定の雌雄が優先的に繁殖する。残りの個体（繁殖つがいの子であることが多い）は繁殖つがいが生産する子の養育を給餌貢献などを通じて手伝うため，ヘルパーとよばれる。

つがい相手の性淘汰形質（魅力や闘争力等）に応じた条件的性比調節も，精力的に取り組まれている研究テーマである。性淘汰が駆動している状況では，繁殖成功のばらつきに性差が生じる。どちらかの性（雄のことが多い）では，例えば強い個体や派手な装飾をもった個体が複数の異性とつがい，多くの子を残す一方，異性を獲得できずに，ほとんど子を残せない個体が生じる。この適応度の大きな格差は，もう一方の性（雌のことが多い）ではあまり生じない。性淘汰が雄にかかるときを想定しよう。もし母親が，ある繁殖で性淘汰上有利な形質を持つ息子を生産できるなら，子の性比を雄に偏らせることで，孫の数を多くできるだろう。一方，息子を産んでも，その子が将来，雄どうしの闘争に勝利したり，異性から選ばれる見込みがあまりないときには，性比を娘に偏らせる方が有利である。

　息子が性淘汰上有望かどうかを，母親がつがい相手の形質にもとづいて評価できると仮定し[*9]，父親の装飾形質と子の性比に予測される方向での関係性が見られるか，様々な分類群の鳥種で調査された。しかし，その結果は協同繁殖鳥での研究ほど一貫しておらず，支持する証拠も多く報告された一方，傾向を検出できなかったという報告も多かった。また，支持する証拠で得られた関係性の強さや大きさ（子の性比と，そのクラッチ間変異の要因として疑われる変数の相関係数や回帰係数の値）が比較的小さかった。そこで，West and Sheldon（2002）ではメタ解析を実施し，複数の研究結果を統合すると全体としてどのような傾向があるかを確かめた。その結果，父親の性淘汰形質と子の性比の間には，全体として関係性が認められた。しかし，協同繁殖に関する社会要因と子の性比の関係を調査した研究群と，父親の性淘汰形質と子の性比との関係を調査した研究群で比較したところ，前者の方が，傾向がより明瞭であることが分かった。著者らはこの違いについて，ヘルパー数やなわばりの質は，つがい相手の質よりも正確に評価しやすいからではないかと推測している。確かに，父親の性淘汰形質だけを手がかりに，将来

---

*9 多少なりとも遺伝する形質のみが進化の対象となるため，父親の性淘汰形質（武器的形質や装飾形質）と息子のそれに正の相関が期待できる。つまり，母親が「息子はこうなるだろう」といった思考・認知をする能力を有するかどうかは必要条件ではない。

息子が持つ形質と，その相対的な質（将来息子の周囲を取りまく雄個体の性淘汰形質と比較してどれくらい質が高いか）を評価することは，困難かもしれない。父親の性淘汰形質が，息子の相対適応度を予測する上でどれほど良い要因であるかを，性比調節の文脈で検討した実証研究は，著者が知る限り，いまのところ存在しない。

3. 性比を調節する生理メカニズム

鳥類の条件的性比調節についての研究で近年特に知見が深まったのは，性比調節の生理的機構についてである。前述したように，鳥類では雌ヘテロ型（ZW 型）染色体性決定システムにより個体の性別が決まる。従って，雌がZ 卵と W 卵の数や排卵順序を操作することで，条件に応じて個別の子の性や一腹卵の性比を調節することができると指摘されてきた。しかし，本当にそのようなことが起こっているのか，もし起こっているのなら，どのような生理的機構なのかは，よくわかっていなかった。1990 年代に提案された仮説は，(1) 卵母細胞の減数分裂の過程で卵に含まれる性染色体をどちらかに偏らせる，(2) 特定の性染色体を含む卵胞に投資を偏らせる，(3) 特定の性染色体を含む卵胞あるいは受精卵を体内に再吸収するなどして，受精・未受精卵の生存率に性差を与える，(4) さらに生理的機構とはいいがたいが，望まない性の卵（たまご）を産卵後に遺棄するといったものであった（江口 1999）。もっとも顕著な性比調節がおこなわれているセーシェルヨシキリでは，例外的に 2 卵を産卵する個体群で，24 時間以内に産卵された第 2 卵の性が，第 1 卵と同様に大きく偏っていたことから，排卵前に既に卵の性比が偏っていると推定されたが，具体的にどのような機構が働いているかについては完全にブラックボックスのままであった（Komdeur *et al.* 2002）。

この問題が進展する契機のひとつは，インドクジャクの装飾に関する研究で有名な Marion Petrie らによる短い報文であった（Petrie *et al.* 2001）。彼らは，マガモやキンカチョウの雌が，魅力的な雄とつがったときに，より大きなサイズの卵を生産したり，卵中に雄性ホルモンを多く含めるという，い

わゆる「偏った投資（differential allocation）」に関する現象を報じた論文（Gil et al. 1999; Cunningham and Russell 2000）の実験デザインで，卵の性が処理間で統制されていないことを指摘した．つまり，もし卵サイズや卵中の雄性ホルモン量に性差があると，各処理区の卵の性比が反対に偏ってしまったとき，differential allocation に関して偽の相関を検出する可能性があるという主張である．そして，彼らの研究対象であるインドクジャクでは，卵サイズに性差がないこと，さらに雌卵と雄卵で卵黄アンドロゲン濃度が異なっている（雄卵の方が高濃度である）ことを報告した．彼らはこれらの実証結果と，母親由来のホルモンが卵黄に供給されるのは性決定前であるという知見をもとに，母親由来の卵黄ステロイドが減数第一分裂時に，性染色体の分離に何らかの影響をおよぼしているという仮説を提案した（つまり上記の仮説(1)と(2)を合わせた主張）．ホルモンは繁殖に関する行動や生理的機能を調節する重要な要素であり，性比調節に関与する候補として考えることは自然であろう．しかし，この論文で提示されたデータは，卵黄ステロイド濃度に性差があるという相関的結果のみであった．ホルモンを介した子の性比調節機構の有無を結論するためには，特定の子に多くの栄養投資をおこなう differential allocation について注意深く調べる必要がある．例えば魅力的な雄とつがった雌は，息子に雄性ホルモンや栄養を多く投資すると同時に，一腹卵の性比を雄に偏らせるかもしれない．そのようなときには，性決定にホルモンが全く関与しなくても，卵中の雄性ホルモン濃度と子の性比の間にみかけの関係が生じてしまう．そこで，性染色体分離の偏りと母親由来のステロイドの因果関係は，その後多くの実験研究で検討されることになった．

　Veiga et al.（2004）は，テストステロンおよびコントロール溶液を封入したカプセルをムジホシムクドリの雌58個体（それぞれ30個体と28個体）の皮下に入れ，それぞれの子の性比を比較した．これらの雌がつがう相手の魅力は処理間で差がないように統制している．その結果，テストステロン処理された雌は，コントロール雌よりも雄に偏った性比で子を生産した．この現象は，ホルモン操作の効果がすっかり消失していると思われる，操作後3年経過したときでも維持された．実験処理の効果が長期にわたり持続したことについて，著者らはテストステロン処理が雌の社会的地位を上昇させ，そ

の地位が持続，ひるがえって，高い社会的地位により，雌自身のテストステロン増産につながったのではないかと推論している。キンカチョウではクラッチ生産途中の母親にテストステロン処理をすることで，個体差の問題や，異なる繁殖試行で個体が経験する諸条件の違いを排除した実験研究がおこなわれた。その結果，処理後の卵の性比は処理前よりも雄に偏っていた。母親にホルモン処理をおこなわないコントロール群では，産卵順と性比の間に関係は見られなかった。テストステロンを母親にインプラントする実験はウズラでもおこなわれているが，こちらでは子の性比への影響は検出されなかった（Pike and Petrie, 2006）。

　子の性比への関与が疑われているのは雄性ホルモンだけではない。von Engelhardt *et al.* (2004) は，エストラジオール（17β-estradiol）注射がキンカチョウの巣立ち時の性比を雌に偏らせたという先行研究（Williams, 1999）に注目し，同じ鳥種でつがい形成直前の母親へのエストラジオール溶液およびコントロール（溶媒のみ）注射が，産卵時の性比におよぼす効果を調査した。注射により，初卵日時点での血中エストラジオール濃度は処理群で高くなった。また，巣立ち時の性比については，処理群で雌に偏り，コントロール群では偏りがないという，先行研究を追認する結果が得られた。しかし，クラッチ性比には処理間で違いがなく，エストラジオールとの関係は否定された。ただし，エストラジオールは胚の生存率（この研究では孵化成功率を指している）に影響しており，処理群では雄胚の生存率が低下することを見いだした。母親の血中エストラジオール濃度の上昇が，何を介して性特異的な孵化成功度に影響しているのかは，はっきりしていない。キンカチョウでは卵黄エストラジオール濃度が上昇すると，雄胚の性分化が阻害されることもあり（Wade *et al.* 1997），著者らは，雄胚はエストラジオールの有害効果に対する耐性が低く，胚の時点での生存率に性差が生じるのかもしれないと論じている。この事実は，上述した性比調節を実現する生理機構の仮説（3）を支持するものである。その後，ホワイトレグホン品種のニワトリの雌にプロゲステロンを皮下注射した結果，エストラジオール血漿濃度が上昇し，プロゲステロン処理群から採取した卵の性比が雌に偏ったという実験結果が報告されている（Correa *et al.* 2005）。ラットでは，プロゲステロンが肝臓細

胞分裂において，紡錘体形成に影響することが知られている（Boada et al. 2002）。また，XO マウスの雌では，紡錘体構造が性染色体の非ランダムな分離に関与していることが示唆されている（LeMaire-Adkins and Hunt, 2000）。ここから著者らは，母親が出生性比を調節する鳥種では，減数分裂時にプロゲステロン濃度が上昇するという仮説を提出している。例えばマガモ，オオホシハジロ，ジュズカケバト，オウサマペンギン，アメリカチョウゲンボウ，ジュウシマツ，シチメンチョウ，アメリカオオセグロカモメで，産卵期にプロゲステロン濃度が高いことが分かっており，これらの種では何らかの社会，環境要因に応じて母親が性比を調節しているかもしれない（Correa et al. 2005）。

　コルチコステロンについても産卵前に生じる性比の偏りとの関係が確認されている。コルチコステロンをインプラントしたニホンウズラとミヤマシトドでは，そうでない個体と比較して雌に偏った性比で子を生産した（Pike and Petrie, 2006; Bonier et al. 2007）。この傾向は実験操作を伴わない調査でも確認されている（Pike and Petrie, 2005; Bonier et al. 2007）。Pinson et al. (2011) は，先行研究のコルチコステロン処理では卵黄沈着，卵胞成長，そして減数分裂分離や卵胞再吸収が生じうる排卵直後のいずれも高い濃度にあったことを指摘し，性染色体分離とコルチコステロン濃度の関係をより詳細に調査するために，排卵のタイミングが予測可能なニワトリを材料とし，性染色体が分離するタイミングである排卵前 2-4 時間にホルモン濃度を上昇させるため，排卵予測時間の 5 時間前にコルチコステロンを皮下注射した。結果，処理群のブルード性比は雄に偏っていた。つまり，染色体分離の重要期に処理したとき，コルチコステロン処理は子の性比に影響したのだが，その方向が先行研究とは逆だった。著者らは，コルチコステロンレベルの慢性上昇と急性上昇では，子の性比を決める機構に異なる作用をおよぼすのかもしれないと考察している[*10]。残念ながらこの研究では，染色体分離の重要期「以

[*10] 実際，性比が雌に偏った結果を得た研究では，慢性ストレスやインプラントにより，ホルモン濃度を長期間上昇させている。また，キンカチョウを材料に，コルチコステロンを薬理投与し，濃度を急上昇させた研究では，子の性比は雄に偏るという結果が得られている。

外」でコルチコステロン処理の効果を調査していない。ホルモン濃度には慣性があり，ある期間だけ上昇させることは困難（つまり早い段階での濃度操作は，後のステージにも同じ影響を与えてしまう）であったからかもしれないが，この研究が，コルチコステロンがいつのタイミングで性比（あるいは胚の性決定）に影響するかの特定に完全に成功したとは言い難い。

　複数のホルモンが子の性比と因果関係をもつようにみえるのは，ホルモン分泌に相互関係があることによる可能性がある。コルチコステロンの慢性的上昇は，プロゲステロンやテストステロンといった性ホルモンに影響することが知られている（Correa *et al.* 2005; Rutkowska and Cichoń 2006）。単一のホルモン濃度変化と子の性比の関係を調査するだけでは，子の性比にホルモンがどう関与するかの全貌を特定することができないだろう。また，上述した操作実験研究は，実は Petrie らが提案した「卵黄ステロイドが鳥類の性決定プロセスに関与している」という仮説を直接確かめているわけではないことに注意したい。直接操作しているのはあくまで母親のホルモンレベルであり，卵黄ホルモンそのものではない。母親のステロイドホルモンレベルを操作する実験は，(1) 卵形成期の雌カナリアの糞から計測したテストステロンレベルとその個体が生産する卵黄テストステロンの濃度に正の相関がみられたこと（Schwabl 1996），(2) ウズラの雌に安息香酸エストラジオール処理すると卵黄エストラジオールレベルが上昇したこと（Adkins-Regan *et al.* 1995）に依拠している。つまり，操作実験研究による知見は蓄積されてきているが，母親体内のホルモンと卵黄ホルモンが性決定にどう関与しているのか，そして Petrie らの仮説が支持されるのかについては，いまだ不明瞭な点が残っている。

　ホルモンが胚の性決定に重要な役割を担っているとして，その具体的なメカニズムはどのようなものだろうか。上述したように，ラットでは，プロゲステロンが紡錘体形成に影響し，XO マウスの雌では，紡錘体構造が性染色体の非ランダムな分離に関与する。母親由来のプロラクチンとアンドロゲンは，性特異的な卵胞成長パターンに関与し，娘あるいは息子を先に産むという産卵順序を実現すると思われる（Badyaev *et al.* 2005）。鳥類の遺伝学的，細胞生物学的な性決定メカニズムに関しては，Rutkowska and Badyaev（2008）

が総説の形で詳細に検討している。彼らは鳥類の卵母細胞の成長と減数第一分裂について説明した上で，鳥類の減数分裂では，性染色体の非ランダムな分離を実現するプロセスが複数（少なくとも11経路，図1）考えられること，性染色体のサイズ差や動原体の位置など，染色体分離を常にどちらかの方向に偏らせる潜在的要因の他に，どちらの方向にも分離が偏る潜在的要因があることを示し，後者にはホルモンが介在することを指摘した。例えば，エストラジオールがトリガーとなるカルシウムイオン放出がアクチンフィラメントの形成に影響し，結果として紡錘体の形状や（回転）方向，微小管の接続，染色体の対合といった，染色体分離パターンを決定する様々な側面にまで効果を現すといった可能性である。この分野の実証研究が進めば，性比調節の生理メカニズムに関与していると考えられている各種ホルモンの具体的な役割がはっきりするだろう。

4. 到達点と今後の展開

　鳥類における条件的性比調節の研究が精力的におこなわれ始めてから，15年以上が経過した。鳥類の母親が環境条件や社会条件に応じて，各卵の性を操作するという厳密な産み分け，クラッチの性比調節，そして，どちらの性を先に産むかという産卵順の調節をおこなっているという実証報告は，その間，着実に積み上げられてきた。統計的に有意な傾向が見いだせなかったという報告も複数あるが，少なくともいくつかの鳥種，ある地域，ある状況下の鳥類では，条件的性比調節という行動が見られるということは間違いないだろう。当初は全く未知であった，性比調節の生理的機構についても，ホルモンが介在している可能性が指摘されてから着実に理解が深まっている。今後は，(1) 異なる性染色体をもった卵胞の生存・成長にホルモンが具体的にどう機能しているのかなど，個別のホルモンが子の性決定にどう関与するのか，(2) 複数のホルモンがそれぞれどのように相互作用して，子の性決定や一腹子の性比調節に関与するのか，(3) そして性比調節のエピジェネティック制御や，卵母細胞減数分裂時に見られる染色体分離の歪みについての細胞

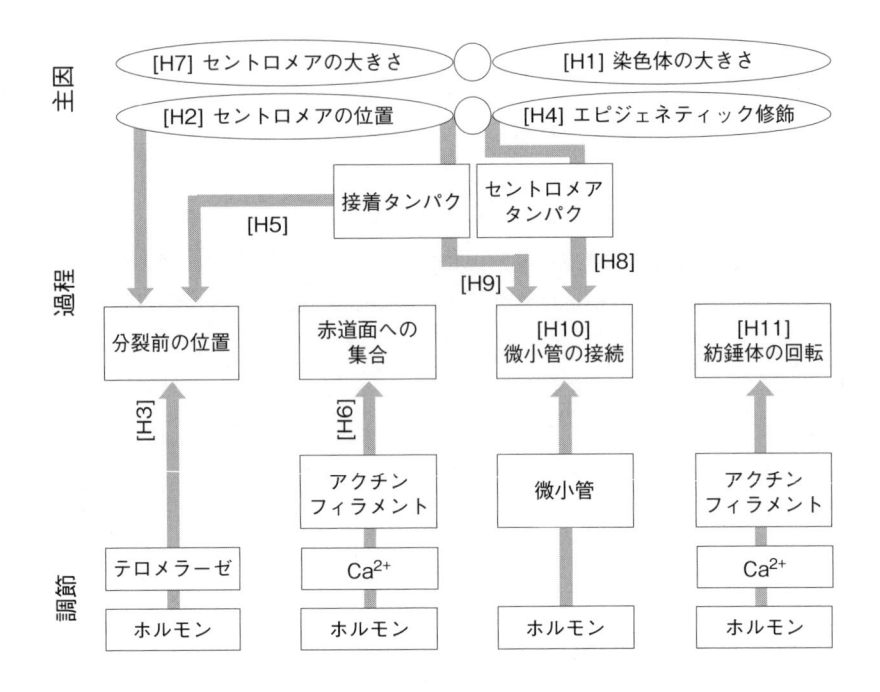

図1　鳥類における減数分裂各要素の関係を示す概略図.

これらの要素間関係は非ランダムな性染色体分離および母親由来のホルモンによる制御を考える上で重要なものと考えられている．灰色矢印は減数分裂の各段階に影響をおよぼす染色体の特徴およびホルモン操作の仮説経路を示す．図中央の箱は減数分裂の連続段階をしめす．H1 から H11 までの記号は異なる仮説を示す．具体的内容は以下のとおり．H1: 性染色体の非ランダムな分離は染色体サイズの違いにより誘発される．H2: 性染色体分離のゆがみはセントロメアの位置の二型により誘発される．H3: 卵母細胞成熟時のテロメアの伸長は，染色体分離前の核内での位置など，減数分裂のいくつかの段階での染色体の動きに影響する．H4: 染色体のエピジェネティックな修飾（エピジェネティック・マーク）により特定の性染色体の識別が可能であり，修飾された性染色体の分離時の動きに影響をおよぼすことが可能である．H5: 接着タンパクからなるタンパク粒の融合が膜崩壊前の卵核胞内での染色体の位置に影響をあたえる．H6: アクチンフィラメントにより制御される赤道面への染色体の集合は母親由来のホルモンにより強く影響をうける．H7: セントロメアの大きさは微小管の動原体への接続に影響するので，「セントロメア駆動」機構による非ランダムな性染色体分離の原因となる．H8, H9: セントロメアと接着タンパクは動原体機能を変化させ，微小管の結合に影響し，一方の性に偏った分離の原因となる．H10: 微小管の動原体への接続はその張力を制御するチェックポイント機構により変わり，性染色体を繰り返し捕捉・解放することが可能となる．H11: 卵母細胞と極体への染色体分離の方向変化は減数分裂紡錘体の回転により実現する．この過程は母親由来のホルモンにより影響をうける．これ以後の段階で働く機構は排卵順序と関係し，より正確な性比調節を実現する．

生物学的な機構について，さらに研究が進められるだろう。

　行動面についても，まだ検証，解明すべき点は多い。鳥類の性比調節研究では，注目する要因と子の性比の関係には，かなり大きなばらつきが伴うことが多い。また，上述したように統計的に有意な傾向が見いだせなかったという報告も複数ある。調節の生理機構を完全に理解すれば，一見不完全に見える性比調節の謎が一部解けるのかもしれないが，もしかするとそれ以外に，何らかの進化的，生態的な理由があるのかもしれない。性比調節の有無や程度の種差を理解するには，種間比較アプローチが有効だろう。生活史の種間差が性比調節の程度の違いを説明する可能性については，イソシギとアメリカイソシギの近縁種間比較で検討されている（Andersson *et al.* 2003）。では同種個体群間に現れる違いにはどう切り込めば良いだろうか。Facsett *et al.* (2011) は，母親がつがい相手の魅力に応じて子の性を調節するとき，魅力的な雄とつがった雌と，そうでない雌との適応度差が縮小した結果，性選択が弱まり，雄の装飾が減退し，あまり派手ではないところで平衡する可能性を指摘している。選り好みをする雌は，派手な装飾をもつ雄とつがい，息子を多く生産する。すると，強い選り好み遺伝子は次世代でマスクされてしまうかもしれない。この相互フィードバックの駆動状態（ある時間断面でどういう状態にあるか）は，個体群ごとに異なっており，同種の性比調節を調査したとしても，個体群間で異なる実証結果が得られる可能性がある。Badyaev *et al.* (2002) では，侵入種の分布域の違いにより，かかる自然淘汰が異なっており，その結果，性比調節の適応的方向が変わると報告している。[11] 同じ種でも性比調節にかかる淘汰圧が異なる場所に生息していれば，やはり異なる場所で実施された複数の研究で異なる実証結果が得られる可能性があるだろう。複数の選択圧による相互関係や，進化の地理的モザイクに関する

---

*11　ここでは娘と息子のどちらを早めに産むかという，クラッチ内の産卵順調節のことを指す。産卵が完了した時点のクラッチ性比が 1：1 のときでも，産卵順と卵の性に関連があるときは，雌が性比調節すると表現される。その際，各卵レベルでの性の操作を想定することも，生産される性の順序に傾向をもたせることを想定することも可能である。Badyaev *et al.* (2002) の例では後者がありそうなメカニズムであることが分かっている。

問題は，現在注目を集めているテーマであり，鳥類の条件的性比調節についても，この視点からの研究が今後さらにおこなわれるかもしれない。個体群内でのばらつきについては，まずは West と Sheldon が提案した，予測の不確実性が性比調節を曇らせるという仮説を理論と実証の両面で検証すべきだろう。

引用文献

Adkins-Regan E, Ottinger MA, Park J (1995) Maternal transfer of estradiol to egg yolk alters sexual differentiation of avian offspring. *Journal of Experimental Zoology* 271: 466-470.

Alonso-Alvarez C (2006) Manipulation of primary sex-ratio: an updated review. *Avian and Poultry Biology Reviews* 17: 1-20.

Andersson M, Wallander J, Oring L, Akst E, Reed JM and Fleischer RC (2003) Adaptive seasonal trend in brood sex ratio: test in two sister species with contrasting breeding systems. *Journal of Evolutionary Biology* 16: 510-515.

Badyaev AV, Hill GE, Beck ML, Dervan AA, Duckwoth RE, McGraw KL, Nolan PM and Whittingham LA (2002) Sex-biased order and adaptive population divergence in a passerine bird. *Science* 295: 316-318.

Badyaev AV, Schwabl H, Young RL, Duckworth, RA, Navara KJ and Parlow AF (2005) Adaptive sex differences in growth of pre-ovulation oocytes in a passerine bird. *Proceedings of the Royal Society B* 272: 2165-2172.

Boada LD, Zumbado M, del Rio I, Blanco A, Torres S, Monterde JG, Afonso JL, Cabrera JJ and Diaz-Chico BN (2002) Steroid hormone progesterone induces cell proliferation and abnormal meiotic processes in rat liver. *Archives of Toxicology* 75: 707-716.

Bonier F, Martin PR and Wingfield JC (2007) Maternal corticosteroids influence primary offspring sex ratio in a free-ranging passerine bird. *Behavioral Ecology* 6: 1045-1050.

Cunningham EJA and Russell AF (2000) Egg investment is influenced by male attractiveness in the mallard. *Nature* 404: 74-75.

Correa SM, Adkins-Regan E and Johnson PA (2005) High progesterone during avian meiosis biases sex ratio toward females. *Biology Letters* 1: 215-218.

江口和洋（1999）鳥類における性比の適応的調節．日本生態学会誌 49: 105-122.

Gil D, Graves J, Hazon N and Wells A (1999) Male attractiveness and differential testosterone investment in zebra finch eggs. *Science* 286: 126-128.

Fawcett TW, Kuijper B, Weissing FJ, and Pen I (2011) Sex-ratio control erodes exual selection, revealing evolutionary feedback from adaptive plasticity. *Proceedings of the National Academy of Sciences* 108: 15925-15930.

Heinsohn R, Legge S and Barry S (1997) Extreme bias in sex allocation in Eclectus parrots. *Proceedings of the Royal Society B* 264: 1325-1329.

Heinsohn R, Langmore NE, Cockburn A and Kokko H (2011) Adaptive secondary sex ratio adjustments via sex-specific infanticide in a bird. *Current Biology* 21: 1744–1747.

粕谷英一（1990）行動生態学入門．東海大学出版社．

粕谷英一（2012）行動生態学の基礎，『行動生態学』（沓掛展之・古賀庸憲編），1–16，共立出版．

Komdeur J (1992) Importance of habitat saturation and territory quality for evolution of cooperative breeding in the Seychelles warbler. *Nature* 358: 493–495.

Komdeur J (1996) Facultative sex bias in the offspring of Seychelles Warblers. *Proceedings of the Royal Societyn B* 263: 661–666.

Komdeur J, Daan S, Tinbergen J and Mateman C (1997) Extreme adaptive modification in sex ratio of the Seychelles warbler's eggs. *Nature* 385: 522–525.

Komdeur J, Magrath MJL and Krackow S (2002) Pre-ovulation control of hatching sex ratio in the Seychelles warbler. *Proceedings of the Royal Society B* 269: 1067–1072.

Krackow S (1995) Potential mechanisms for sex ratio adjustment in mammals and birds. *Biological Review* 70: 225–241.

LeMaire-Adkins R and Hunt PA (2000) Nonrandom segregation of the mouse univalent X chromosome: evidence of spindle-mediated meiotic drive. *Genetics* 156: 775–783.

Petrie M, Schwabl H, Brande-Lavridsen N and Burke T (2001) Sex differences in avian yolk hormone levels. *Nature* 412: 498–499.

Pike TW and Petrie M (2003) Potential mechanisms of avian sex manipulation. *Biological Reviews* 78: 553–574.

Pike TW and Petrie M (2005) Maternal body condition and plasma hormones affect offspring sex ratio in peafowl. *Animal Behaviour* 70: 745–751.

Pike TW and Petrie M (2006) Experimental evidence that corticosterone affects offspring sex ratios in quail. *Proceedings of the Royal Society B* 273: 1093–1098.

Pinson SE, Parr CM, Wilson JL, Navara KJ (2011) Acute corticosterone administration during meiotic segregation stimulates females to produce more male offspring. *Physiological and Biochemical Zoology* 84: 292–298.

Rutkowska J and Badyaev AV (2008) Meiotic drive and sex determination: molecular and cytological mechanisms of sex ratio adjustment in birds. *Philosophical Transactions of the Royal Society B* 363: 1675–1686.

Rutkowska J and Cichoń M (2006) Maternal testosterone affects the primary sex ratio and offspring survival in zebra finches. *Animal Behaviour* 71: 1283–1288.

Schwabl H (1996) Environment modifies the testosterone levels of a female bird and its eggs. *Journal of Experimental Zoology* 276: 157–163.

Seki S (2003) Molecular sexing of individual Ryukyu Robins *Erithacus komadori* using buccal cells as a non-invasive source of DNA. *Ornithological Science* 2: 135–137.

Trivers RL and Willard DE 1973. Natural selection of parental ability to vary the sex ratio of offspring. *Science* 179: 90–92.

Veiga JP, Viñuela J, Cordero PJ, Aparicio JM and Polo V (2004) Experimentally increased testosterone affects social rank and primary sex ratio in the spotless starling. *Hormones and Behavior* 46: 47–53.

von Engelhardt N, Dijkstra C, Daan S and Groothuis TGG (2004) Effects of 17β-estradiol treatment of female zebra finches on offspring sex ratio and survival. *Hormones and Behavior* 45: 306–313.

West SA and Sheldon BC (2002) Constraints in the evolution of sex ratio adjustment. *Science* 295: 1685–1688.

Williams TD (1999) Parental and first generation effects of exogenous 17β-estradiol on reproductive performance of female zebra finches (*Taeniopygia guttata*). *Hormones and Behavior* 35: 135–143.

矢原徹一（1995）花の性―その進化を探る．東京大学出版会．

コラム 3　セーシェルヨシキリの協同繁殖

　セーシェルヨシキリはセーシェル諸島にのみ生息する固有種であるその生活史や繁殖習性は非常に奇妙で，J Komdeur らの研究結果は協同繁殖や性比調節に関する分野での大きな進展を促した。

　本種はスズメ目鳥類の中では例外的に産卵数が少なく，1 卵しか産まない。昆虫食性で，主に灌木の樹冠内で採餌するが，昆虫類の現存量はなわばり間で大きく異なる。社会的一夫一妻で，雌雄で雛を養育する。若鳥は 1 歳で繁殖可能となり，大部分の雄は独立後に親のなわばりから分散するが，逆に，雌は分散せずに親元にとどまり，親の繁殖を手伝うヘルパーとなる。協同繁殖鳥類では，雄のみ，または，両性が等しくヘルパーとなるのが多数派であり，雌に偏ったヘルパーの存在は極めて珍しい。ヘルパー雌は，なわばり防衛，造巣，抱卵，雛への給餌を手伝うことで，繁殖つがいの繁殖成功を高めることに貢献している。このことは，ヘルパーにとっての間接的利益を生じる。しかし，自身が繁殖する際の繁殖成功は，非ヘルパーの分散個体よりヘルパーの方で高い事が示されている。さらには，本種では群れ外交尾の頻度が高く，ヘルパー雌の一部はなわばり外の雄と交尾後に，母親の巣に産卵し，自身の子を育てる場合もあり，非分散と手伝い行動の両方から直接的利益を得ている。

　適応的性比調節の理論的な予測に基づけば，出生地分散傾向と手伝いによる親への貢献に大きな性差が存在する種においては，雌バイアスの性比が期待できる。本種では，この予測に従うと同時に，なわばりの資源量により性比偏りの方向が変化する。すなわち，質の低いなわばりでは分散する雄を，質の高いなわばりでは手伝う雌を多く生産する。

　以上のような，画期的な成果は 1990 年代初期までの研究で得られているが，この研究プロジェクトは 20 年以上におよぶ長期にわたって継

続されている。この間に生息環境の変化などが生じ，協同繁殖の様相に初期とは異なる傾向が見られるようになった。環境変化は，なわばり間の餌資源量の格差を減少させ，それにともない，雌の非分散傾向が弱まり，1歳でなわばりを出てあぶれ個体となる個体が増えるとともに，ヘルパーになる個体が減少するという傾向が現れている（Eikenaar *et al.* 2010）。また，ヘルパーは若い個体に限らない。一度繁殖地位を得た個体が，その後再びヘルパーとなり自身の孫に当たる雛の世話をする例も少なからず観察されている。この「祖父母ヘルパー」は間接的利益で進化して来たと考えられている（Richardson *et al.* 2007）。これも長期研究の賜である。

（江口和洋）

Eikenaar C, Brouwer L, Komdeur J, and Richardson DS (2010) Sex biased natal dispersal is not a fixed trait in a stable population of Seychelles warblers. *Behaviour* 147: 1577–1590.

Richardson DS, Burke T, Komdeur J, and Wedell N (Ed.) (2007) Grandparent helpers: The adaptive significance of older, postdominant helpers in the Seychelles warbler. *Evolution* 61: 2790–2800.

第6章

鳥類の子殺し

高橋雅雄

　子殺しは鳥類に広く見られる現象であるが，その適応的意義は事例ごとにさまざまである。それらは，加害者―被害者間の血縁関係と，子殺しが起きた状況や背景，行為が生む利益の三つの視点を基に14タイプに大別される。発生頻度の比較も少数例ながら行われており，発生条件の解明が試みられている。子殺しは確認の困難さのため記載研究からの脱却は遅れているが，最近の観察技術の進歩により報告例の増加が見込まれ，鳥類の行動生態学における主要テーマとして再評価されるだろう。

　子殺し（infanticide）とは「同種の幼若個体に危害を加えて殺す行為」と定義され（Mock 1984），動物界のさまざまな分類群，たとえば昆虫類（Ichikawa 1990, 1991; Trumbo 1990 など），魚類（Okuda and Yanagisawa 1996; Manica 2002 など），爬虫類（Huang 2008 など），鳥類（Mock 1984; Rohwer 1986 など），哺乳類（Bertram 1975; Clutton-Brock *et al.* 1998 など）で観察される現象である。かつては行為者特有の社会病理的な異常行動（social pathology）として扱われていたが（たとえば Curtin and Dolhinow 1978; Boggess 1979），霊長類の一種ハヌマンラングールに関する研究（Sugiyama 1965, 1966; Hrdy 1974）以降，個体の採用する適応戦略の一つとして認識され，多数の報告・研究が行われてきた。とくに霊長類については盛んに研究が行われており，子の死亡の主要因の一つとして扱われている（van Schaik

2000)。また，個体群管理の観点から保全生物学的にも注目されている (Swenson *et al.* 1997; Swenson 2003)。

　子殺しの適応的・進化的意義については，これまで主に以下の3点に注目して分類されてきた。第一に，子殺し加害者と被害対象との関係性である（藤岡 1992)。自分自身と遺伝的につながりのある子を対象とするのか，それとも遺伝的なつながりのない赤の他人の子を殺すのかで，行為の適応的意義は明らかに異なる。第二に，加害者の性別と社会状況・繁殖状況の違いである。子殺しが見られた種において，雌雄はそれぞれどのような役割を果たすのか，その上で雌雄どちらが子殺しを行ったのか，またその時の加害者はどのような社会的，配偶的地位と繁殖段階にいたのかの差異で，同種内でも子殺しの役割について多様な解釈が可能である。第三は，子殺しにより加害者が得られる，または得られたであろう利益の内容である（Hrdy 1979; 藤岡 1992)。子殺しは加害者の積極的な行為であり（対する消極的な行為としては遺棄 (desertion) やきょうだい殺し (siblicide) の容認などが挙げられる)，これには何らかのコストがかかると考えられる。行為者はそのコストを上回る利益を見込んで子殺しを行っていると予想され，その利益の違いにより行為の意味も変化するだろう。以上を踏まえて，哺乳類の子殺しに関する総説の中で Ebensperger (1998) は，その適応的意義を①餌の獲得（捕食仮説)，②繁殖地の獲得（資源競争仮説)，③血縁関係のない子の養子受け入れを回避（養子回避仮説)，④殺害者の繁殖上の利益の増加（性選択仮説）の4タイプに分類している。

　鳥類の子殺しは 1970 年代から盛んに研究が行われ（Mock 1984; Rohwer 1986; 藤岡 1992 による総説あり)，日本ではコサギ (Fujioka 1986)，アマサギ (Fujioka 1986)，オオセグロカモメ (Watanuki 1988)，ヒメアマツバメ (Hotta 1994) の4種について詳細な野外調査が行われてきた。また，近年ではオオタカ（米川・川辺 1997)，ムクドリ (Yamaguchi 1997)，カルガモ (Shimada *et al.* 2002)，カワウ (Inoue *et al.* 2010)，オオセッカ（高橋 2013，口絵 4)，スズメ (Kasahara *et al.* 2014, 口絵 5)，ツバメ（北村 2015)，コウノトリ（大迫義人 私信)，モズ（松井晋・高木正興 私信）でも観察されており，ルリカケスでも可能性が指摘されている（石田健 私信)。

本章では，藤岡（1992）の総説以降に発表された論文を中心に紹介し，近年の鳥類の子殺し研究の動向を論じる。また藤岡（1992）に倣い，行為者と犠牲者の関係と，その機能に関する二次元的な分類を用いる。なお，きょうだい殺しは扱わない。

1. 親による子殺し

親による子殺し（parental infanticide／filial infanticide）は，親がそれまで繁殖投資をしてきた自身の子を殺すことを指す（Mock 1984; 藤岡 1992）。通常，親が自身の子を殺すことは適応的ではないが，状況によっては適応性が生じる。

(1) 親による共食い

自身の子を餌資源として利用する行為は親による共食い（filial cannibalism／kronism）と呼ばれ，その犠牲子を親が食す，または自身の他子へ分け与えることで，栄養摂取という直接的な利益が得られる。次に述べる雛数削減に付随して行われることが多く，共食いのみが目的であるかどうかの判断は極めて難しい。このタイプの子殺しはイヌワシ（Korňan and Macek 2011），ハイタカ（Newton 1986），オオタカ（米川・川辺 1997），ハヤブサ（Framke et al. 2013），キタカササギサイチョウ（Chan et al. 2007; Cremades et al. 2011; Ng et al. 2011, 図1）などで報告されている。なお，子殺し以外の原因で死んだ子を親やきょうだいが食した例はこれに含まない。

(2) 雛数削減

自身の子の数が減ることに適応的な利益が生じる状況では，親による子殺しが進化する。たとえば，現在の子全員の養育に必要な餌などの資源が十分でない場合，子数を減らすことで全滅を回避し，資源量に見合った繁殖成功を収めることが可能である。また，現在の繁殖にそのまま投資することが自身の生存や将来の繁殖に対して極めて不利益である場合，子数の削減や養育

図1　キタカササギサイチョウ（撮影：北村俊平氏）

の中止によって投資を節約することで，親の生涯の繁殖成績が向上する可能性がある。このような文脈での子殺しは雛数削減（brood reduction）の1パターンとして合わせて紹介されるが，前者の雛数削減は一腹の子内での資源の再配分である一方，後者は子から親への再配分であり，直接的な投資先が異なる。すなわち，雛数と親の給餌努力には正の関係が予想されるが，もし子殺しの後も親の努力量が減少しないならば，それは雛の全滅を避ける前者の雛数削減と解釈できる。一方，雛数の減少とともに努力量も同程度に減少していたならば後者と考えられる。しかし，前者と後者双方の利益を生む子殺しも多く，両者は完全に独立ではないだろう。

　雛数削減は孵化の非同時性（hatching asynchrony）とともに論じられることが多く（Stoleson and Beissinger 1995），親による子殺しよりも餓死やきょうだい殺しの形で表れることが多い（Mock 1984; Mock *et al.* 1990）。また，孵化の非同時性と無関係な子殺し，すなわち雛排除ではなく，産卵期や抱卵期での卵排除についても近年報告されており，卵数削減（clutch reduction）と呼ばれる（Lobato *et al.* 2006）。時に抱卵はエネルギー的なコストが高い行為であるため（Reid *et al.* 2002; Hanssen *et al.* 2003），卵数削減はとくに

抱卵個体のエネルギー消費を抑える利益があるだろう。

雛数削減は比較的不安定な餌資源を利用する種，たとえば魚食性の大型渉禽類（Mock et al. 1987），海鳥類（Procter 1975; Nelson 1978），猛禽類（Edward and Collopy 1983; Simmons 1988）などで多数報告されているが，子殺しを行う例はヘラサギ（Aguilera 1990），コウノトリ類（シュバシコウ：Tortosa and Redondo 1992; ナベコウ：Klosowski et al. 2002），オグロカモメ（Urrutia and Drummond 1990），オオミチバシリ（Ohmart 1973）などで知られているにすぎない（オオバンでもこのタイプと思われる子殺しが報告されているが（Horsfall 1984），もしかしたら以降で紹介する対種内托卵戦略かもしれない）。

たとえば，コウノトリ類の一種シュバシコウ（図2）において，Tortosa and Redondo（1992）は調査した63巣中9巣で親鳥による雛の殺害を観察した。このうち8巣では，加害者は父親であった。また，雛数の多い巣で最後に孵化した成長の悪い雛を選択的に殺害していた。最後に孵化した雛は生存率が低く，繁殖上の価値は小さいと考えられるので，その雛を殺しても著しい巣立ち数の減少には結びつかない。逆に雛数が多すぎると給餌等の養育コストが過剰にかかってしまうだろう。本種は親鳥が一度に大量の餌を巣内に吐き戻し，雛が自らついばむ間接的な給餌様式を持つ（Haverschmidt 1949; Kahl 1972; Zieliński 2002）。そのため一部の雛による餌の独占は起きにくく，餌をめぐるきょうだい間の身体的競争は弱い（Tortosa and Redondo 1992; Redondo et al. 1995）。このような種では，きょうだい殺しによる雛数削減はあまり望めないため，親鳥は余分な雛を自身で排除するよう進化したと考えられている（Tortosa and Redondo 1992; Zieliński 2002）。

積極的な卵数削減はペンギン類とマダラヒタキにおいて観察されている。イワトビペンギン属は産卵期に母親による第1卵の排除が起こるグループとして知られており，属する6種の半数（マユダチペンギン：Richdale 1941; マカロニペンギン：Gywnn 1953; ロイヤルペンギン：Carrick 1972）がとくに積極的に卵排除を行う。彼らの一腹卵数は通常2卵だが，第2卵は第1卵より15～70％も大きく（Warham 1975），第1卵は第2卵よりも遅れて孵化する（Gwynn 1953; Lamey 1990）。ロイヤルペンギンを調査したSt

図2　巣内のシュバシコウ（撮影：上田恵介氏）

Clair et al.（1995）は，84つがい中70つがいで第1卵の消失を観察した。卵排除を行った個体の大部分は母鳥であり，自身の卵を巣外へ捨てていた。また，第1卵消失の半数以上（57%）は第2卵産卵前にすでに起きていたため，母鳥は卵の大きさを比較するまでもなく卵排除を決断しているようだ。さらに，DNAから排除卵の遺伝的な父母を調べたが，本種では婚外子は少なく（26卵中1卵のみ），排除される卵の多くは遺伝的にもそのつがいの子であることが確かめられた。この卵排除の理由を探るため，St Clair et al.（1995）は排除された第1卵を第2卵と実験的に入れ替えてみた。すると，第1卵は孵化成功率が著しく低く（48%），第2卵（93%）の半分ほどしかなかった。さらに，卵排除が行われなかった場合，自然状態での第1卵の孵化成功はきわめて稀で，137卵中1卵しか孵化しなかった。このような第1卵の孵化率の低さについては複数の要因が指摘されているが，第1卵の繁殖上の価値は確かに低い。

　イワトビペンギン属の第1卵は，第2卵が失敗した際の"保険"である

と考えられており（Williams 1989），卵排除をしない3種でも，第1卵は第2卵に比べて孵化成功率が低い（St Clair 1992; Lamey 1992, 1993）。しかし，第2卵が失敗した際に第1卵由来の雛がうまく成長することも低頻度だが起こり，繁殖上の保険として確かに機能しているようだ（Williams 1980; St Clair 1992; Lamey 1992）。一方，卵排除を行う3種においては，第1卵は繁殖上の価値がきわめて低いことに加え，抱卵に高いコストがかかるなど別の要因も関係すると予想されるため，母鳥は第1卵を排除して余計な投資を避けているのだろう。では，結局排除してしまう繁殖上の価値の低い卵を今でも先に産むのはなぜだろうか。その至近的・究極的要因については複数の仮説が提唱されてはいるが，まだ解明されていない。

　マダラヒタキにおいて，Lobato *et al.*（2006）は抱卵中の母鳥による自身の卵排除を22巣で確認した。本種は樹洞営巣性で巣箱も利用するが，抱卵期に無傷の卵が時に複数個，巣外に排除されていた。抱卵は雌のみが行い，雄は滅多に抱卵期の巣へ近づかないため（Lundberg and Alatalo 1992），母鳥による卵排除であろうと推察された。さらに一度排除された卵を巣内に戻してみると，別の卵が排除されていた。よって，前述のペンギン類のように特定の卵を選択的に排除しているのではなく，また死亡卵を排除しているのでもなかった。このような卵排除の発生頻度は気象条件と関係があり，卵排除が起きた前の日（母鳥が卵排除を選択するきっかけとなっただろう日）は抱卵期全体と比較してかなり寒かった。また，母鳥の換羽や年齢も卵排除の頻度と関係があり，育雛期に換羽を行った雌ほど，また高齢な雌ほど卵排除を高頻度で行っていた。すなわち，母鳥によるこの卵排除は抱卵の効率化の意義があると考えられている。

　寒冷環境での抱卵行為はエネルギー消費が激しく，気象が急変した際に全卵を温め続けることは，卵の全滅を引き起こす可能性がある。この場合，卵排除は抱卵に消費するエネルギーを減らす役割があるだろう。実際，マダラヒタキでは1卵の削減でエネルギー消費を15％ほど減らせることが分かっている（Moreno and Sanz 1994）。また，換羽も多くのエネルギーを要求する現象であり，給餌活動もコストの高い行動である。そのため，両方が重なる個体はエネルギー要求が高く，卵排除は抱卵のエネルギー節約と給餌コス

図3　アマサギのコロニー（撮影：上田恵介氏）

トの減少をもたらすための適応的な行動だと考えられる。マダラヒタキは子よりも自分自身への投資を目的とした卵数削減を発達させた種と言える。

(3) 繁殖機会を得るための雛数削減

卵数削減・雛数削減の中で，その直後の繁殖機会を確保するために養育中の子を殺すという極端な例がある。これは，繁殖途中に何らかのトラブルで配偶相手を失った，または失うおそれが高い場合に起こる。片親だけで残された子を育てることが困難で，新たな相手と再繁殖した方が高い利益が望めるならば，今の繁殖を中止することは明らかに適応的であろう。その際に繁殖放棄で済ますことも可能ではあるが，営巣環境など他の資源も限られているならば，子の排除行為に発展する。このような例はアマサギで初めて確認され（Fujioka 1986, 図3），以下に紹介するホシムクドリでも報告されている（Pinxten *et al.* 1995）。なお，このタイプの子殺しはのちに述べる"性的な子殺し"の1パターンとしても考えられている（Hrdy 1979）。

　Pinxten *et al.*（1995）はホシムクドリ（図4）で雌雄の繁殖投資戦略について研究した際に，さまざまな繁殖段階の雌を実験的に除去して雄の反応を

図4 ホシムクドリ（撮影：松原一男氏）

観察した。本種は抱卵や給餌を含めてほとんどの養育活動を雌雄平等に行うものの（Pinxten *et al.* 1993; Pinxten and Eens 1994），雄は夜間の抱卵・抱雛を行わないため（Feare 1984），雛が自身で体温保持が出来るほど成長した後でなければ，雄単独での養育はできない。すなわち，産卵期から育雛初期までは雄のみでは養育できず，育雛中期からは可能であるが巣立ち率は低い。実験的に雌を除去した巣では，産卵・抱卵期で約80％，育雛初期・中期で約半数の巣で子の消失が観察された。これらはおそらく残された雄親の行為と考えられ，実際に雌が除去されてから4時間以内に自身の卵を捨てた雄も確認された。また，多くの場合，巣外への除去は子が死亡した後に行われていたが，中には生きている雛を除去する例も見られた。さらに，その一部の個体は同じ巣で新たな配偶相手と再繁殖をし，雌が除去された繁殖段階の早い雄ほど再婚率が高く，再繁殖までの日数も短かった。すなわち，本種の雄は明らかに繁殖機会を求めて自らの子を殺していると考えられる。とくに本種のような樹洞営巣性の種にとって，営巣に適した環境は限られた資源であり，それをめぐる競争は激しい。よって，同じ樹洞を再繁殖に利用できるよう，卵や雛を養育放棄するだけでなく巣外へ排除することが重要となる

だろう。

（4）性比調節のための雛数削減

　一般に，出生した子の性比は雌雄で等しい。しかしながら，雌雄の子の適応的な価値は状況によって大きく異なるため，時に親による子の性比調節（Sex ratio adjustment）が行われている。鳥類においてもいくつかの種で確認されているが（たとえば Komdeur *et al.* 2002），その生理的および行動的メカニズムはほとんど解明されていない。もし子の雌雄を確実に識別できるのであれば，それを基に自身の子を選んで殺すことで一腹子の性比を調節することは可能だろう。このタイプの子殺しはオオハナインコで確認されている。

　本種は顕著な性的二型があり，雄は全身が鮮やかな緑色で一部が赤く，雌は全身が赤色で，背や腹は輝く水色である。特殊な多夫多妻制で，雌は複数の雄と関係を結び，営巣木周辺を防衛する（Heinsohn 2008）。樹洞巣に通常2卵を産み，抱卵や育雛を主体的に行う。一方で，雄は複数の雌と関係を結び，雌や雛へ食物を運搬する。結果的に1回の営巣に1羽の雌と複数の雄が参加する。

　繁殖成功は樹洞巣の質に大きく左右され，乾燥した場所の樹洞では多数の雄が営巣に参加し，巣立ち数が多い（Heinsohn 2008）。一方で，豪雨による水没の危険性が大きい場所にある樹洞巣では巣立ち数が少ない。その一因として，後者の樹洞巣で，雌雛が先に孵化して雄雛が遅れて孵化した場合に，雄雛が孵化後3日以内に高頻度で母鳥に殺されて巣外に出され，雌雛だけが養育されることが明らかとなった（Heinsohn *et al.* 2011）。巣の水没は繁殖失敗の原因となるため，リスク回避のために巣内育雛の期間をできるだけ短くすることは適応的である。この種では，雄雛の巣内育雛日数は雌雛よりも平均して7日間も多い。そのため，雌雛が先に孵化して雄雛が遅れて孵化した場合は，巣内育雛期間が最長になり，巣の水没のリスクが最大になる。よって，雄雛を殺して巣内育雛期間を短くし，雌雛のみを養育することで繁殖成功を高めることができる。さらに，雛は綿羽の色も雌雄で明らかに異なり（Heinsohn *et al.* 2005），小さな雛でも外見で性別を容易に特定できる。そのため，誤認識の危険性が小さく，このような性特異的な子殺しが発達できた

のだろう。

2. 非血縁子殺し

(1) 共食い

　共食い（cannibalism）とは，同種の他個体を餌資源として利用することを指す。このタイプの子殺しは，餌資源の変動が大きく，他巣の発見と接近がきわめて容易なコロニー営巣性の魚食性大型水禽類，たとえば地上営巣性のカモメ類（Parsons 1971; Davis and Dunn 1976; Watanuki 1988; Hayward *et al*. 2014）やオオトウゾクカモメ（Young 1963），ペルーペリカン（Daigre *et al*. 2012）で観察されているが，単独営巣性の猛禽類（ハクトウワシ：Markham and Watts 2007）やハシボソガラス（Yom-Tov 1974）でも報告されている。

　とくに地上営巣性のカモメ類では，同種個体による共食いは繁殖失敗の主原因の一つである。Parsons（1971）はセグロカモメの共食いを観察し，その半数はある特定の4個体による行為であったことを報告している。同様にBrown and Lang（1996）は個体識別した別の繁殖コロニーにおいて23例の共食いを観察し，それらは標識個体の10%である特定の6個体（雌雄1つがいと雄4個体）のみによる行為であったことを報告している。しかも，観察された共食いの74%を特定の雄1個体が行っていたという。すなわち，セグロカモメにおいては，共食いは一部の個体が行う現象であり，大多数の個体は共食いに関与していない。さらにBrown and Lang（1996）は，共食い習性を持つ5つがいと持たない22つがいとの間で卵数・孵化数・巣立ち数を比較したが，両者の間に明確な差は見られなかった。すなわち，共食い習性は適応度の増加にとくに貢献していないようだ。このような個体の性質の至近的・遺伝的要因については，今後検証する必要があるだろう。

(2) 種内寄生への対抗として生じる子殺し

　同種個体間での繁殖寄生（種内寄生：intraspecific parasitism）が起きた際，

寄生を受ける側は明らかな適応度の低下を被ることが多い。そのため，いくつかの種では種内寄生に対する対抗手段が発達しており，子殺しはその一戦略として機能している。こうした繁殖上の種内寄生の一形態として，他者の繁殖投資を搾取する"盗み寄生"（kleptoparasitism）がある（藤岡 1992）。これはコロニー営巣を行う地上営巣性のカツオドリ類，カモメ類，アジサシ類，さらにアマツバメ類や猛禽類などでも見られる現象で，雛が隣接する他巣に自ら入り込んで，そこの繁殖個体から給餌を受けるなど他者の繁殖投資を盗み（Brown 1996），完全に受け入れられて養子となることも多い（Saino *et al.* 1994; Tella *et al.* 1997; Brown 1998; Bize *et al.* 2003; Castillo-Guerrero *et al.* 2014）。寄生される側（宿主）にとっては自身の繁殖投資を非血縁個体に盗まれる結果となり，大きな不利益を被る（Saino *et al.* 1994）。そのため，宿主は対抗手段として，自身の巣に接近する他の雛を積極的に攻撃し（Brown and Morris 1995; Tella *et al.* 1997），時に殺してしまう（Hunt and Hunt 1975, 1976; Quinn *et al.* 1994; Ashbrook *et al.* 2008; Castillo-Guerrero *et al.* 2014）。

一方，早成性で離巣性のガンカモ類などでは，複数の家族が出会った際に雛が混じって意図せずに養子化してしまう"雛混ざり"（brood mixing）がよく起こる（Eadie *et al.* 1988; Batt *et al.* 1992）。このような早成性の雛は自ら採餌を行うことから，給餌を必要とする半早成性や晩成性の雛の養育と比較して，親の養育努力はきわめて小さい。すなわち，雛混ざりで他者の雛を養育することになっても，親の不利益は小さいと考えられ（Andersson and Eriksson 1982; Lazarus and Inglis 1986），時に養育する雛数を増やすことが利益につながることもある（Kalmbach 2006）。よって，このような種では，家族に加わろうとする他者の雛を追い払うことはよく報告されているものの（たとえば Prevett and MacInnes 1980; Choudhury *et al.* 1993; Larsson *et al.* 1995），血縁認識機構はあまり発達せず，子殺しに至るような激しい攻撃も進化しにくいと考えられる。

種内寄生の別の形態として，産卵・抱卵中の同種の巣内に自身の卵を産み込んで他者に育てさせる"種内托卵"（conspecific brood parasitism／egg dumping）がある（Lyon and Eadie 2008）。種内托卵は現在 16 目 234 種で報

告され (Yom-Tov 2001)，鳥類全体に広く普及した繁殖戦略の一つである。種内寄生者は種間托卵と同じように托卵時に宿主の卵を持ち去って卵数の整合性を保つ種もあるが (Lombardo *et al.* 1989; Pinxten *et al.* 1991a)，この卵の持ち去りは寄生者が宿主をだまして寄生卵を受け入れやすくするための，子殺しの一形態と言える。このような種内托卵に対抗するため，宿主は自身の卵と托卵された他者の卵を識別（血縁認識）して寄生卵を排除することが，オオバン類やバン類 (Arnold 1987; Lyon 1993b; Jamieson *et al.* 2000)，ハタオリドリ類 (Jackson 1998; Lahti and Lahti 2002)，イエスズメ (Kendra *et al.* 1988; López de Hierro and Ryan 2008; López de Hierro and Moreno-Rueda 2010; Soler *et al.* 2011)，ダチョウ (Bertram 1992) の4グループのみで知られている。また，産卵前の托卵は血縁認識無しで処理できるので，寄生卵を排除できることが複数の種で報告されている（たとえば，バン：McRae 1995; サンショクツバメ：Brown and Brown 1989; ツバメ：Møller 1987; ホシムクドリ：Stouffer *et al.* 1987; Pinxten *et al.* 1991b; ムクドリ：Yamaguchi 1997)。さらに，種内托卵を受けた直後に，母鳥が巣内のすべての卵（自身の卵と寄生卵を含む）を排除することが，ホシムクドリなどで観察されている (Stouffer *et al.* 1987)。

一方，種内托卵に対する孵化後の対抗戦略については，托卵由来の雛を認識して排除する可能性がキンカチョウで指摘されていたが (Fenske and Burley 1995)，最近になってアメリカオオバン（図5）にて実際に検証された (Shizuka and Lyon 2010)。本種は種内托卵が頻繁に起こり，時につがいの40％以上がその被害を受ける (Lyon 1993a)。そのため種内托卵への対抗手段が発達しており，産卵・抱卵期では卵殻の色から托卵を識別し，寄生卵を選択的に巣の底に埋めてしまうことで寄生卵の約40％を排除していた (Lyon 2003)。また，育雛期では，托卵由来の寄生雛を孵化直後に識別し，時に積極的に攻撃して殺害していた (Shizuka and Lyon 2010)。この養育期の血縁認識機構は学習であり，親鳥は最初に孵化した雛を判断の鋳型とし，遅れて孵化した中で外見が鋳型と異なる雛は排除される傾向にあった。そのため，実験的に卵を入れ替えて他者の雛（すなわち人工的な托卵由来の雛）が最初に孵化するよう操作すると，やはり最初に孵化した雛を鋳型とするため，そ

図5 アメリカオオバンの親鳥と雛（左）および成鳥の雛への攻撃（右）（撮影：Dr. Bruce Lyon）

れとは異なる自身の雛を排除していた。自然状態で種内托卵は自身の産卵の後に行われ，また寄生卵は外側で抱卵されてしまうので，孵化が遅れる傾向がある（Lyon 2003）。そのため，最初に孵化した雛は自身の子である確率が非常に高い。このような血縁認識機構は，自身の雛を確実に識別して寄生雛を退ける対托卵戦略の一つとして進化したと考えられる。

　このように，宿主と寄生者は軍拡競争のメカニズム上にあるが，上記のように宿主側の戦略が常に勝ることは当然ながらありえない。寄生者の戦略が勝った場合，宿主は寄生者にうまく騙され，ときに血縁認識を誤って自身の子を排除してしまう誤識別（recognition error）を起こすこともある。これは前述の"親による子殺し"の1タイプであり，種内寄生だけでなく種間寄生（たとえばカッコウ類の托卵など）の対抗戦略の過程でも起こっている。たとえば，種間托卵への対抗において，自身の卵（たとえば Davies *et al.* 1996; Moskát *et al.* 2009）や雛（ハシブトセンニョムシクイ：Sato *et al.* 2010）を排除してしまったことが実際に報告されている。また，同種内の盗み寄生への対抗として，巣外に出てしまった自身の雛を誤って攻撃することが，コロニー営巣性のヒメチョウゲンボウ（Tella *et al.* 1997）やミツユビカモメ（Roberts and Hatch 1994）で報告されている。

(3) 性的な子殺し

　性的な子殺し（sexually selected infanticide = SSI）は繁殖機会をめぐる競

争上で起こる (Hrdy 1979)。一般的につがい相手の交替に関連して起こる子殺しであり，その利益は大きく分けて，(a) 配偶成功，(b) 再営巣による繁殖成功，(c) 自身の父性母性の保証の3点が想定される。これら適応度の利益はそれぞれ独立ではなく，繁殖の流れの必然性から (a) から (c) にかけて入れ子関係となっている。すなわち，(a) を追求する子殺しは必然的に (b)・(c) を，(b) を追求する子殺しは (c) を含み，(c) だけは独立して出現する。しかし，(c) のみを追求する子殺しはもはや"性的な子殺し"ではなく，"種内寄生への対抗として生じる子殺し"の1タイプとして扱うべきである。アオアシカツオドリで人為的に誘発された雄の卵排除はこれに当たるだろう (Osorio-Beristain and Drummond 2001)。

　また，このタイプの子殺しは，再婚との因果関係の違いからも分けて考えるべきである。(a) を追求するタイプは子殺しが再婚に先立つ再婚前子殺しであり，子殺しが繁殖中のつがい関係の解消につながり，子殺し個体に配偶機会をもたらす (Crook and Shields 1985; Møller 1988a; Hotta 1994)。繁殖失敗がつがい関係解消の原因となることは一般的であり，配偶機会を求めている個体にとっては絶好の機会である。しかも，繁殖失敗が比較的少ない状況では，配偶機会を求めている個体が他巣の繁殖失敗を引き起こすならば，捕食などの偶然に頼る以上に自身の配偶機会は増えるだろう。さらに，子殺し行為が自身の質の高さを示すようなら (Veiga 2004)，子殺しは一石二鳥の配偶戦略となるかもしれない。このタイプの子殺しは，とくに実効性比の偏りが大きい種や繁殖成績の個体差が大きい種（たとえば一夫多妻種）で起こる可能性がある。

　(b) の子殺しは，逆に再婚が子殺しに先立つ再婚後子殺しであり，子殺しはすでに自身と再婚した配偶相手の再営巣を促す。このタイプでは，子殺しは再婚の必要条件ではないことが注目される。つがい関係を乗っ取った，または配偶者を失った繁殖個体と再婚した個体は，残された他個体の子を無視するか，受け入れて養子とするか，それとも殺すかの選択に迫られるだろう。ここで，無視 (indifference) はその他人の子の養育は手伝わないが許容し，その終了後に再婚相手と繁殖を始めることであり，養子化 (adoption) は他人の子の養育に参加することを指す。しかし，これらは資源や時間の浪費を

伴うので，自身の遺伝子を持たない再婚相手の子を殺して再営巣を促すのが最も手っ取り早い（時間的利益仮説：time-advantage hypothesis）。また，雌は1回目の繁殖が成功した後の2回目繁殖よりも，1回目の繁殖が失敗した後の再繁殖の方に多く投資することが知られている（Hansson *et al.* 2000）。そのため，再婚者は子殺しによって繁殖失敗を誘発し，自身との再営巣時に多く投資させようと配偶相手を操作するかもしれない（配偶相手操作仮説：mate-manipulation hypothesis）。さらに例外として，再婚を伴わずに（b）を追求する子殺しの形態もある。その一つは，現在養育中の子と自身との遺伝的関係が強く疑われる場合，遺伝的な自身の子を含めてでも子殺しし，繁殖相手に再営巣を求める例である（Hrdy 1979; Rohwer 1986）。これに該当する状況は，雌の場合は種内托卵であるため，"性的な子殺し"ではなく，前述の"種内寄生への対抗として生じる子殺し"に分類される。一方，雄の場合は配偶相手の婚外交尾によるため，"性的な子殺し"と解釈される（前述のアオアシカツオドリの卵排除（Osorio-Beristain and Drummond 2001）は再営巣を求めた行為ではないため該当しない）。もう一つは，逆に婚外交尾を求めた子殺しであり，子殺しを被ったつがいが再営巣する際に婚外交尾にあずかり，自身の適応度の増加を見込む（Wilson 1992）。

　上記の再婚前子殺しにおいて，子殺しの決断やタイミングは再婚相手の繁殖段階とはあまり関係がない。一方，再婚後子殺しは再婚相手の繁殖段階と関係する。一般に，繁殖段階が早いほど再営巣しやすいため，再婚時の繁殖段階によって子殺しの利益の大きさも変化するだろう。さらに，繁殖段階のより早い時期では，再婚後子殺しの様相が変わってくる。たとえば，繁殖がより進んだ段階（抱卵期・巣内養育期）で再婚が起きた場合，すでにいる子は当然自身の子ではないため，子殺しは自身の適応度を増加させることはあっても減少させることはない。一方，造巣期や産卵期を含む受精可能期に再婚した場合，再婚個体は交尾が可能であれば再営巣を促す必要がない。しかし，その後に産まれた卵を再婚個体がどのように判断して扱うかが焦点となる。その中に自身以外の子が含まれていたならば，それを排除しないと自身の適応的利益が減少してしまう。一方，再婚後に産まれた子（卵）を全て疑ってしまうと，間違って自身の子も排除してしまうことになり，適応度の減

図6 イエミソサザイの雄の子殺し（上田恵介著『♂♀のはなし鳥』より）

少につながる。このような場合，再婚のタイミングから再婚後に産まれた子と自身の血縁関係を推定して，前の配偶相手の子と判断した際に排除する行為をとくに見越し子殺し（prospective infanticide）と呼ぶ（Freed 1986）。これは妊娠期間の長い哺乳類，たとえばライオンやハヌマンラングールで知られているが（たとえば Packer and Pusey 1983; Sommer and Mohnot 1985），鳥類では交尾から産卵までの期間が短いためか報告例は少ない。

　性的な子殺しは一般に雄の行為として想定され（Veiga 2000），また鳥類の子殺しに占める割合は哺乳類に比べて少ないと考えられてきた。実際，雄による性的な子殺しは，ヒメアマツバメ（Hotta 1994），ツキヒメハエトリ（Ritchison and Ritchison 2010），ミドリツバメ（Robertson and Stutchbury 1988），ツバメ（Crook and Shields 1985; Møller 1988a），サンショクツバメ（Brown and Brown 1989），イエスズメ（Veiga 1990a, 1993），イエミソサザイ（Freed 1986; Kermott *et al.* 1991, 図6），キタキフサタイヨウチョウ（Goldstein *et al.* 1986），ホシムクドリ（Smith *et al.* 1996），ムナジロカワガラス（Yoerg 1990; Wilson 1992）などで報告されている。しかし，観察例が少なかったり，関係個体の詳細な繁殖情報が欠けていたりして，上記のよう

な適応的利益について詳しく分類できた例はあまり多くない。また，多くの場合，子殺し以前に雄が偶発的または人為的に消失しており，そのような状況だけでは再婚と子殺しの因果関係を明確にするのは難しい。いくらテリトリーの乗っ取りが起きていたとしても，その時点で雌が新規雄と再婚していたかどうかは検証不可能であるためだ。しかし，多くの論文では，この状況を (b) の再婚後子殺しとして扱ってしまっている。すなわち，雌による配偶者選択 (female choice) の過程を考慮していない。

　(a) の配偶成功を求める再婚前子殺しについては，ツバメで詳細な観察が行われている (Crook and Shields 1985; Møller 1988a)。本種は半コロニー営巣性の一夫一妻種で，未婚雄が繁殖中の他巣へしばしば侵入し，多くの場合は繁殖雄に追い払われたが，時に子殺しを成功させていた。また，その後に子殺し被害つがいの一部は離婚し，子殺し雄と再婚する被害雌も確認された。すなわち，子殺し行為は明らかに子殺し雄に配偶機会をもたらすように機能していた。さらに子殺し行動に影響する個体の特質に関しても詳細な調査が行われており，以下の2点が明らかとなっている (Møller 1992, 1994)。1点目は雄の年齢である。前年生まれの若齢雄は繁殖初参加時に多くが未婚で，彼らが大部分の子殺しに関与していたが，逆に子殺し被害に遭う雄も前年生まれの若齢個体が多かった。2点目は外見上の装飾にかかる性選択圧が子殺しに影響していたことである。本種は雌雄共に最も外側の尾羽が長い尾（いわゆる燕尾）を持つが，その長さが雌の配偶者選択の指標となり，長い尾を持つ雄ほど配偶成功率が高く (Møller 1988b, 1990)，婚外交尾を得る機会も多い (Møller 1992)。Møller (1992, 1994) は，雄の年齢を考慮した上で，尾の長い雄が雌に好まれる要因を子殺しの視点から評価した。すると，子殺しに成功した未婚雄は失敗した未婚雄よりも尾が長く，子殺しの被害を免れた繁殖雄は被害に遭った繁殖雄よりも尾が長かった。すなわち，燕尾の長さは子殺し成功と対子殺し防衛の双方で，雄の質を正しく評価する正直な信号 (honest signal) であった。

　一方，明らかに (b) の再営巣による繁殖成功を求める再婚後の子殺しを行うと推察されたのは，見越し子殺しが観察されたイエミソサザイ (Freed 1986)，ミドリツバメ (Robertson 1990)，イエスズメ (Veiga 1993)，ホシ

ムクドリ（Smith *et al.* 1996）である．イエスズメ（図7）は偶発的な一夫多妻制で複数回繁殖する半コロニー営巣性の種であり，スペインの同一繁殖コロニーでの一連の野外研究において，後述のように複数の子殺しパターンが報告されている（Veiga 1990a, 1990b, 1993, 2003, 2004）．本種は繁殖中に配偶相手の交替と再婚がよく観察されるが，抱卵期や育雛期に再婚が起きて雄が入れ替わった場合は，交替雄による卵排除や子殺しが必ず起き，一方，再婚が産卵中に起きた場合は，卵排除は58％の巣に止まり，さらに再婚が産卵前ならば卵排除は起こらなかった（Veiga 1993）．すなわち，本種は再婚した際の繁殖段階に基づいて子殺しを決断しており，一部の雄では再婚後に産まれた卵が自身の子でないと認識し，見越し子殺しをしていた．一方，雌は再婚雄の卵排除に応じた適応を示し，雄の交替と再婚が産卵期に起きた場合は17％の巣で，産卵前5日以内ならば29％の巣で産卵の中断が観察され，その雌は直後に再婚雄と新たな営巣を開始していた．これは，再婚時期から高頻度で子殺し被害を受けると予想した雌が，さらなる卵消失のコストを軽減するために採る戦略的な排卵遅延（ovulation retardation）であると見られている（Veiga 1993）．さらに，この雄の子殺しは，再営巣までの時間の節約を求める時間的利益仮説に基づくのか，それとも再営巣時により多くの投資を望む配偶相手操作仮説に基づくのかについて検証が行われた（Veiga 2003）．すると，再婚後に子殺しを行った雄は，残された前の雄の子を無視した雄に比べて，より早く再営巣を行っていた．また，繁殖期前期での雄の交替が起きた際，子殺しをした再婚雄は無視した再婚雄に比べて，繁殖回数が多く，より多い繁殖成績を得ていたが，繁殖期後期ではそのような子殺しの利益は無かった．逆に雌の視点に立つと，再婚雄に子殺しをされた雌は，そうでない雌と比べてその後の繁殖回数が多かった．一方，各繁殖の巣立ち数は子殺し雄と無視雄で違いはなく，再営巣時の雌の繁殖投資が子殺しにより増加することはなかった．すなわち，イエスズメにおける雄の子殺しは，短期間で再営巣を開始してより多くの繁殖を行える利益をもたらし，時間的利益仮説に明らかに当てはまる．さらに，子殺しにより繁殖回数が多くなるため，配偶相手操作仮説も当てはまりそうである．

　雌による性的な子殺しは，雌雄の役割の大部分が逆転する一妻多夫種で報

図7 イエスズメの雄（撮影：上田恵介氏）

告され（アメリカレンカク：Stephens 1982; ナンベイレンカク：Emlen et al. 1989），雄による性的な子殺しと同様な解釈がなされてきた。しかし，一夫一妻種や一夫多妻種でも少数ながら性的な子殺しと考えられる例が観察されている（ムラサキツバメ：Loften and Roberson 1983; ミドリツバメ：Robertson and Stutchbury 1988; Chek and Robertson 1991; イエミソサザイ：Freed 1986; ミズイロアメリカムシクイ：Boves et al. 2011 など）。とくにイエスズメにおいて，雌による明らかな (a) 配偶成功を追求した性的な子殺しが報告され（Veiga 2004），新たな配偶者選択の一戦略として注目されている。Veiga（2004）は10年間の野外調査で観察した繁殖シーズン中の繁殖相手の交替250例を集計し，そのうち106例は雌の交替であり，22例（雌交替例の20.75％，全体の8.8％）は子殺しを伴う交替だった。この交替は交替雌の繁殖経験の有無と子殺しの被害にあった雄の配偶成績が関係しており，繁殖経験のある雌は子殺しを行うことが多く，一夫多妻雄は一夫一妻雄と比べてより子殺しにあいやすかった。すなわち，繁殖経験のあった雌は一夫多妻雄の巣を選んで子殺しを行い，その雄と再婚していたのだ。しかし，交替雌は子殺しをすることによって，繁殖成績が向上するわけでもなく，早

図8　カルガモの母子（撮影：松原一男氏）

く繁殖できるような時間的利益を得ていたわけでもなかった。よってVeigaは，このパターンの雌の子殺しは，自身の社会的地位や質の高さを"いい雄"へ示す性的なシグナルではないかと考察している。子殺しをして交替できた雌は，"いい雄"と再婚し繁殖することで"いい子（質の高い息子）"を産み，大きな適応的利益を得ているのかもしれない。今後，さらに詳細な研究が期待される現象である。

(4) 物理的な資源をめぐる子殺し

　非血縁子殺しは多くの場合何らかの資源をめぐる競争の上で起こるが，中でもこのタイプの子殺しは，物理的な資源，たとえばテリトリーやその中の餌資源などをめぐって行われる（Mock 1984）。たとえば，Shimada et al.（2002）は千葉県の谷津干潟にてカルガモ（図8）の子殺しを報告している。その際，干潟には6家族（母鳥と複数の小さな雛）のカルガモと1家族のオカヨシガモがおり，営巣密度は15家族/haと極めて高くなっていた。その中で，あるカルガモの母鳥が，他家族の雛を水中に沈めたり突いたりして危害を加え，5日間のうちにカルガモの雛8個体（2家族）とオカヨシガモ

の雛3個体を殺害した。この子殺し例は，異例な高密度環境によるテリトリーや餌資源の競争のために行われたと考えられる。なお，後に同じカモ類であるホシハジロでも同様な事例が報告されている（Prokop *et al.* 2009）。韓国で観察されたカササギの子殺しも，テリトリーをめぐるつがい間の競争の産物である（Lee *et al.* 2011）。

　営巣環境はとくに競争の激しい資源であり，これをめぐる子殺しは多く観察されている。たとえば，Inoue *et al.* (2010) は，カワウの繁殖活動を愛知県と岐阜県にある5コロニーにて調査した際，未繁殖の成鳥による繁殖巣への侵入を18例観察した。そのうち15例では，侵入個体による巣内の雛への攻撃が確認され，攻撃された雛は巣の底に体を固めて防御していたが，中には巣から落とされてしまうこともあった。巣外へ落とされた雛は，ある程度成長していなければ生存が難しいため，この現象は明らかな子殺しであろう。さらに，侵入個体は雛への攻撃と平行して求愛ディスプレイを行うことが多く，ときに未婚個体を誘引し，交尾にまで発展することもあった。これらのことから，この子殺しは巣の乗っ取りを目的として行われたと推察される。カワウは繁殖期が非常に長く，その間にさまざまな繁殖段階の個体が共存している。よって，繁殖活動を始めようとする個体にとって，より良い営巣環境を求めるには，巣の乗っ取りは最適戦略の一つと考えられ，子殺しはその一手段として機能するのだろう。このような巣の乗っ取りを求めた子殺しは，造巣に多大な労力を要するヒメアマツバメ（Hotta 1994），限られた資源である樹洞で営巣するルリコンゴウインコ（Renton 2004）やテリルリハインコ（Waltman and Beissinger 1992; Beissinger *et al.* 1998; Bonebrake and Beissinger 2010）などにおいても報告されている。巣箱を利用する日本のスズメの例（Kasahara *et al.* 2014）もこのタイプと解釈できよう。

　このような資源競争の中で，北米を中心に生息するミソサザイ類は，極めて特異的な子殺し戦略を発達させたグループである。彼らは同種他種を問わず，自身のテリトリー内にある他巣に対して雛の排除や卵の破壊を行うことが，複数の種で報告されている（たとえば，ハシナガヌマミソサザイ：Picman 1977a, 1977b; コバシヌマミソサザイ：Picman and Picman 1980; イエミソサザイ：Belles-Isles and Picman 1986; サボテンミソサザイ：Simons and Simons 1990)。しかも，その多くは物理的な資源競争の上で起きていると推察されている。たとえば，樹洞営巣を行う一夫一妻制のイエミソサザイでは，その子殺し行為は主に樹洞をめぐる競争の一戦略であると考えられている（Belles-Isles and Picman 1986; Quinn and Holroyd 1989; Pribil and Picman 1991)。また，草原棲で一夫多妻制のハシナガヌマミソサザイでは，他巣の雛排除や卵破壊は営巣地などをめぐる他個体との資源競争であると考えられている。そのため，本種では同種同士の攻撃により営巣の9.6%が繁殖失敗し，繁殖成功した巣でも14.3%が部分的な損失を被っていた（Leonard and Picman 1987)。さらに，このような影響の大きな同種の攻撃に対して物理的な対抗戦略を発達させていることがPicman *et al.*（1996）により報告されている。彼らは，ハシナガヌマミソサザイの卵の相対的な強度を測定し，子殺しを行わない他の5種と比較した。すると，本種の卵の相対的強度は他種よりも2.9倍も高く，同種間の卵破壊に適応して壊れにくいよう進化していることが示された。また，この強度は①卵殻が他種よりも1.5倍も厚く，②卵の形状がより真球に近いことから成り立っていた。さらに本種は巣内にガマの穂など柔らかい材料をふんだんに使って産座を作っており（Picman 1977b)，これも卵破壊行動に対して衝撃を緩和するための適応であろうと考えられている。

　一方，複数個体から成る安定した群れ生活を行う種の場合，物理的な資源をめぐる群れ間闘争が観察されており，その一戦略として競争相手の群れの子を殺す群れ間子殺し（inter-group infanticide）が報告されている。たとえば，南米に群れで住むラッパチョウでは，群れテリトリーを巡る群れ間の闘争の際に，テリトリー侵入を受けた群れの個体が侵入した群れの雛を殺していた（Sherman 2003)。ラッパチョウにとって群れテリトリーは餌を供給する必須な資源であるため，子殺しが他群のテリトリー侵入を防ぐ効果が期待できるなら，このような行為は適応的な利益を生むと考えられる。

(5) 繁殖ハーレム内での子殺し

　このタイプの子殺しは，繁殖ハーレム内において配偶相手の繁殖投資をめぐって起こる。雄も養育活動に参加するような一夫多妻種において，通常，

雄は第一雌とその巣（繁殖ハーレム内において，その時点で繁殖段階が最も早い一腹雛）へ優先的または独占的に投資する（Alatalo et al. 1981; Urano 1990など）。すると，第一雌と劣位雌の繁殖段階が重なるような同時的一夫多妻状況下では，劣位雌やその子は雄の繁殖投資を期待できず，第一雌と比較して不利益を被る。劣位雌はこのような一夫多妻のコストを上回る何らかの利益を得ることから一夫多妻雄を選択したと解釈されるが（polygyny threshold model：Orians 1969），自身の適応度を最大化するために，雄の繁殖投資を自身とその子へ向けようと努めるだろう。その手段として，劣位雌は第一雌の繁殖終了に合わせて繁殖時期を調節することも可能であろうが（Leonard 1990），多くの場合，繁殖が遅れると成功率は低下し，また時間の浪費にもなるため，"待つ"ことは不利益である。よって，劣位雌は時間を浪費せずに本来は期待できない雄の繁殖投資を独占しようと，第一雌の子を積極的に殺害する（時間的利益仮説）。このタイプの子殺しは，前述した雌の"性的な子殺し"の1タイプとして扱われることもあるが（Veiga 1990b; 藤岡 1992），争われる主な資源は繁殖機会や配偶相手ではなく，配偶者からの繁殖投資であるため，ここでは独立して扱う。このタイプの子殺しは多くの一夫多妻種で起こると予想されるが，今のところイエスズメ（Veiga 1990b）とニシオオヨシキリ（Bensch and Hasselquist 1994; Hansson et al. 1997; Trnka et al. 2010）の2種のみで確認されている。なお，Murray（2014）により報告されたハゴロモガラスの雌による雛殺しもこのタイプである可能性が高い。また，Fujioka（1986）により報告されたコサギの例も，雄の繁殖投資を求めて第二雌が第一雌の子を殺したと解釈するなら，"性的な子殺し"というよりはハーレム内の繁殖投資を求めた子殺しとした方がいいだろう（この例では，雄は第一巣の雛へ給餌しながら求愛行動もしていたため，第二雌は繁殖活動がまったくできなかったわけではないだろう）。

ニシオオヨシキリは一夫多妻種であり，カッコウによる托卵の宿主でもあるため，繁殖生態に関する数多くの研究が行なわれている（たとえば，Dyrcz 1986; Honza and Moskát 2005; Moskát et al. 2009）。1繁殖期での営巣は1回のみであるが，失敗の際は最大2回まで再営巣を試みることが知られており，繁殖期間中，同一ハーレム内の雌や巣は，その時々の状況に応

じて社会的地位が変化していく（Bensch and Hasselquist 1994）。たとえば，同時的一夫二妻状況下で第一雌が繁殖失敗して再営巣した場合には，雌間の配偶地位が交替して第二雌が第一雌の地位を得るため，雄の繁殖投資対象も変わる。

　Bensch and Hasselquist（1994）はスウェーデンにおける 10 年間の調査において，繁殖ハーレム内で第一巣の地位にあった巣は，第二巣や一夫一妻雌の巣と比べて，産卵期での繁殖失敗率が特異的に高く，高確率で卵が消失することを観察した。その原因を探るため，彼らはさまざまな繁殖段階で偽卵の提示実験を行ったところ，造巣期の巣があるテリトリーや再営巣を始める雌がいるテリトリーに置いた場合に，ニシオオヨシキリの嘴と一致する傷が偽卵に付いていた。よって，特定の条件下で同種による卵破壊が起きたと推察された。また，Hansson et al.（1997）は同じ繁殖個体群で発展した偽卵提示実験を行って同様の結果を得て，加えてテリトリー内の雌の繁殖経験も卵破壊の発生頻度と関係することを見出した。以上のことから，ニシオオヨシキリにおける同種間の卵破壊は劣位雌の繁殖段階と関係していたため，繁殖段階の遅れた劣位雌による子殺しであろうと推察された。このような雌間の干渉は，本種を含めた一夫多妻種の社会構造の成り立ちに大きな影響を与えると考えられる。

3. 協同繁殖種での子殺し

　協同繁殖を行う鳥類は現在 350 種ほどが知られているが（Ligon and Burt 2004），繁殖群のメンバー構成やメンバー間の血縁の程度などは種，個体群，さらに各群れ単位でも大きく異なり，各メンバーによっても一様ではない。たとえば，非繁殖のヘルパーは，その群れの繁殖つがいの遺伝的な子の場合もあれば（Woolfenden and Fitzpatrick 1984; Komdeur 1992 など），血縁関係の全く無い移入個体の場合もある（Ligon and Ligon 1990 など）。よって，協同繁殖種の子殺しは，これまで紹介してきた"親による子殺し"や"非血縁子殺し"だけでなく，自身の子以外の血縁者（自分と異なる一腹卵由来の

きょうだいや甥姪など）を殺害することもありえる。なお，この子殺しは，藤岡（1992）では"群れ内子殺し"（intra-group infanticide）として紹介されている。

　協同繁殖に関係した子殺しは，現時点で以下の 5 パターンが主に知られている。一つ目は，協同繁殖群内の複数の雌が 1 つの巣（共同巣：communal nest）に産卵し繁殖する同一巣産卵（joint-nesting）で，かつ平等的多夫多妻（egalitarian polygynandry）の様式をとる種において観察される子殺しであり，主に繁殖雌同士が互いに子を殺しあう。たとえば，複数の一夫一妻つがいが集合して繁殖群を形成する南米のミゾハシカッコウ（Vehrencamp 1977）やオオハシカッコウ（Loflin 1983），また多夫多妻制のドングリキツツキ（Mumme *et al.* 1983; Koenig *et al.* 1995, 図 9）では，共同巣へ先に産まれた卵を他の雌が巣外へ排除，または巣の底へ埋めることが観察されている。さらにアマゾンカッコウでは，群れメンバーによると見られる同様の卵排除に加えて雛殺しも頻繁に観察されている（Macedo and Bianchi 1997; Macedo and Melo 1999; Macedo *et al.* 2001, 2004）。このような子殺しは，巣内の自身の子を増やす，または自身の子に対する繁殖群メンバーの投資を増やすことで，自身の適応度を高めるためと考えられる。なお，ドングリキツツキでは繁殖雌同士は血縁関係（母娘や姉妹など）であることが非常に多いため（Koenig and Mumme 1987），結果として自身の血縁者（きょうだい・孫・甥姪）を殺していることもある（Mumme *et al.* 1983; Koenig *et al.* 1995）。また，排除される確率の高い最初に産まれる卵は，極端に小さく，卵黄が異常または欠けているような不良卵（runt egg）であることが多い（Koenig 1980a）。このような不良卵は他種ではほとんど見られないが，ドングリキツツキでは高頻度で観察され，とくに繁殖群に繁殖雌が複数いる場合には頻繁に見られるが，繁殖雌が単独の場合にはほとんど見られない（Koenig 1980b）。さらに適応的な価値はまったくないため，母親自身が巣から排除することも多い（Koenig *et al.* 1995）。これらのことから，はじめに不良卵を産む行為は，群内の繁殖雌間の競争と卵排除に対する何らかの適応とも考えられている（Koenig *et al.* 1995）。

　二つ目は，繁殖群内のつがい間でテリトリー内の資源や子の将来の繁殖機

図9. ドングリキツツキ（撮影：上田恵介氏）

会をめぐる競争がある場合に起こる子殺しで，メキシコカケスで可能性が指摘されている（Trail *et al.* 1981）。本種は複数の一夫一妻つがいと未配偶個体から成る繁殖群で生活し，共同でテリトリーを維持する（Brown 1978）。しかしながら同一巣産卵は行わず，つがいはそれぞれ営巣し，未配偶個体や繁殖に失敗した個体は繁殖群内の他つがいの繁殖を助けるヘルパーとして振舞う。このような繁殖生態の中で，繁殖群内の複数個体が同じ群の他つがいの巣を襲って卵を捕食したことが数例観察された。本種は繁殖環境が飽和状態にあり，繁殖個体は比較的長命であるので，若齢個体は繁殖機会をほとんど得られず，出生テリトリーに数年間留まることが多い（Brown 1969, 1974）。よって，他つがいの子が巣立つと繁殖群内のメンバー数が増え，テリトリー内の資源をめぐるメンバー間の競争は大きくなる。また，他つがいの子は自身の子にとって繁殖機会をめぐる競争相手となる可能性がある。そのため，繁殖群内の他つがいの子を殺すことで，自身や自身の子の将来の競争相手を減らす利益が得られるだろう。

　三つ目は，協同繁殖群内での種内托卵をめぐる子殺しである。繁殖する1つがいと非繁殖のヘルパーから成る協同繁殖群では，雌のヘルパー（主に繁

殖つがいの娘）は通常は産卵しないが，時に手伝っている巣に自身の卵を産む血縁托卵（kin-parasitism）を行うことがある（たとえば，セーシェルヨシキリ：Richardson *et al*. 2001, 2002）。この際，前述した種内寄生のように宿主側が何らかの不利益を被るならば，たとえ繁殖つがいとヘルパーの間に血縁関係があったとしても両者は激しく争い，その一環として競争相手の卵を排除することもあるだろう。このタイプの子殺しとして，繁殖雌とヘルパー雌のどちらもが相手の卵を破壊することがシロクロヤブチメドリで観察され（Nelson-Flower *et al*. 2013），シロビタイハチクイでは繁殖雌によるヘルパー雌の卵排除の可能性が指摘されている（Emlen and Wrege 1986; Wrege and Emlen 1991）。

　四つ目は，協同繁殖群への新規加入と繁殖個体の入れ替わり時に起こる子殺しであり，ドングリキツツキにおいて報告されている（Stacey and Edwards 1983）。この子殺し例は，雄2個体雌1個体から成る繁殖群へ，別の雌1個体が新規加入した結果起こった。観察時，繁殖群は育雛中であり，群れメンバーは雛への給餌を積極的に行っていた。新規加入雌が現れると，群れメンバーのとくに雌が激しい反応を示していたが，逆に新規加入雌に反撃されて，翌日には繁殖群を追われて消失していた。すなわち，もともと繁殖していた雌が新規加入雌に入れ替わってしまった。加入したその日のうちに，新規加入雌は繁殖巣へ給餌無しで侵入し，一方雄たちは無関係に雛へ給餌を行っていた。しかし，翌日から給餌は行われず，新規加入雌と別の巣穴に出入りし始めた。よって，その時点で巣内の雛は衰弱または死亡していたと考えられる。さらにその翌日には，新規加入雌と優位雄が繁殖巣から雛の死骸らしき物を排除または摂食し，その後に別の新たな巣で彼らは繁殖を成功させた。すなわち，新規加入雌は自身の繁殖のために，追い出した前の雌の子を殺したと推察される。これと同様な状況の子殺しは，育雛中の繁殖群から人為的に繁殖雌を除去して新規加入を誘引した実験でも観察されている（Stacey and Edwards 1983）。これらは，上記で紹介した"性的な子殺し"の1タイプと解釈できよう。

　五つ目は，ヘルパーを得るために行う子殺しであり，シロビタイハチクイとメキシコカケスにて可能性が指摘されている。前者では，繁殖成功に給餌

を手伝うヘルパーの存在が重要で，ヘルパー1個体で巣立つ雛数が約0.5個体も増加することが知られている（Emlen and Wrege 1991）。よって，繁殖個体にとってヘルパーは貴重な資源であり，それをめぐる競争が生じる。時に，父親は独立した息子の繁殖をわざと妨害して，繁殖に失敗した息子をヘルパーにしてしまうことがある（Emlen and Wrege 1992; Emlen et al. 1995）。その際に，繁殖中の巣から卵（多くの場合は自身の孫）を排除することもあるようで，全体の卵の6.3％がこの犠牲になっているらしい（Wrege and Emlen 1991）。後者では，先に紹介した同一繁殖群内の卵捕食の例が，これに該当するかもしれない（Trail et al. 1981）。メキシコカケスの未配偶個体や繁殖に失敗した個体は，同じ繁殖群内の他つがいの繁殖を助けるヘルパーとして振舞う。よって，他つがいの失敗を誘発することで，自身の繁殖を助けるヘルパーの増加が期待できるだろう。このような子殺しは，協同繁殖の進化を考える上で注目に値する特異的な行動である。

4. 子殺しに関する比較研究

　子殺しに関する研究は，その行動の適応的意義の解明に焦点を当てたものが大多数である。一方，子殺しの発生頻度の比較については，その発生頻度の低さや観察の困難さから，ほとんど試みられていなかった。ここでは，子殺しに関する数少ない比較研究例を取り上げる。

　近縁種間または姉妹種間については，ニシオオヨシキリの子殺しを報告した Bensch and Hasselquist（1994）の中で，同属で東アジアに生息するオオヨシキリとの比較が試みられている。この2種は長らく同種内の別亜種として分類されており，近年になって別種とされた近縁種同士である（Leisler et al. 1997）。しかし，ニシオオヨシキリでは同一ハーレム内の繁殖雌間の卵破壊が推察された一方，オオヨシキリでは日本で詳細な野外研究が複数例行われたにもかかわらず，子殺しは確認されていない（Urano 1985; Ezaki 1990）。この違いは，ハーレム内の巣間の繁殖スケジュールの差異にあると考えられている。日本のオオヨシキリでは第一巣と第二巣の繁殖スケジュールは比較

図10　オオセグロカモメの成鳥（左：撮影：松原一男氏）と
　　　雛（右：撮影：高橋雅雄）

的離れており（平均で 14.1 日や 16.4 日；Urano 1985; Ezaki 1990），同時性が弱い。そのため，雄の給餌が必要な育雛期もあまり重ならず，雄の給餌をめぐる雌間の競争は相対的に弱いと予想される。一方，ニシオオヨシキリでは，第一巣と第二巣の繁殖スケジュールの日数差が短く（平均で 8.7 日），同時性がより強い。よって，育雛期の重なりが長くなり，雌間の競争は相対的に強くなるだろう。よって，卵破壊の適応的重要性が高まると推察されている。

　個体群間については，オオセグロカモメの共食いを離れたコロニー間で比較した Watanuki（1988）の研究例が知られている。オオセグロカモメ（図10）は地上営巣を行うコロニー性の他のカモメ類と同様に，共食いや盗み寄生の防止のための子殺しを行う。Watanuki は北海道の離島（大黒島・天売島・ユルリ島）の繁殖コロニー間で，雛の生存率を算出し比較した。すると，雛の生存率は大黒島コロニーが他のコロニーよりも有意に高く，死亡要因は天売島コロニーでは共食い，ユルリ島コロニーでは隣接ペアの攻撃（おそらく盗み寄生や養子化の防止）が主であった。共食いだけに焦点を当てると，その発生頻度は個体群間で明らかに異なり，やはり天売島コロニーが突出して高かった。この発生頻度の差異の要因を探るため，コロニーサイズや営巣密度との関係を調べたが，予想とは逆に，共食いの多い天売島コロニーはコロニーサイズや営巣密度が最も小さかった。すなわち，共食いは密度依存的な死亡要因ではなかった。また，この地域差は繁殖の同時性や親の防衛

行動とも関連していなかった．さらに，本種でも共食いは特定の個体特有の行為であり，天売島コロニーの約20%の雄がほとんどの共食いに関与していたが，繁殖成功との関係は見られなかった．このような個体群間の子殺し発生頻度の明らかな差異の要因については，今後さらなる調査研究が求められる．

さらに同一個体群においても，年々の状況に応じて子殺しの発生頻度が異なることが，いくつかの長期研究から明らかになっている．Møller（2004）はデンマークにてツバメの同一コロニーの25年間の繁殖データをまとめ，コロニーサイズが年々減少し，死亡率（無帰還率）が逆に増加していることを示した．しかも，とくに質の低い個体が選択的に死亡しているようで，相関する雄の平均体重や平均尾長は年々増加していた．また，このコロニーで子殺しは稀な現象であって，25年間でたった38巣（全巣の1.8%）だけで起きていたが，その発生頻度も年々明らかに変化しており，かつては2～5%ほど起きていたものの近年はほとんど観察されなくなっていた．この変化には，コロニーサイズと強く相関するコロニー内の未婚雄の割合が影響しており，未婚雄が多かった年ほど子殺しも多く発生していた．また，雄の体格では平均体重の違いがより強く影響し，雄の体重が重い年ほど子殺しの発生頻度は低かった．すなわち，近年の高い死亡率が質の低い未婚雄を減らし，生き残った質の高い繁殖雄は子殺しに対する防衛力が強いため，子殺しの発生頻度は減少したと推測される．では，この変化を引き起こした高い死亡率は，どのような要因でもたらされたのだろうか．Møllerは春の渡りの中継地である北アフリカのアルジェリアの環境が死亡率に影響していると推測しており，実際にその環境指数（高いと環境が良い）は平均尾長と負の相関が見られ，逆に子殺し頻度とは正の関係が見られた．すなわち，渡りの中継地の環境が近年悪化したため，質の低い雄は繁殖地へ帰還できずに死亡し，子殺しが起こらなくなったと考えられる．

またHayward *et al.*（2014）はアメリカ合衆国の離島にてカモメ類（ワシカモメとワシカモメ×アメリカオオセグロカモメの雑種）のコロニーを6年間観察し，同種個体による卵捕食（非血縁個体による共食い）の発生頻度とその年の離島周辺の海面水温（SST）との間に正の相関があることを明らか

にした．すなわち，エルニーニョ等で海面水温が上昇すると海面の生産性が低下し，カモメ類の餌となる魚類が減少する．そのため，カモメ類は餌不足になり，コロニーでは卵捕食が増加すると推察された．これらの長期研究の結果は，子殺しには直接的な繁殖環境の変化以外の要因も複雑に絡んでいることを示している．

5. 今後の研究の展望

　これまで紹介したように，鳥類の子殺しは幅広く複雑な適応的意義が想定されている．これは，血縁と無関係な"共食い"を主とする魚類や，"性的な子殺し"を主とする哺乳類など他の分類群と比較すると，非常に多様多彩であって"何でもあり"の感すらある．しかし，鳥類の子殺しは断片的な観察事例が多く，詳細な実証研究となると数種を対象とした少数例に限定されてしまう．また，それぞれの適応的意義についても少数の種だけでの検証に止まっており，現象の一般化には情報が不十分である．よって，子殺しと同様に注目度の高い鳥類の行動生態学的論題，たとえば協同繁殖や托卵などと比較すると，研究の遅れは明らかである．

　この原因は子殺し行為の特性にある．子殺しはそもそも発生頻度が低く，直接観察どころか間接証拠を得ることすら難しい．加えて，前述のように，近縁種間，また同種内であっても個体群間や年間によって発生頻度が大きく変動し，子殺しが全く起こらない場合も珍しくないとなると，なおさらである．また，鳥類の繁殖生態研究において子殺しは想定外のことが多く，直接観察した場合でなければ捕食による繁殖失敗として扱ってしまいがちで，気付かないことも多いだろう．さらに，運よく子殺しを直接観察できたとしても，例数が少なければ科学的な解釈は難しい．

　しかし，子殺し行為そのものは比較的単純で容易な行為であり，誰もが採用可能な選択肢であろう．よって，近年の観察・記録技術の向上によって，確認種数は今後増加すると予想される．特に最近では，長時間のビデオ撮影が容易になり，子殺し行為そのものが直接撮影され始めている（Prokop *et al*. 2009; Inoue *et al*. 2010; 高橋 2013; Kasahara *et al*. 2014 など)。そのため，これまで状況証拠に依存した間接的証明しか為されていない事例についても，直接的な証明が期待される。これにより，さらに詳しい状況が明らかになり，現象への理解はより深まるだろう。また，報告例が増加することで，子殺しの生理機構や系統進化など，適応性とは視点の異なる多岐にわたる研究がようやく可能となるだろう。鳥類の子殺し研究は新たな発展の道筋が今まさに見え始めている。

引用文献

Aguilera E (1990) Parental infanticide by White Spoonbills *Platalea leucorodia*. *Ibis* 132: 124–125.

Alatalo RV, Carlson A, Lundberg A and Ulfstrand S (1981) The conflict between male polygamy and female monogamy: the case of the pied flycatcher *Ficedula hypoleuca*. *American Naturalist* 117: 738–753.

Andersson M and Eriksson MOG (1982) Nest parasitism in Goldeneyes *Bucephala clangula*: some evolutionary aspects. *American Naturalist* 120: 1–16.

Arnold TW (1987) Conspecific egg discrimination in American coots. *Condor* 89: 675–676.

Ashbrook K, Wanless S, Harris MP and Hamer KC (2008) Hitting the buffers: conspecific aggression undermines benefits of colonial breeding under adverse conditions. *Biology Letters* 4: 630–633.

Batt BDJ, Afton AD, Anderson MG, Ankney CD, Johnson DH, Kadlec JA and Krapu GL (eds.) (1992) *Ecology and Management of Breeding Waterfowl*. University of Minnesota Press, Minneapolis.

Beissinger SR, Tygielski S and Elderd B (1998) Social constraints on the onset of incubation in a Neotropical parrot: a nestbox addition experiment. *Animal Behaviour* 55: 21–32.

Belles-Isles JC and Picman J (1986) House wren nest-destroying behavior. *Condor* 88: 190–193.

Bensch S and Hasselquist D (1994) Higher rate of nest loss among primary than secondary females: infanticide in the great reed warbler? *Behavioral Ecology and Sociobiology* 35: 309–317.

Bertram BCR (1975) Social factors influencing reproduction in wild lions. *Journal of Zoology* 177: 463–482.

Bertram BCR (1992) *The Ostrich Communal Nesting System*. Princeton University Press, Princeton.

Bize P, Roulin A and Richner H (2003) Adoption as an offspring strategy to reduce ectoparasite exposure. *Proceedings of the Royal Society B* 270: S114–116.

Boggess JE (1979) Troop male membership change and infant killing in langurs (*Presbytis entellus*). *Folia Primatologica* 32: 65–107.

Bonebrake TC and Beissinger SR (2010) Predation and infanticide influence ideal free choice by a parrot occupying heterogeneous tropical habitats. *Oecologia* 163: 385–393.

Bortolotti GR, Wiebe KL and Iko WM (1991) Cannibalism of nestling American kestrels by their parents and siblings. *Canadian Journal of Zoology* 69: 1447–1453.

Boves TJ, Buehler DA and Boves NE (2011) Conspecific egg destruction by a Female Cerulean Warbler. *Wilson Journal of Ornithology* 123: 401–403.

Brown CR and Brown MB (1989) Behavioral dynamics of intraspecific brood parasitism in colonial cliff swallows. *Animal Behaviour* 37: 777–796.

Brown JL (1969) Territorial behavior and population regulation in birds: a review and re-evaluation. *Wilson Bulletin* 81: 293–329.

Brown JL (1974) Alternate routes to sociality in jays—with a theory for the evolution of altruism and communal breeding. *American Zoologist* 14: 63–80.

Brown JL (1978) Avian communal breeding systems. *Annual Review of Ecology and Systematics* 9: 123–155.

Brown KM (1996) *Proximate and ultimate causes of adoption in ring-billed gulls (Larus delawarensis)*. Ph.D. thesis. York University, North York.

Brown KM (1998) Proximate and ultimate causes of adoption in ring-billed gulls. *Animal Behaviour* 56: 1529–1543.

Brown KM and Morris PD (1995) Investigator disturbance, chick movement, and aggressive behavior in ring-billed gulls. *Wilson Bulletin* 107: 140–152.

Brown KM and Lang AS (1996) Cannibalism by color-banded ring-billed gulls. *Colonial Waterbirds* 19: 121–123.

Carrick R (1972) Population ecology of the Australian black-backed magpie, royal penguins, and silver gull. *U.S. Deptartment Internal Wildlife Research Report* 2: 41–99.

Castillo-Guerrero JA, González-Medina E and Mellink E (2014) Adoption and infanticide in an altricial colonial seabird, the Blue-footed Booby: the roles of nest density, breeding success, and sex-biased behavior. *Journal of Ornithology* 155: 135–144.

Chan YH, Zafirah M, Cremades M, Divet M, Teo CHR and Ng S (2007) Infanticide-cannibalism in the Oriental Pied Hornbill *Anthracoceros albirostris*. *Forktail* 23: 170–173.

Chek AA and Robertson RJ (1991) Infanticide in female Tree swallows: a role for sexual selection. *Condor* 93: 454–457.

Choudhury S, Jones CS, Black JM and Prop J (1993) Adoption of young and intraspecific nest parasitism in Barnacle geese. *Condor* 95: 860–868.

Clutton-Brock TH, Brotherton PNM, Smith R, McIlrath GM, Kansky R, Gaynor D, O' Riain MJ and Skinner JD (1998) Infanticide and expulsion of females in a cooperative mammal. *Proceedings of the Royal Society B* 265: 2291–2295.

Cremades M, Lai H, Wong TW, Koh SK, Segran R and Ng SC (2011) Re-introduction of the oriental pied hornbill in Singapore, with emphasis on artificial nests. *Raffles Bulletin of Zoology Supplement* 24: 5–10.

Crook JR and Shields WM (1985) Sexually selected infanticide by adult male barn swallows. *Animal Behaviour* 33: 754–761.

Curtin RA and Dolhinow P (1978) Primate social behavior in a changing world. *American Scientist* 66: 468–475.

Daigre M, Arce P and Simeone A (2012) Fledgling Peruvian Pelicans (*Pelecanus thagus*) attack and consume younger unrelated conspecifics. *Wilson Journal of Ornithology* 124: 603–607.

Davis JWF and Dunn EK (1976) Intraspecific predation and colonial breeding in lesser black-backed gulls *Larus fusdus*. *Ibis* 118: 65–77.

Davies NB, Brooke M de L and Kacelnik A (1996) Recognition errors and probability of parasitism determine whether reed warblers should accept or reject mimetic cuckoo eggs. *Proceedings of the Royal Society B* 263: 925–931.

Dyrcz A (1986) Factors affecting facultative polygyny and breeding results in the great reed warbler (*Acrocephalus arundinaceus*). *Journal of Ornithology* 127: 447–461.

Eadie JM, Kehoe FP and Nudds TD (1988) Pre-hatch and post-hatch brood amalgamation in North American Anatidae: a review of hypotheses. *Canadian Journal of Zoology* 66: 1709–1721.

Ebensperger LA (1998) Strategies and counterstrategies to infanticide in mammals. *Biological Reviews* 73: 321–346.

Edward TC Jr and Collopy MW (1983) Obligate and facultative brood reduction in eagles: an examination of factors that influence fratricide. *Auk* 100: 630–635.

Emlen ST and Wrege PH (1986) Forced copulations and Intra-specific parasitism: Two costs of social living in the White-fronted Bee-eater. *Ethology* 71: 2–29.

Emlen ST, Demong NT and Emlen DJ (1989) Experimental Induction of Infanticide in Female Wattled Jacanas. *Auk* 106: 1–7.

Emlen ST and Wrege PH (1991) Breeding biology of White-fronted Bee-eaters at Nakuru: the influence of helpers on breeding fitness. *Journal of Animal Ecology* 60: 309–326.

Emlen ST and Wrege PH (1992) Parent-offspring conflict and the recruitment of helpers among bee-eaters. *Nature* 356: 331–333.

Emlen ST, Wrege PH and Demong NJ (1995) Making decisions in the family: an evolutionary perspective. *American Scientist* 83: 148–157.

Ezaki Y (1990) Female choice and the cause and adpativeness of polygyny in great reed warblers. *Journal of Animal Ecology* 59: 103–119.

Feare C (1984) *The starling*. Oxford University Press, Oxford.

Fenske B and Burley NT (1995) Responses of zebra finches (*Taeniopygia guttata*) to experimental intraspecific brood parasitism. *Auk* 112: 415–420

Franke A, Galipeau P and Nikolaiczuk L (2013) Brood reduction by infanticide in peregrine falcons. *Arctic* 66: 226–229.

Freed LA (1986) Territory takeover and sexually selected infanticide in tropical house wrens. *Behavioral Ecology and Sociobiology* 19: 197–206.

Fujioka M (1986) Infanticide by a male parent and by a new female mate in colonial

Egrets. *Auk* 103: 619–621.
藤岡正博 (1992) 鳥類における子殺し, 『動物社会における共同と攻撃』(伊藤嘉昭編), 111–160, 東海大学出版会.
Goldstein H, Eisikovitz D and Yom-Tov Y (1986) Infanticide in the Palestine sunbird. *Condor* 88: 528–529.
Gwynn AM (1953) The egg-laying and incubation periods of rockhopper, macaroni and gentoo penguins. *Australian National Antarctic Research Expedition Reports Series B* 1: 1–29.
Hanssen SA, Erikstad KE, Johnsen V and Bustnes JO (2003) Differential investment and costs during avian incubation determined by individual quality: an experimental study of the common eider (*Somateria mollissima*). *Proceedings of the Royal Society B* 270: 531–537.
Hansson B, Bensch S and Hasselquist D (1997) Infanticide in great reed warblers: secondary females destroy eggs of primary females. *Animal Behaviour* 54: 297–304.
Hansson B, Bensch S and Hasselquist D (2000) The quality and the timing hypotheses evaluated using data on great reed warblers. *Oikos* 90: 575–581.
Haverschmidt F (1949) *The life of the White Stork*. Brill, Leiden.
Hayward JL, Weldon LM, Henson SM, Megna LC, Payne BG and Moncrieff AE (2014) Egg cannibalism in a gull colony increases with sea surface temperature. *Condor* 116: 62–73.
Heinsohn R (2008) The ecological basis of unusual sex roles in reverse-dichromatic eclectus parrots. *Animal Behaviour* 76: 97–103.
Heinsohn R, Legge S and Endler JA (2005) Extreme reversed sexual dichromatism in a bird without sex role reversal. *Science* 309(5734): 617–619.
Heinsohn R, Langmore NE, Cockburn A and Kokko H (2011) Adaptive secondary sex ratio adjustments via sex-specific infanticide in a bird. *Current Biology* 21: 1744–1747.
Honza M and Moskát C (2005) Antiparasite between in response to experimental brood parasitism and multiple parasitism. *Annales Zoologica Fennica* 42: 627–633.
Horsfall J (1984) Brood reduction and avian brood division in coots. *Animal Behaviour* 32: 216–225.
Hotta M (1994) Infanticide in little swifts taking over costly nests. *Animal Behaviour* 47: 491–493.
Hrdy SB (1974) Male-male competition and infanticide among langurs (*Presbytis entellus*) of Abu, Rajasthan. *Folia Primatologica* 22: 19–58.
Hrdy SB (1979) Infanticide among animals: a review, classification, and examination of the implications for the reproductive strategies of females. *Ethology and Sociobiology* 1: 13–40.
Huang WS (2008) Predation risk of whole-clutch filial cannibalism in a tropical skink with maternal care. *Behavioral Ecology* 19: 1069–1074.
Hunt GL Jr and Hunt MW (1975) Reproductive ecology of the western gull: the importance of nest spacing. *Auk* 92: 270–279.
Hunt GL Jr and Hunt MW (1976) Gull chick survival: the significance of growth rates,

timing of breeding and territory size. *Ecology* 57: 62–75.

Ichikawa N (1990) Egg mass destroying behaviour of the female giant water bug *Lethocerus deyrollei* Vuillefroy (Heteroptera: Belostomatidae). *Journal of Ethology* 8: 5–11.

Ichikawa N (1991) Egg mass destroying and guarding behaviour of the giant water bug *Lethocerus deyrollei* Vuillefroy (Heteroptera: Belostomatidae). *Journal of Ethology* 9: 25–29.

Inoue Y, Yoda K, Fujii H, Kuroki H and Niizuma Y (2010) Nest intrusion and infanticidal attack on nestlings in great cormorants *Phalacrocorax carbo*: why do adults attack conspecific chicks? *Journal of Ethology* 28: 221–230.

Jackson WM (1998) Egg discrimination and egg color variability in the Northern Masked Weaver: the importance of conspecific versus interspecific parasitism. In: *Parasitic Birds and Their Hosts* (eds. Rothstein SI and Robinson SK), pp. 407–418, Oxford University Press, Oxford.

Jamieson IG, McRae SB, Simmons RE and Trewby M (2000) High rates of conspecific brood parasitism and egg rejection in coots and moorhens in ephemeral wetlands in Namibia. *Auk* 117: 250–255.

Kahl MP (1972) Comperative ethology of the Ciconiidae. Part 4. The "typical" storks (genera *Ciconia, Sphenorhynchus, Dissoura,* and *Euxenura*). *Zeitschrift für Tierpsychologie* 30: 225–252.

Kalmbach E (2006) Why do goose parents adopt unrelated goslings? a review of hypotheses and empirical evidence, and new research questions. *Ibis* 148: 66–78.

Kasahara S, Yamaguchi Y, Mikami OK and Ueda K (2014) Conspecific egg removal behaviour in Eurasian Tree Sparrow *Passer montanus*. *Ardea* 102: 47–52.

Kendra PE, Roth RR and Tallamy DW (1988) Conspecific brood parasitism in the house sparrow. *Wilson Bulletin* 100: 80–90.

Kermott LH, Johnson LS and Merkle MS (1991) Experimental evidence for the function of mate replacement and infanticide by males in a north-temperate population of house wrens. *Condor* 93: 630–636.

北村亘（2015）ツバメの謎：ツバメの繁殖行動は進化する!? 誠文堂新光社.

Koenig WD (1980a) The determination of runt eggs in birds. *Wilson Bulletin* 92: 103–107.

Koenig WD (1980b) The incidence of runt eggs in woodpeckers. *Wilson Bulletin* 92: 169–176.

Koenig WD and Mumme RL (1987) *Population Ecology of the Cooperatively Breeding Acorn Woodpecker*. Princeton University Press, Princeton.

Koenig WD, Mumme RL, Stanback MT and Pitelka FA (1995) Patterns and consequences of egg destruction among joint-nesting acorn woodpeckers. *Animal Behaviour* 50: 607–621.

Komdeur J (1992) Importance of habitat saturation and territory quality for evolution of cooperative breeding in the Seychelles warblers. *Nature* 358: 493–495.

Komdeur J, Magrath MJ and Krackow S (2002) Pre-ovulation control of hatchling sex ratio in the Seychelles warbler. *Proceedings of the Royal Society B* 269: 1067–1072.

Korňan M and Macek M (2011) Parental infanticide followed by cannibalism in Golden

Eagles (*Aquila chrysaetos*). *Journal of Raptor Research* 45: 95–96.
Klosowski G, Klosowski T and Zieliński P (2002) A case of parental infanticide in the black stork *Ciconia nigra*. *Avian Science* 2: 56–59.
Lahti DC and Lahti AR (2002) How precise is egg discrimination in weaverbirds? *Animal Behaviour* 63: 1135–1142.
Lamey TC (1990) Hatch asynchrony and brood reduction in penguins. In: *Penguin Biology* (eds. Davis LS and Darby J), pp.399–416, Academic Press, New York.
Lamey TC (1992) *Egg-size differences, hatch asynchrony, and obligate brood reduction in crested penguins*. Ph.D. thesis. University of Oklahoma, Norman.
Lamey TC (1993) Territorial aggression, timing of egg loss, and egg size differences in rockhopper penguins, *Eudyptes c. chrysocome*, on New Island, Falkland Island. *Oikos* 66: 293–297.
Larsson K, Tegelstrom H and Forslund P (1995) Intraspecific nest parasitism and adoption of young in the barnacle goose: effects on survival and reproductive performance. *Animal Behaviour* 50: 1349–1360.
Lazarus J and Inglis IR (1986) Shared and unshared parental investment, parent-offspring conflict and brood size. *Animal Behaviour* 34: 1791–1804.
Lee W, Seo K, Kim W, Choe JC and Jabłoński P (2011) Non-parental infanticide in a dense population of the Black-billed Magpie (*Pica pica*). *Journal of Ethology* 29: 401–407.
Leisler B, Heidrich P, Schulze-Hagen K and Wink M (1997) Taxonomy and phylogeny of reed warblers (genus Acrocephalus) based on mtDNA sequences and morphology. *Journal für Ornithologie* 138: 469–496.
Leonard ML (1990) Polygyny in marsh wrens: asynchronous settlement as an alternative to the polygyny-threshold. *American Naturalist* 136: 446–458.
Leonard M and Picman J (1987) Nesting mortality and habitat selection by Marsh Wrens. *Auk* 104: 491–495.
Ligon JD and Burt DB (2004) Evolutionary origins. In: *Ecology and Evolution of Cooperative Breeding in Birds* (eds. Koenig WD and Dickinson JL), pp.5–34, Cambridge University Press, Cambridge.
Ligon JD and Ligon SH (1990) Green woodhoopoes: life history traits and sociality. In: *Cooperative Breeding in Birds: Long-term Studies of Ecology and Behavior* (eds. Stacey PB and Koenig WD), pp.31–66, Cambridge University Press, Cambridge.
Lobato E, Moreno J, Merino S, Sanz JJ, Arriero E, Morales J, Tomás G and la Puente JM (2006) Maternal clutch reduction in the pied flycatcher *Ficedula hypoleuca*: an undescribed clutch size adjustment mechanism. *Journal of Avian Biology* 37: 637–641.
Loflin RK (1983) *Communal behaviours of the smooth-billed ani (Crotophaga ani)*. PhD thesis. University of Miami, Miami.
Loftin RW and Roberson D (1983) Infanticide by a purple martin. *Wilson Bulletin* 95:146–148.
Lombardo MP, Power HW, Stouffer PC, Romagnano LC and Hoffenberg AS (1989) Egg removal and intraspecific brood parasitism in the European Starling (*Sturnus vulgaris*).

Behavioral Ecology and Sociobiology 24: 217–223.
López de Hierro M and Ryan PG (2008) Nest defence and egg rejection in the house sparrow (*Passer domesticus*) as protection against conspecific brood parasitism. *Behaviour* 145: 949–964.
López de Hierro MDG and Moreno-Rueda G (2010) Egg-spot pattern rather than egg colour affects conspecific egg rejection in the house sparrow (*Passer domesticus*). *Behavioral Ecology and Sociobiology* 64: 317–324.
Lundberg A and Alatalo RV (1992) *The pied flycatcher*. Academic Press, New York.
Lyon BE (1993a) Conspecific brood parasitism as a flexible female reproductive tactic in American coots. *Animal Behaviour* 46: 911–928.
Lyon BE (1993b) Tactics of parasitic American coots: host choice and the pattern of egg dispersion among host nests. *Behavioral Ecology and Sociobiology* 33: 87–100.
Lyon BE (2003) Egg recognition and counting reduce costs of avian conspecific brood parasitism. *Nature* 422: 495–499.
Lyon BE and Eadie JM (2008) Conspecific brood parasitism in birds: A life-history perspective. *Annual Review of Ecology, Evolution, and Systematics* 39: 343–363.
Macedo RHF and Bianchi CA (1997) When birds go bad: circumstantial evidence for infanticide in the communal South-American Guira Cuckoo. *Ethology, Ecology and Evolution* 9: 45–54.
Macedo RHF and Melo C (1999) Confirmation of Infanticide in the Communally Breeding Guira Cuckoo. *Condor* 116: 847–851.
Macedo RHF, Cariello M and Muniz L (2001) Context and frequency of infanticide in communally breeding Guira cuckoos. *Condor* 103: 170–175.
Macedo RHF, Quinn JS and Lima MR (2004) Reproductive skew and individual strategies: infanticide or cooperation? *Acta Ethologica* 8: 92–102.
Manica A (2002) Filial cannibalism in teleost fish. *Biological Reviews* 77: 261–277.
Markham AC and Watts BD (2007) Documentation of infanticide and cannibalism in Bald eagles. *Journal of Raptor Research* 41: 41–44.
McRae SB (1995) Temporal variation in responses to intraspeci.c brood parasitism in the moorhen. *Animal Behaviour* 49: 1073–1088.
Mock HW (1984) Infaticide, siblicide, and avian nestling mortality. In: *Infanticide: comparative and evolutionary perspectives* (eds. Hausfater G and Hrdy SB), pp.3–30. Aldine, New York.
Mock DW, Lamey TC and Ploger BJ (1987) Proximate and ultimate roles of food amount in regulating egret sibling aggression. *Ecology* 68: 1760–1772.
Mock DW, Drummond H and Stinson CH (1990) Avian siblicide. *American Scientist* 78: 438–449.
Møller AP (1987) Intraspecficic nest parasitism and anti-parasite behaviour in swallows *Hirundo rustica*. *Animal Behaviour* 35: 247–254.
Møller AP (1988a) Infanticidal and anti-infanticidal strategies in the swallow *Hirundo rustica*. *Behavioral Ecology and Sociobiology* 22: 365–371.
Møller AP (1988b) Female choice selects for male sexual tail ornaments in the monogamous swallow. *Nature* 332: 640–642.

Møller AP (1990) Male tail length and female mate choice in the monogamous swallow *Hirundo rustica*. *Animal Behaviour* 39: 458–465.

Møller AP (1992) Sexual selection in the monogamous barn swallow (*Hirundo rustica*). II. Mechanisms of sexual selection. *Journal of Evolutionary Biology* 5: 603–624.

Møller AP (1994) *Sexual Selection and the Barn Swallow*. Oxford University Press, Oxford.

Møller AP (2004) Rapid temporal change in frequency of infanticide in a passerine bird associated with change in population density and body condition. *Behavioral Ecology* 15: 462–468.

Moreno J and Sanz JJ (1994) The relationship between the energy expenditure during incubation and clutch size in the pied flycatcher *Ficedula Hypoleuca*. *Journal of Avian Biology* 25: 125–130.

Moskát C, Hauber ME, Avilés JM, Bán M, Hargitai R and Honza M (2009) Increased host tolerance of multiple cuckoo eggs leads to higher fledging success of the brood parasite. *Animal Behaviour* 77: 1281–1290.

Mumme RL, Koenig WD and Pitelka FA (1983) Reproductive competition in the communal acorn woodpecker: sisters destroy each other's eggs. *Nature* 306: 583–584.

Murray LD (2014) Video Evidence of Infanticide by a Female Red-winged Blackbird. *Wilson Journal of Ornithology* 126: 147–151.

Nelson JB (1978) *The Sulidae*. Oxford University Press, Oxford.

Nelson-Flower MJ, Hockey PA, O'Ryan C, English S, Thompson AM, Bradley K, Rose R and Ridley AR (2013) Costly reproductive competition between females in a monogamous cooperatively breeding bird. *Proceedings of the Royal Society B* 280: doi: 10.1098/rspb.2013.0728.

Newton I (1986) *The Sparrowhawk*. T. and A. D. Poyser Ltd., Staffordshire.

Ng SC, Lai H, Cremades M, Lim MTS and Tali SBM (2011) Breeding observations on the Oriental pied hornbill in nest cavities and in artificial nests in Singapore, with emphasis on infanticide-cannibalism. *Raffles Bulletin of Zoology Supplement* 24: 15–22.

Ohmart RD (1973) Observations on the breeding adaptations of the roadrunner. *Condor* 75: 140–149.

Okuda N and Yanagisawa Y (1996) Filial cannibalism in a parental mouthbrooding fish in relation to mate availability. *Animal Behaviour* 52: 307–314.

Orians GH (1969) On the Evolution of Mating Systems in Birds and Mammals. *American Naturalist* 103: 589–603.

Osorio-Beristain M and Drummond H (2001) Male boobies expel eggs when paternity is in doubt. *Behavioral Ecology* 12: 16–21.

Packer C and Pusey AE (1983) Adaptations of female lions to infanticide by incoming males. *American Naturalist* 121: 716–728.

Parsons J (1971) Cannibalism in herring gulls. *British Birds* 64: 528–537.

Patterson IJ (1965) Timing and spacing of broods in the Black-headed Gulls, *Larus ridibundus*. *Ibis* 107: 433–459.

Picman J (1977a) Destruction of eggs by Long-billed Marsh Wren (*Telmatodytes palustris*

palustris). *Canadian Journal of Zoology* 55: 1914–1920.
Picman J (1977b) Intraspecific nest destruction in the Long-billed Marsh Wren (*Telmatodytes palustris palustris*). *Canadian Journal of Zoology* 55: 1997–2003.
Picman J and Picman AK (1980) Destruction of nests by the Short-billed Marsh Wren. *Condor* 82: 176–179.
Picman J, Pribil S and Picman AK (1996) The effect of intraspecific egg destruction on the strength of Marsh wren eggs. *Auk* 113: 599–607.
Pinxten R, Eens M and Verheyen RF (1991a) Conspecific nest parasitism in the European Starling. *Ardea* 79: 15–30.
Pinxten R, Eens M and Verheyen RF (1991b) Responses of male starlings to experimental intraspecific brood parasitism. *Animal Behaviour* 42: 1028–1030.
Pinxten R, Eens M and Verheyen RF (1993) Male and female nest attendance during incubation in the facultatively polygynous European starlings. *Ardea* 81: 125–133.
Pinxten R and Eens M (1994) Male feeding of nestlings in the facultative polygynous European starlings: allocation patterns and effect on female reproductive success. *Behaviour* 129: 113–140.
Pinxten R, Eens M and Verheyen RF (1995) Responce of male European Starlings to experimental removal of their mate during different stages of the breeding cycle. *Behaviour* 132: 301–317.
Prevett JP and MacInnes CD (1980) Family and other social groups in Snow geese. *Wildlife Monographs* 71: 1–46.
Pribil S and Picman J (1991) Why House Wrens destroy clutches of other birds: a support for the nest site competition hypothesis. *Condor* 93: 184–185.
Procter DC (1975) The problem of chick loss in the south polar skua *Catharacta maccormicki*. *Ibis* 117: 452–459.
Prokop P, Trnka R and Trnka A (2009) First videotaped infanticide in the common pochard *Aythya ferina*. *Biologia* 64: 1016–1017.
Quinn JS, Whittingham LA and Morris RD (1994) Infanticide in skimmers and terns: side effects of territorial attacks or inter-generational conflict? *Animal Behaviour* 47: 363–367.
Quinn MS and Holroyd GL (1989) Nestling and egg destruction by House Wrens. *Condor* 91: 206–207.
Redondo T, Tortosa FS and de Reyna LA (1995) Nest switching and alloparental care in colonial white storks. *Animal Behaviour* 49: 1097–1110.
Reid JM, Monaghan P and Nager RG (2002) Incubation and the costs of reproduction. In: *Avian Incubation. Behaviour, Environment and Evolution* (ed. Deeming DC), Oxford University Press, Oxford.
Renton K (2004) Agonistic interactions of nesting and nonbreeding macaws. *Condor* 106: 354–362.
Richardson DS, Jury FL, Blaakmeer K, Komdeur J and Burke T (2001) Parentage assignment and extra-group paternity in a cooperative breeder, the Seychelles warbler (*Acrocephalus sechellensis*). *Molecular Ecology* 10: 2263–2273.
Richardson DS, Burke T and Komdeur J (2002) Direct benefits and the evolution of

female-biased cooperative breeding in Seychelles warblers. *Evolution* 56: 2313–2321.

Ritchison G and Ritchison BT (2010) Infanticide by an Eastern Phoebe. *Wilson Journal of Ornithology* 122: 620–622.

Richdale LE (1941) The erect-crested penguins (*Eudyptes sclateri*: Buller). *Emu* 41: 25–53.

Roberts BD and Hatch SA (1994) Chick movement and adoption in a colony of Black-legged kittiwakes. *Wilson Bulletin* 106: 289–298.

Robertson RJ (1990) Tactics and counter-tactics of sexually selected infanticide in tree swallows. In: *Population biology of passerine birds* (eds. Blondel J, Gosler A, Lebreton JD and McCleery R), pp. 381–390, Springer-Verlag Berlin Heidelberg, New York.

Robertson RJ and Stutchbury BJ (1988) Experimental evidence for sexually selected infanticide in tree swallows. *Animal Behaviour* 36: 749–753.

Rohwer S (1986) Selection for adoption versus infanticide by replacement "mates" in birds. *Current Ornithology* 3: 353–395.

Saino N, Fasola M and Crocicchia E. (1994) Adoption behavior in little and common terns (Aves: Sternidae): chick benefits and parents' fitness costs. *Ethology* 97: 294–309.

Sato NJ, Tokue K, Noske RA, Mikami OK and Ueda K (2010) Evicting cuckoo nestlings from the nest: a new anti-parasitism behaviour. *Biology Letters* 6: 67–69.

Sherman PT (2003) Intergroup Infanticide in Cooperatively Polyandrous White-winged Trumpeters (*Psophia leucoptera*). *Wilson Bulletin* 115: 339–342.

Shizuka D and Lyon BE (2010) Coots use hatch order to learn to recognize and reject conspecific brood parasitic chicks. *Nature* 463: 223–226.

Shimada T, Kuwabara K, Yamakoshi S and Shichi T (2002) A case of infanticide in the spot-billed duck in circumstances of high breeding density. *Journal of Ethology* 20: 87–88.

Simmons R (1988) Offspring quality and the evolution of cainism. *Ibis* 130: 339–357.

Simons LS and Simons LH (1990) Experimental Studies of Nest-Destroying Behavior. *Condor* 92: 855–860.

Smith HG, Wennerberg L and von Schantz T (1996) Adoption or infanticide: options of replacement males in the European starling. *Behavioral Ecology and Sociobiology* 38: 191–197.

Soler M, Ruiz-Castellano C, del Carmen Fernández-Pinos M, Rösler A, Ontanilla J and Pérez-Contreras T (2011) House sparrows selectively eject parasitic conspecific eggs and incur very low rejection costs. *Behavioral Ecology and Sociobiology* 65: 1997–2005.

Sommer V and Mohnot SM (1985) New observation on infanticides among hanuman langurs (*Presbytis entellus*) near Jodhpur (Rajasthan, India). *Behavioral Ecology and Sociobiology* 16: 245–248.

Stacey PB and Edwards TC Jr (1983) Possible cases of infanticide by immigrant females in a group-breeding bird. *Auk* 100: 731–733.

St Clair CC (1992) Incubation behavior, brood patch formation, and obligate brood reduction in Fiordland crested penguins. *Behavioral Ecology and Sociobiology* 31:

409–416.
St Clair CC, Waas JR, St Clair RC and Boag PT (1995) Unfit mothers? Maternal infanticide in royal penguins. *Animal Behaviour* 50: 1177–1185.
Stephens ML (1982) Mate take over and possible infanticide by a female northern jacana (*Jacana spinosa*). *Animal Behaviour* 40: 1253–1254.
Stoleson SH and Beissinger SR (1995) Hatching asynchrony and the onset of incubation in birds, revisited: When is the critical period? *Current Ornithology* 12: 191–270.
Stouffer PC, Kennedy ED and Power HW (1987) Recognition and removal of intraspecific parasite eggs by starlings. *Animal Behaviour* 35: 1583–1584.
Sugiyama Y (1965) On the social change of hanuman langurs (*Presbytis entellus*) in their natural conditions. *Primates* 6: 381–417.
Sugiyama Y (1966) An artifitial social change in a hanuman langur troop (*Presbytis entellus*). *Primates* 7: 41–72.
Swenson JE (2003) Implications of sexually selected infanticide for the hunting of large carnivores. In: *Animal behavior and wildlife conservation* (eds. Festa-Bianchet M and Apollonio M), pp.171–190, Island Press, Washington DC.
Swenson JE, Sandegren F, Söderberg A, Bjärvall A, Franzén R and Wabakken P (1997) Infanticide caused by hunting of male bears. *Nature* 386: 450–451.
高橋雅雄（2013）オオセッカの個体群動態と繁殖場所選択に関する行動生態学的研究―階層的な空間スケールでの選択要因の解明―．立教大学博士論文（理学）．
Tella J, Forero M, Donazar J, Negro J and Hiraldo F (1997) Nonadaptive adoptions of nestlings in the colonial lesser kestrel: proximate causes and fitness consequences. *Behavioral Ecology and Sociobiology* 40: 253–260.
Tortosa FS and Redondo T (1992) Motives for parental infanticide in White Storks Ciconia ciconia. *Ornis Scandinavica* 23: 185–189.
Trail PW, Strahl SD and Brown JL (1981) Infanticide in relation to individual and flock histories in a communally breeding bird, the Mexican jay (*Aphelocoma ultramarina*). *American Naturalist* 118: 72–82.
Trnka A, Prokop P and Batáry P (2010) Infanticide or interference: Does the great reed warbler selectively destroy eggs?. *Annales Zoologica Fennica* 47: 272–277.
Trumbo ST (1990) Reproductive benefits of infanticide in a biparental burying beetle *Nicrophorus orbicollis*. *Behavioral Ecology and Sociobiology* 27: 269–273.
Urano E (1985) Polygyny and the breeding success of the great reed warbler *Acrocephalus arundinaceus*. *Researches on Population Ecology* 27: 393–412.
Urano E (1990) Factors affecting the cost of polygynous breeding for female great reed warblers (*Acrocephalus arundinaceus*). *Ibis* 132: 584–594.
Urrutia LP and Drummond H (1990) Brood reduction and parental infanticide in Heermann's gull. *Auk* 107: 772–774.
van Schaik CP (2000) Social counterstrategies against infanticide by males in primates and other mammals. In: *Primate males: causes and consequences of variation in group composition* (ed. Kappeler PM), pp.34–52, Cambridge University Press, Cambridge.
Vehrencamp SL (1977) Relative fecundity and parental effort in communally nesting anis, *Crotophaga sulcirostris*. *Science* 197: 403–405.

Veiga JP (1990a) Infanticide by male and female house sparrows. *Animal Behaviour* 39: 496–502.

Veiga JP (1990b) Sexual conflict in the house sparrow: interference between polygynously mated females versus asymmetric male investment. *Behavioral Ecology and Sociobiology* 27: 345–350.

Veiga JP (1993) Prospective infanticide and ovulation retardation in free-living house sparrows. *Animal Behaviour* 45: 43–46.

Veiga JP (2000) Infanticide by male birds. In: *Infanticide by Males and its Implications* (eds. van Schaik CP and Janson CH), pp.198–220, Cambridge University Press, Cambridge.

Veiga JP (2003) Infanticide by male house sparrows: gaining time or manipulating females? *Proceedings of the Royal Society B* 270: S87–S89.

Veiga JP (2004) Replacement female house sparrows regularly commit infanticide: gaining time or signaling status? *Behavioral Ecology* 15: 219–222.

Waltman JR and Beissinger SR (1992) Breeding behavior of the Green-rumped Parrotlet. *Wilson Bulletin* 104: 65–84.

Warham J (1975) The crested penguins. In: *Biology of Penguins* (ed. Stonehouse B), pp.189–269, MacMillan, London.

Watanuki Y (1988) Intraspecific Predation and Chick Survival: Comparison among Colonies of Slaty-Backed Gulls. *Oikos* 53: 194–202.

Williams AJ (1980) Offspring reduction in macaroni and rockhopper penguins. *Auk* 97: 754–759.

Williams TD (1989) Aggression, incubation behaviour and egg loss in macaroni penguins, *Eudyptes chrysolophus*, at South Georgia. *Oikos* 55: 19–22.

Wilson JD (1992) A probable case of sexually selected infanticide by a male Dipper *Cinclus cinclus*. *Ibis* 134: 188–190.

Woolfenden GE and Fitzpatrick JW (1984) *The Florida Scrub Jay: Demography of Cooperative Breeding Bird*. Princeton University Press, Princeton.

Wrege PH and Emlen ST (1991) Breeding seasonality and reproductive success of White-fronted Bee-eaters in Kenya. *Auk* 108: 673–687.

Yamaguchi Y (1997) Intraspecific nest parasitism and anti-parasite behavior in the grey starling, *Sturnus cineraceus*. *Journal of Ethology* 15: 61–68.

Yoerg SI (1990) Infanticide in the Eurasian Dipper. *Condor* 92: 775–776.

Yom-Tov Y (1974) The effect of food and predation on breeding density and success, clutch size and laying date of the crow (*Corvus corone* L.). *Journal of Animal Ecology* 43: 479–498.

Yom-Tov Y (2001) An updated list and some comments on the occurrence of intraspecific nest parasitism in birds. *Ibis* 143: 133–143.

米川洋・川辺百樹（1997）オオタカの子殺し．ひがし大雪博物館研究報告 19: 49–54.

Young EC (1963) The breeding behaviour of the South Polar skua, *Catharacta maccormicki*. *Ibis* 105: 203–233.

Zieliński P (2002) Brood reduction and parental infanticide - are the White Stork *Ciconia ciconia* and the Black Stork *C. nigra* exceptional? *Acta Ornithologica* 37: 113–119.

第7章

騙しを見破るテクニック 卵の基準,雛の基準
――託卵鳥・宿主の軍拡競争の果てに

田中啓太

　大きく開けたカッコウの雛の口の中に，まるで頭から飲み込まれそうになりながら餌を与えているヨシキリなどの写真を見たことがある読者もいるだろう。こうした鳥は，自身の子とは似ても似つかない容貌であるにもかかわらず，カッコウの雛を自身の子と錯覚し，せっせと餌を与えている。餌を与えている相手がヨシキリの雛であれば，疑問に思う人は少ないだろう。親にとっての子は次世代に自身の遺伝子の複製を広めてくれる存在であるため，親が自身の子を献身的に育て，子が生存する可能性をできるかぎり増やすのは当然と言える。しかし，カッコウのような親子の絆をむさぼる寄生者がいるような状況では，相手を選ばない盲目的な子育ては，自身の遺伝子を絶やしてしまう事態を招きかねない。そのため，中にはカッコウの卵や雛を自身の産んだ卵やその卵から孵った雛と見分け，捨ててしまう鳥も知られている。本章では託卵鳥の戦略を卵と雛の段階で分け，それぞれどのような制約や淘汰圧にさらされており，そしてどのような宿主の対抗戦略を生み出しているのかを検討し，託卵の謎を紐解く手がかりについて考える。

　託卵，もしくは育児寄生とは親による子への養育行動を搾取する社会寄生の一形態である。中でも自身では子育てを全く行わず，他種の巣に卵を産み込んで雛を育てさせることでのみ子孫を残す繁殖形態を，絶対的託卵性

(obligate brood parasitism) という。鳥類約 1 万種のうち約 100 種（1%）が絶対的托卵鳥であるとされており，以下の 4 目 5 科でみつかっている：カモ目カモ科；カッコウ目カッコウ科；キツツキ目ミツオシエ科；スズメ目ムクドリモドキ科・テンニンチョウ科である（Davies 2000; Payne 2005）。これまでカッコウを中心に，コウウチョウやテンニンチョウ類などを用いた研究が多く行われてきた（Davies 2000, 2011）。

托卵・養育労働寄生は鳥類以外でも知られており（Davies et al. 1989），アフリカ・タンガニィカ湖に生息する口腔保育を行うシクリッド類（カワスズメ科）に托卵するカッコウナマズが有名である（Sato 1986）。昆虫でも，寄生アリ（Wilson 1971; Aron et al. 1999）や，アリ類に寄生するシジミチョウ（Barbero et al. 2009）だけでなく，同じくヤマクロヤマアリに寄生するハナアブ（Elmes et al. 1999）や，他種の糞虫（マグソコガネ類・ダイコクコガネ類）に寄生する糞虫（González-Megías and Sánchez-Piñero 2004），シデムシ（Trumbo et al. 2001）やスズメバチ（Reed and Akre 1983）など多岐に渡り，養育行動を行う分類群で托卵は比較的一般的な行動であることが近年の研究から明らかとなっている。

養育は決して安価な労働ではない。子への給餌や子の保護は，親の採食効率を著しく低下させるだけでなく，時には直接生命を落とす危険をもたらすこともある（Owens and Bennett 1992）。従って，養育への寄生は宿主の適応度の低下をもたらし，宿主側の対抗策として対寄生者防衛戦略の進化を誘発することになる（Payne 1977; Rothstein 1990; Davies 2000, 2011）。寄生された宿主が自身の適応度を確保するためには寄生を試みる親個体を攻撃して寄生される可能性を排除するか，もしくは寄生された卵や，雛，幼虫などを自身の巣から排除する必要がある。そのためには寄生者の何らかの特徴を検知して同所的に存在する他種や自身の子と正しく区別し，そして排除するという二つの段階が必要となる。一方，宿主にこのような排除能力が進化すると寄生者は子孫を残せなくなるため，宿主が区別できないような特徴をもった寄生者だけが進化の中で生き残ることになる。これが擬態，つまり騙しである。寄生者が精巧な擬態を獲得すれば，当然，さらに高い識別能をもつ宿主が選択され，擬態と識別能には進化的に正のフィードバックが働くこと

になる。このような騙し合いの進化は軍拡競争の共進化と形容される（Dawkins and Krebs 1979; Rothstein 1990; Davies 2000）。本稿ではこれまでの托卵鳥に関する研究を紹介した上で，最新の研究を踏まえ，今後の托卵研究における展望を示す。

1. 騙しの信号のモダリティ——似ている卵，似ていない雛

　托卵という現象を生物学的に捉える上で重要となるのが，寄生者が発している騙しの信号である。現在われわれが目にしている托卵鳥の卵や雛はたとえ部分的であれ，宿主の卵や雛と共通した特徴をもっている。両者の系統関係を考えると，寄生者がある宿主を利用し始めた原初の状態では，両者が似通っていた可能性は低いと考えられる。それにもかかわらず托卵鳥の卵や雛が宿主の卵や雛それぞれと共通する特徴をもっているという事実は，寄生者が騙しの信号を進化的に獲得したことを意味している。例えば雛の鮮やかな口内色を考えてみると，托卵を開始した初期の段階では托卵という習性を獲得する前に親子間で使われていた祖先形質にすぎず，宿主の仮親がそのような刺激に反応して餌を与えたのは偶然の産物といえよう。つまり，この段階では鮮やかな口内色は単なる手がかり（cue；Maynard Smith and Harper 2004）だったことになる。ところが，長い托卵の進化の歴史を経ることで，ライバルより効率的に宿主を刺激したり，宿主に寄生者であると認識されたりしないようにするために変化がおき，最終的にはその鮮やかな口内色が，寄生者がその目的を果たすための騙しの信号（signal；Maynard Smith and Harper 2004）へと進化したはずだ。

　ここで注意すべき点は，寄生者が信号として用いている刺激の種類，つまり色彩や音声，匂い（化学物質）などである。それぞれの種類の刺激を受容するメカニズムは大きく異なっており，当然，受信者である宿主の意思決定には異なった経路で影響を与える。そのため，刺激の種類によって異なったタイプの軍拡競争進化が生じる。例えば昆虫では宿主の個体間コミュニケーションでは主に化学物質（フェロモン）が用いられており，寄生者はそれに

似た物質や，場合によっては宿主が用いているフェロモンそのものを使う（Hojo *et al.* 2009）。このような擬態は化学擬態と呼ばれている。一方，鳥類ではフェロモンはさほど多用されておらず，コミュニケーションの手段としては視覚・聴覚信号が主に用いられている（ただし Whittaker *et al.* 2011 を参照）。化学信号は受信者の受容体を介して体内環境へ直接的に作用しうるため，化学信号を多用する昆虫類では非学習性の反応が可能となる。それに対し，視覚・聴覚信号は脳における情報処理の過程が介在するため，托卵鳥に対する宿主の防衛戦略には認知や学習過程が関与する必要が生じている（Lotem *et al.* 1992）。

このように鳥類全般において主としてコミュニケーションに用いられている信号のモダリティを考えると，対寄生者防衛戦略には記憶や学習といった認知過程が関わっているのは間違いないだろう。実際，記憶や，思考に近いプロセスで寄生卵を排除する宿主の存在が知られている（Lotem *et al.* 1992; Moskát *et al.* 2008）。その結果，卵の色や模様において熟練研究者でも見落とすほど精巧な擬態が起こっていることは珍しくない。その一方で，明らかに認識できるはずの違いに対し，宿主が全く反応を示さない状況も存在する。その好例はカッコウの雛に対する宿主の反応である。カッコウの雛は宿主の雛とは全く似ていないにも関わらず，宿主はカッコウ雛に対して無事に独立するまで養育を行う。卵と雛の認識にこのような大きな違いがある事実は，卵や雛といったそれぞれの位相（phase）において異なったプロセスの軍拡競争が起きていることを意味している。特にカッコウ雛の認識に関してはどのような生物学的背景が存在しているか注意深く吟味する必要があるだろう。そこでまず，卵と雛，それぞれの位相においてどのような軍拡競争が起きているのかを先行研究を総括して紹介する。

2. 卵の基準——卵擬態

例えばミツバチ類に擬態するハナアブのような，警告色に対する擬態であるベイツ型擬態では，進化的な動因が信号受信者の学習である場合が多いと

されている（Speed 2000）。一度ミツバチを攻撃した捕食者はミツバチが危険であることを学習して攻撃を避けるようになり，それに便乗する形でハナアブは捕食を回避するのである。托卵鳥の卵擬態においても，宿主の卵認識の獲得について広く支持されているのが刷り込み学習モデルである（Lotem *et al*. 1992; Lotem 1993）。これは，宿主の雌が生涯で最初に産んだ一腹の卵の色や模様を刷り込み学習し，それを基準に托卵かどうかを見極め，学習したものとは異なる模様の卵を排除するというものである。生涯で最初のクラッチが托卵されてしまった場合，その雌はのちの生涯で托卵されるとカッコウ卵を自身の卵と認識して受け入れてしまうが，托卵されなければ子孫は残せる。一方，生涯最初のクラッチで托卵されなかった場合，その後の繁殖で托卵されてもカッコウ卵を排除できるため，たとえ托卵されても繁殖成功を確保できる。この戦略（つまり rejecter）が進化上，安定して存在するためには，カッコウ卵を学習せず，托卵されれば必ずカッコウ卵を受け入れ，その雛を育てる戦略（acceptor）の適応度を上回る必要がある。実際にこの過程を簡単なモデルとして計算してみると，rejecter の適応度は学習によってカッコウ卵を排除できた場合，つまり生涯最初の繁殖で托卵されずに正しく自身の卵斑を刷り込み学習し，その後の繁殖で托卵され，カッコウ卵を排除することで残せた子の数だけ，acceptor の適応度を上回る（Lotem 1993）。この刷り込み学習モデルは実証研究によって支持されている。日本のオオヨシキリでは，1歳の雌は2歳以上の雌と比べてカッコウ卵を受け入れる割合が高かった（Lotem *et al*. 1992）。もし学習が関わっていないのであれば，寄生卵を受け入れる割合は年齢によって変化しないだろう。2歳以上の雌が托卵を排除する割合が高かったということは学習が関与していることを意味している。ただ，全ての1歳雌が卵を受け入れたわけではなかったため，学習以外の効果も無視できないと言える。

　卵の色や模様は種毎に異なるのが一般的である。カッコウ1種が托卵する宿主は複数の種にわたるが，それぞれの種の巣に産み込まれるカッコウの卵は宿主の卵とよく似ている（口絵 6A-E）。つまり，特定の宿主種の卵に対して擬態が起こっているわけである。とくにカッコウの宿主は草原や湿原棲の小鳥類で，ヨシキリのようにカップ型の中が明るい巣を造るため（Davies

2000），外見の違う卵が入っていればよく目立つ。複数の宿主が存在し，それぞれの宿主卵に擬態しているということは，カッコウという一つの種の中に卵色・卵斑に関する大きな種内変異が存在するということを意味する。それぞれの宿主の卵の違いを考えれば，それぞれのカッコウ卵も別種といえるほど異なっているのである。これは，カッコウの雌が宿主の卵を見て，その模様に似せて卵を産み分けているのではなく，おそらく何かしらの遺伝的な要因で決まっているのだろう。これに関する仮説としては，雌に固有の宿主特異的な系統の存在が挙げられる（Davies 2000）。この仮説は，氏族を意味する gens の複数形から，female gentes（母系氏族）仮説と呼ばれている。実際に様々な宿主に托卵したカッコウの DNA を調べてみると，母系遺伝する mtDNA のハプロタイプでは集団の分化が認められたが，核 DNA ではそうした関係は見られなかった（Gibbs *et al.* 2000）。核 DNA は母系・父系ともに遺伝するため，雄のカッコウでは宿主に対応した集団の分化が起こっておらず，どの宿主系統の雌であっても交配を行っていることが示唆された。少なくともカッコウにおいては卵斑を決定している遺伝子は雌性の性染色体である W 染色体上に存在しているのだろう。その卵斑遺伝子が対応している宿主と，雌個体によって選好される宿主が合致することでカッコウ雌の繁殖は成功する。それぞれの宿主が自身の卵にうまく擬態している卵だけを受け入れ，そのような卵を産むカッコウ雌の子孫だけが生き残ることができる。その結果，托卵の歴史が長くなればそれだけ擬態は精巧になり，他の雌系統の卵とは異なっていったわけである。

　卵模様に関して複数の雌系統が存在するシステムはカッコウ以外でも示唆されている。アフリカに生息するテンニンチョウ科の托卵鳥，カッコウハタオリである。この托卵鳥は近年研究が進み，興味深い現象が起きていることが確かめられた。カッコウハタオリの宿主の中にはマミハウチワドリのように，別種と言えるほど卵模様の種内（雌間）変異が非常に大きいものもいれば，アカガオセッカのように比較的種内変異が小さいものもいる。これに呼応するように，カッコウハタオリのハウチワドリに寄生する系統には卵模様に多型が認められ，セッカに寄生する系は多少の変異はあるものの，多型というほどではない（Spottiswoode and Stevens 2011）。クラッチ間変異が大き

く，卵模様に多型が存在することは，宿主にとって非常に都合が良い。なぜなら，托卵鳥が数ある卵模様のうちいくつかだけに擬態したところで，似ていない卵模様の巣へ托卵する確率は高くなり，托卵が排除されやすくなってしまうからである（擬態にも多型が必要ということになる。生物学的な制約は大きいだろう）。そのため，多型を持たない宿主の識別能力は多型を持つ宿主と較べて高くなることが予想される。托卵鳥と宿主の卵色・模様を定量化し（後述），人為托卵実験により個々の宿主個体が拒否した托卵，受け入れた托卵，そして宿主自身の卵の模様を比較した結果，マミハウチワドリに比べてクラッチ間変異の小さいアカガオセッカは，類似度が高くても正しく排除することができた（Spottiswoode and Stevens 2011）。アカガオセッカはマミハウチワドリに比べ，高い識別能をもっているのである。ハウチワドリが持つ卵模様の種内多型が対托卵戦略として独立に進化した可能性は低いだろう。しかし，その適応的意義を考えれば托卵は少なくとも多型の維持には貢献していると言える。そして，それが最終的に宿主成鳥の認知能力にも影響を及ぼしているのだ。

　しかし，学習は万能ではない。寄生率が高く，生涯で最初の繁殖においても托卵される可能性が高いような状況では学習モデルの適応的意義は減少する。そのため，学習だけに頼らないようなメカニズムは進化しうる。巣の中に一つだけ違う模様の卵があったとき，それを識別することは人間の感覚からすれば容易に思える。その一つだけ異なった卵が寄生者のものであれば，宿主にとってそれを排除するのは簡単なことだろう。このような場合，自身の卵の色や模様を学習する必要はない。そこで，65%に至る非常に高い寄生率を受けるハンガリーのニシオオヨシキリで，巣内の卵を一つだけ残して残りの全てに着色するという実験を行った。その結果，学習によって判別宿主は認められたものの，宿主の中には本来ならば自分の卵の模様である，着色されていない卵を排除したものもいた（Moscát *et al.* 2010）。もしこれらの宿主が卵模様の刷り込み学習のみによってカッコウ卵を排除しているのであれば，実験操作によって自身の卵が巣内で少数派であっても，着色された卵を全て排除していたはずである。つまり，この宿主は学習による識別だけでなく，模様によってカテゴリー分けをし，クラッチ内の統一性を乱す少数

派の模様の卵を選択するという，思考のプロセスを経て寄生を判断しているということができる．こうした二重の防衛線により宿主が托卵を排除しているため，カッコウの卵も50%以上の確率で排除されてしまい，その結果非常に精巧な擬態が進化している（口絵6A，B）．同様の実験は20世紀の初頭の日本において，オオヨシキリを用いて行われている（仁部1917）が，上のような傾向は検出されなかった．卵を着色されたオオヨシキリの一部は卵排除をせず，どちらの卵も受け入れたが，残りの個体はその巣内頻度の多寡にかかわらず，着色された卵のみを排除した．ところが，このクラッチ内の統一性という宿主の判断基準を悪用する托卵鳥がいることが最近判明した．先述の通り，マミハウチワドリは雌によって卵の模様が大きく異なっているため，托卵するカッコウハタオリには擬態を成立させることが困難である．しかし，カッコウハタオリの雌には同じ巣に複数回托卵するものがいる．これにより，クラッチ内のカッコウハタオリ卵の頻度が逆転し，中には宿主の卵よりも数が多い巣が出てくる．マミハウチワドリは卵の模様を学習するので，どれが自身の卵か認識しているはずだが，自身の卵が巣内で少数派になると托卵排除の成功率が下がる（Stevens *et al.* 2013）．

　一方，オーストラリアのテリカッコウ類では卵擬態を全く持たない種が多い．宿主の卵は白や白地に赤褐色の斑点があるのに対し，ほとんどのテリカッコウの卵は無地の暗い緑褐色である（口絵6G）．それにも関わらず宿主が卵を識別し，排除している証拠は全くない（Gill 1998; Davies 2000）．これにはおそらく巣内の環境の視覚条件が大きく影響していると考えられる．宿主はオーストラリアムシクイ類やセンニョムシクイ類で，ドーム型の巣を造るため，巣内は暗く，色彩や模様の識別は困難である．そのため，視覚的に擬態させる必要性は低い．さらに，そのような視覚が制限された環境では，精巧な擬態よりも隠蔽色を進化させるほうが，コストを低く抑えられる可能性がある．鳥類の色覚を考慮して（後述）テリカッコウ卵と宿主の巣の内側に用いられている巣材の色を比較すると，暗い巣の中では宿主にはっきり区別できない違いしかないことが判明した（Langmore *et al.* 2009）．さらに，ハシブトセンニョムシクイでは，人為的に巣内に導入された目立つ色の卵を宿主が捨てることすらなかったが，この鳥に托卵するアカメテリカッコウは

そのような卵を選択的に持ち去ることが明らかになった（Gloag *et al.* 2014）。テリカッコウ類の卵色は隠蔽色として進化したと考えられる。唯一，マミジロテリカッコウの卵は宿主卵に擬態しているが，宿主は卵排除をしないことが明らかになっている。マミジロテリカッコウの宿主の巣は開放型が多いので隠蔽色の進化は難しく，カッコウ間競争の結果，擬態が進化したのかもしれない。

　カッコウ卵は色や模様だけでなく，その大きさもそれぞれの宿主の卵の大きさに近くなっている（Moksnes and Røskaft 1995; Antonov *et al.* 2010）。カッコウが小さい卵を産むのは，孵化までの期間をできるだけ短くし，孵化したカッコウの雛が効率よく巣を独占するための適応と考えられている（Payne 1977; Briskie and Sealy 1990; Davies 2000）。というのも，カッコウ科托卵鳥の中でも，雛が孵化後しばらくすると宿主の卵や雛を巣から排除するタイプの種（evictor）では，他と較べて卵サイズが小さいからである（Krüger and Davies 2004）。キマユムシクイの巣に実験的に擬卵を入れると，その大きさがキマユムシクイ卵の範囲内であれば受け入れられるが，それよりも大きいと宿主によって排除されてしまう（Marchetti 1992, 2000）。つまり，カッコウ卵は大きさにおいても擬態が起こっているということである。現時点では宿主がどのようなタイプの刺激，つまり見た目の大きさか，もしくは抱卵の際の触覚のどちらを手がかりに大きさの異なる卵を排除しているかは定かではない。ただ，キマユムシクイの巣はドーム型で中が暗く，そのような状況では色や模様を手がかりにすることが困難であるため，大きさの違いを識別することが有利になったのだろう。ドーム型の巣を造るムシクイ類に托卵するツツドリでは，ときどき非常に細長い卵が見つかる（口絵6H）。これも触覚による卵排除への対抗手段と考えられる。

　一方，多くのカッコウ類は托卵の際，宿主の卵を一つ抜き取るが，この行動がどのような意味を持っているかは明らかではない。巣にある卵の数合わせのために行っている可能性が考えられるが，現時点ではカッコウの宿主が一腹卵数の変化から寄生を検知する証拠は見つかっていない（Lyon 2003を参照）。また，Mikami *et al.*（2015）はカッコウによる卵の抜き去りは，宿主にとっての1クラッチの価値を下げ，それによりカッコウ卵を排除する適

応的意義を下げる効果があることを理論的に示したが，実証研究は待たれる。しかし，種内托卵を行うアメリカオオバンでは卵の数が重要な効果を持っていることが知られている。托卵を受けた雌の中には托卵を排除するもの（rejecter）と，排除しないもの（acceptor）がいる。托卵の排除は産卵が完了したときに行われるが，奇妙なことに rejecter, acceptor の両者において最終的な巣内の卵数に差はない。托卵された卵と宿主の雌が自身で産んだ卵の数を比較してみると興味深い関係があることが判明した。托卵を受け入れる acceptor の巣では寄生卵の数が多いほど宿主自身が産んだ卵が少なくなるのである（Lyon 2003）。このことは，アメリカオオバンは自身で産む卵の数を数えて調節しており，他の雌による托卵を見破れなかった場合，産卵する数を自ら減らしてしまうということを示している。

3. 軍拡競争の果て

多くのカッコウ類の卵は，宿主の卵に色・模様だけでなく，広い意味では大きさや，巣材の色に擬態（つまり隠蔽色）している（Brooke and Davies 1988; Higuchi 1989; Marchetti 1992, 2000; Moksnes and Røskaft 1995; Antonov et al. 2010; Davies 2000, 2011; Spottiswoode and Stevens 2010, 2011; Stoddard and Stevens 2010）。それぞれの擬態のタイプは宿主の巣環境の影響が大きい。開放巣を造る宿主では巣内が明るいため，視覚情報は非常に有効であり，色や模様の擬態が進化しやすい。一方，壺巣のように中が暗い巣では色や模様などの視覚情報の信頼性が低くなるため，宿主を騙すには隠蔽色や大きさ擬態が有効な戦略となる。このように，宿主の巣の構造は宿主がカッコウ卵を排除する際に生じる排除コストにも大きく影響を与える（Davies et al. 1996; Stokke et al. 2002）。排除コストとはつまり，排除行動によって偶発する適応度の損失のことであり，間違って自身の卵を寄生卵とみなして捨ててしまうという誤認や，誤って自身の卵を破損させてしまうことなどが挙げられる。これらの排除コストから宿主が逃れられることはない。例えば先述の通り，色や模様を誤認する確率は内部が暗い巣を造る宿主では

高くなってしまう。一方，縁が高い，深い巣を造る宿主にとって，とくに小型の鳥の場合，カッコウ卵を直接廃棄することは困難である。巣材にカッコウ卵を埋めこんでしまうことは有効な手段だが，これも地上営巣で，巣材の厚みがない巣を造る宿主では不可能なことが多いだろう。また，托卵された巣そのものを放棄してしまうという排除方法も実際に存在する（Moksnes et al. 1991）。しかし，繁殖可能な期間に限りがあり，新たに営巣をするような時間が残されていないような状況では，托卵を排除することで利益を受けられる確率は低くなるため，巣の放棄という戦略も自身で産んだ卵を捨てること以外にもコストを含んでいることになる。カッコウ卵は比較的殻が厚く，硬いことも知られており（Brooker and Brooker 1991），その硬さにより宿主がカッコウ卵を壊すことを諦める行動が観察されている（Antonov et al. 2009）。排除コストが普遍的に存在しているということは，排除コストが托卵されることで生じるコストを下回らない限り，宿主の排除行動は進化せず，その結果擬態も進化しないということを意味している（Takasu et al. 1993）。そのため，全ての宿主が自身の卵と似ていないカッコウ卵を排除するわけではない（Brooke and Davies 1988; Davies et al. 1996; Antonov et al. 2009）。

　カッコウ卵の受け入れは，当然カッコウの雛を育てることを意味し，そういった反応は個体レベルで見れば非適応的である。しかし，ここで注意すべき点は進化が集団レベルで起こる現象であり，ある個体が寄生卵を排除するか受け入れるかは，集団全体に対して確率的に生じる寄生コストと，排除コストのバランスによって決まるということである（Takasu et al. 1993）。つまり，排除コストが高く，寄生コストが低い場合，托卵を排除するより受け入れるほうが結果的に集団内で相対的に高い生涯繁殖成功を達成するので，排除戦略は受け入れ戦略集団に侵入できず，また，存在していても駆逐されてしまうだろう（rare enemy effect；Thompson 1986）。一方，排除コストがそれなりに高くても寄生コストがそれを上回っていれば托卵排除戦略は進化しうるだろう。寄生コストは大きく2種類に分けられる。寄生率（個体群全体での托卵率）と雛の有害性（virulence；Kilner 2005）である。このうちとくに重要なのは雛の有害性で，これは寄生された巣において失われる潜在的な子の割合を意味し，宿主の卵・雛を排除（eviction）するカッコウや，卵

歯のような,孵化直後にのみ嘴先端に鉤を持ち,宿主雛をかみ殺すミツオシエ科 (Davies 2000) では 100% となるので,最も有害性が強いといえる。一方,寄生率は集団中で寄生を受けた巣の割合だが,evictor の寄生者の場合のみ,そのまま寄生コストと考えることができる。

　寄生-排除コストが相殺される場合の例として,カモ類の托卵を考えてみる。カモ科でも托卵性は知られており,中でもズグロガモは自身では営巣を行わない絶対的托卵鳥である。しかし,カモ類の托卵行動は一風変わっており,宿主から隠れ,10 秒程度で托卵を完了させるカッコウ類のそれとは全く異なっている。托卵するカモの雌は,巣で抱卵している宿主の雌の腹の下に潜り込み,宿主の雌を背中に乗せたまま卵を産む。もちろん宿主の雌は寄生雌を全く気にかけておらず,防衛も行わない (Davies 2000)。カッコウの宿主が時にはカッコウの雌を攻撃し,時には死に至らしめるのとは対照的である。なぜこのような違いが生じるかというと,それは宿主に課される寄生コストが低いためであると考えられている。というのも,そもそもカモ類の雛は早成性なので,親鳥は給餌をする必要がなく,さらに,長い抱卵期間中や孵化後も群れを形成している間,捕食者に襲われた場合の希釈効果という利益すら存在する可能性もあるからである (この意味で寄生よりもむしろ共生というほうが定義としては正しいかも知れない)。

　近年,マダラカンムリカッコウに関して,興味深い研究が発表された。イベリア半島から北アフリカにかけて分布するこの托卵鳥は,主にカササギに托卵するのだが,ある個体群に限ってはハシボソガラスのみに托卵する。カササギに比べてハシボソガラスのほうが体サイズが大きいので,マダラカンムリカッコウの繁殖成功はカササギに托卵された場合に比べて低い。一方,托卵されたハシボソガラスの巣は捕食される頻度が低くなっており,托卵されるコストを考慮しても托卵された巣の繁殖成功はされていない巣より高くなっていた (Canesterari *et al.* 2014)。この原因として,カンムリカッコウ雛の糞が挙げられている。ストレスを感じたときにカッコウ類の雛が排泄する糞は通常の白い囊胞上の糞とは異なり,黒い流動体で非常に臭気が強い。Canesterari *et al.* (2014) はこの糞が捕食者に対する忌避効果を持っており,そのためハシボソガラスに対しては寄生者から相利共生者へと変遷が起こっ

たと論じている．実際に糞が捕食回避に効果があるかは確かめられていないが，宿主への托卵コストは恐らく緩和されており，托卵が受け入れられる可能性が高くなっているのだろう．あえて繁殖成功の低いカラスを選ぶ理由もそこにあるのかも知れない．

　その一方で，托卵鳥に寄生されていないにも関わらず，強い対寄生者防衛行動を示すような鳥も存在する．先述の卵の大きさを識別するキマユムシクイ（Marchetti 1992）や，アトリの北欧個体群（Braa *et al.* 1992）がそうである．これらの鳥に共通するのは，食性や巣の構造，周年的な生活史がカッコウの宿主として適しているだけでなく，カッコウの剥製に対して強い攻撃性を見せること，そして寄生卵の識別能が非常に高いことである．これらの特徴から，これらの鳥はかつてカッコウ類の宿主であり，高い頻度で寄生されていたと考えられている．その結果として排除能を獲得したが，托卵鳥に利用されなくなったのちも形質が消失せずに残っているのだろう．それとは対照的に，ヨーロッパヨシキリではカッコウの減少にともない，卵排除行動が急激に消失したことが知られている（Brooke *et al.* 1998）．この消失はあまりにも急激であったため，当初から遺伝的な変化によるものではないと考えられ，近年の研究から宿主個体間における社会的学習が関わっていることが判明した（Davies and Welbergen 2009）．ヨーロッパヨシキリでは近隣縄張りのつがいが行っているモビングがカッコウ相手であった場合，カッコウに対してモビングを行うようになるが，それ以外の鳥へのモビングでは行動に変化が起こらない．

　このようなカッコウ成鳥に対する反応の可塑性は排除コストを考えると非常に重要である．というのも，カッコウの姿は宿主にとって寄生リスクを評価する重要な手がかりとなっており，実際には托卵されていなくてもカッコウの剥製を提示することで卵排除や巣放棄が誘発されることが知られているからである（Moksnes and Røskaft 1989）．排除コストは端的に言えば識別・排除の誤りであるが，行動の発現が条件依存的であればそのコストは軽減されるはずである．とくにヨーロッパヨシキリにおいては寄生を受ける確率が時空間的に大きく変動するため（Røskaft *et al.* 2006），それに対処するためにこうした高度に発達した条件依存戦略が進化したのだろう．

一方，マダラカンムリカッコウのように，卵排除をした宿主の卵を意図的に破壊することで能動的に排除コストを上昇させるような托卵鳥も存在する (Soler *et al.* 1995b)。宿主の対寄生者防衛戦略の進化を阻害するこの様な寄生者の戦略は Zahavi (1979) により，マフィア仮説として提唱された。この仮説は Soler *et al.* (1995b) によって具体的な証拠が見つかるまでは懐疑的にみられていた。というのも，カッコウの宿主がマフィア戦略によって托卵を受け入れたところで，カッコウの雛は巣を独占してしまうため，結局そのように受け入れに転じる宿主は子孫を残せないからである (Davies 2011)。その点，マダラカンムリカッコウの雛は宿主の雛と一緒に育てられるため，寄生雛を育てる宿主が得られる適応度利益はゼロではない。そのため，マフィア戦略が有効になる。近年では同じく宿主雛と一緒に育てられるコウウチョウでもマフィア戦略をとっていることがわかっている (Hoover and Robinson 2007)。

4. 托卵鳥研究における IT 革命

　カッコウと宿主の間に起こっている軍拡競争を科学的に解明する上で，卵擬態の程度を定量化することは非常に重要である。しかし，この色と模様という，2種類のパラメータを定量的に比較することは長年の課題であった。かつて卵色はカラーチャートを用いて肉眼で比較し (Moksnes and Røskaft 1995)，卵斑の類似度はアンケート調査によって調べられていた (Brooke and Davies 1988)。しかし，ヒトであるわれわれ研究者は，鳥には見えている紫外線を見ることができないだけでなく，色覚自体が鳥類のものとは異なっている（詳細は後述）。そのため，鳥が見ている色をヒトの色覚に基づいて吟味することはできない。また模様についても，アンケート調査の精度は信用に足るものであるとはいえ，あくまでも主観に頼った評価にすぎず，定量性・客観性は乏しいと言わざるをえない。しかし近年，比較生理・認知科学と情報技術の発展に伴い，定量的で，かつ鳥類の認知メカニズムにより則した方法が開発された。

第 7 章　騙しを見破るテクニック　卵の基準, 雛の基準

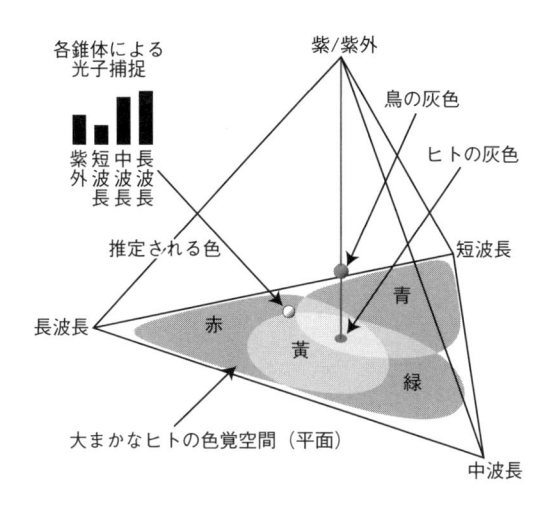

図 1　鳥類とヒトの色覚の違い.
ヒトの 3 色型色覚は正四面体の底面でのみ表現可能であるが，鳥の 4 色型色覚では少なくとも 3 次元の色空間（colour space）が必要になる．ある 2 種類の色は，光受容細胞の感受誤差を考慮した上で，色空間内を識別可能な程度に離れて初めて異なった色として知覚される．正四面体の各頂点は，錐体の種類を示す．Endler and Mielke（2005）より改変.

　まず色については，鳥は紫外線が見えるだけでなく，色覚を担っている網膜の視細胞（錐体）の種類もヒトより多い。ヒトが 3 種類の錐体による 3 色型色覚（trichromacy）であるのに対し，鳥は 4 種類の錐体が関与する 4 色型色覚（tetrachromacy）である（Vorobyev and Osorio 1998）。知覚される色は全ての錐体タイプの反応比で決まる。換言すればそれぞれの錐体の反応の組み合わせであるため，錐体の種類が多くなることは，知覚される色も次元が増加することを意味する。この違いに関しては図 1 および田中（2014）を参照されたい。4 色型色覚による色彩の知覚を，それぞれの錐体タイプの細胞数や感受誤差を考慮し，鳥が見ている色を数学的に再構築する解析手法は視覚モデル（visual model：Vorobyev and Osorio 1998; Endler and Mielke 2005; Stevens and Cuthill 2007; Tanaka 2015；日本語による詳しい解説は田中（2014）を参照）といい，近年，托卵鳥研究においても取り入れられて

きている。卵については，テリカッコウ類（Langmore *et al.* 2009）や，ヨーロッパの博物館所蔵のカッコウ・宿主卵（Stoddard and Stevens 2010），カッコウハタオリ（Spottiswoode and Stevens 2010, 2011）について視覚モデルを用いた研究が行われている。一方，雛の色彩はテリカッコウ類とその宿主（Langmore *et al.* 2011）や，ジュウイチとルリビタキ（Tanaka *et al.* 2011; Tanaka 2015）において寄生者-宿主の比較が行われている（詳細は後述）。

　一方，卵の模様についてはコンピュータの画像解析の方法が取り入れられるようになった（Stoddard and Stevens 2010）。一つは，画像の粗さを示す粒度（granularity）を活用したもので，卵の模様を構成する個々の斑の大きさを細分化して解析するプロセスを経て卵斑の類似度が算出される。コンピュータプログラム上で，異なったサイズのフィルターを複数つくり，個々の卵斑をそれぞれのフィルターによって"ふるい"にかける（図2）。つまり，フーリエ変換によって粒度の大きさをスペクトル化する。その結果，同じような大きさの卵斑だけが個々のフィルターによって抽出され，どの大きさの卵斑がどの程度含まれているかが定量化されるわけである。卵斑の分布は一様でないことが多いので，部位を分割して解析すればさらに効果的に定量化できるだろう。このフーリエ変換によって算出された"エネルギー"が宿主―寄生者間で類似していれば，これらの卵は互いに似ているということができる（Stoddard and Stevens 2010）。ただし，この方法では個々の斑点の大きさしか評価できず，線模様や，斑点の形などに違いがある場合は定量化することが困難となる。近年，より精緻な画像解析の技術が導入され，模様の違いについてより包括的に定量化する方法の開発が進んでいる。

　視細胞レベルでの閾値を想定可能な色識別とは異なり，卵斑の識別の閾値は明らかではなく，全ての階級の粒度の卵斑を鳥が識別できているかはわかっていない。実際，色は似ていても模様は似ていない系は確かに存在するので（口絵6G），宿主のパターン認識能力を正確に反映しているわけではないだろう。そのため，パターン認識に関する解析についてはまだ改良の余地はある。しかし，より定量的で，鳥類の認知メカニズムに則したデータ解析方法が利用可能になったのは間違いないだろう。

第7章　騙しを見破るテクニック　卵の基準，雛の基準

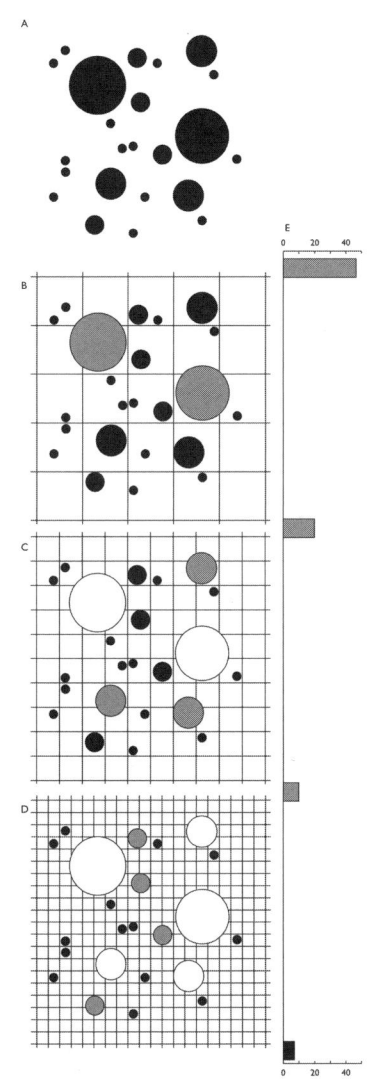

図2　升目の大きさの異なったフィルターにより（B-D），粒度の異なった卵斑を"ふるい"にかけるプロセス（フーリエ変換）の模式図.

元の卵模様（A；架空データ）のうち，それぞれ対応するサイズのフィルターで濾し取られた卵斑は灰色で，それより大きなサイズのフィルターで濾し取られたものは白で表されている．（E）粒度をフーリエ変換することで算出された模様のエネルギー．個々の棒グラフはそれぞれの左下の粒度スケールのみを透過できなかった卵斑の総面積．最下段（黒棒）は最小スケールでのフィルタリング後の残余卵斑の総面積．

5. 雛の基準——識別能の欠如？

　卵の色や模様についてはこれまで見てきた通り，時に非常に精巧な擬態すら見破るほど，宿主は高い識別能を持っていることが明らかになっている。それでは自身の雛とは似ても似つかないカッコウの雛を識別する能力は欠如しているのだろうか。巣を独占するカッコウやジュウイチだけでなく，マダラカンムリカッコウやコウウチョウなど，巣を独占しない托卵鳥であってもその雛は宿主雛に擬態していないことが多い。これはおそらく，色や模様が変化しない卵とは対照的に，雛の特徴は成長に伴って日々変化するために学習自体が困難であるのに加え，子育て行動を抑制するような能力は実の子に対する子育てへの阻害要因になるため，進化しにくいためだと考えられている（Davies 2011）。これに加え，カッコウやミツオシエ科など，宿主の雛よりも先に孵化し，その後すぐに宿主の卵や雛を排除する托卵鳥では，卵排除では効果をもつ刷り込み学習が雛排除に関しては対托卵戦略として効果を持たないことが知られている（Lotem 1993）。卵と同様に雛の段階に刷り込み学習モデルを当てはめると，寄生雛が孵化直後に宿主卵・雛を排除する条件では，生涯で最初の繁殖で托卵された場合，カッコウの雛を自身の子であると間違って刷り込み学習してしまうことになる。そのため，その後の繁殖で托卵されなかった場合でも，自身の子を寄生者として排除してしまい，一生子を残せなくなってしまうのだ（Lotem 1993）。このように自身の子を寄生者として排除してしまう可能性があることが，自身の卵の模様も同時に刷り込み学習する卵排除の場合と対照的である。

　このように，雛排除が進化しにくいことを考えると，寄生者としては卵の段階で宿主の防衛を突破できてしまえば，宿主を騙す上でほぼ制約が存在しない状態となる（Davies 2011）。つまり，もはや軍拡競争に勝利を収めたということである。実際に，托卵鳥の雛では超正常刺激と呼ばれる，極端な宿主操作信号が発達している。例えばカッコウでは，宿主のブルード全体と比較しても，異常なまでにピッチの速い鳴き声が超正常刺激として機能していることが知られている（Kilner *et al.* 1999）。寄生雛が必要としている餌量は宿主雛1ブルードより多いにも関わらず，口を開けたときの鮮やかな色の

皮膚面積は宿主雛1ブルードよりも小さい。そのため，付加的な音声刺激を発することでようやく生育に必要な給餌量を得ることができる（Davies *et al.* 1998; Kilner *et al.* 1999）。ジュウイチの雛は翼の裏側に口内と同じ色をした皮膚が裸出しており，宿主に対してディスプレイする。この皮膚パッチは自身の口を擬態しており，雛の数を実際より多く錯覚させることで宿主に餌を運ばせる（Tanaka and Ueda 2005; Tanaka *et al.* 2005）。ジュウイチ雛の翼パッチの反射スペクトルを宿主雛の口内と比較したところ，紫外線反射率が高くなっていた。前出の色覚モデルでパッチの色と宿主雛の口内色を比較したところ，この二つの色は宿主にとって異なった色であるという結果が得られた（Tanaka *et al.* 2011）。異なった色であるにもかかわらず餌乞い信号として機能していることを考えると，ジュウイチのパッチの高い紫外線反射率は超正常刺激として機能しているのだろう。超正常刺激によって宿主を操るのは宿主雛と一緒に育てられるコウウチョウやマダラカンムリカッコウでも同様である（Lichtenstein and Sealy 1998; Redondo and Zuñiga 2002; Kilner *et al.* 2004）。マダラカンムリカッコウでは雛の口蓋に白い斑点があり，それが宿主の雛をさしおいて仮親の給餌を引き出す刺激になっている（Soler *et al.* 1995a）。このような極端な餌乞い信号は通常の親子兄弟間では生じにくい。というのも，餌乞い行動自体コストを含んでおり（Haskell 1994; Kilner 2003），さらに親を疲労させたり兄弟から餌を奪ったりすることで包括的適応度が減少してしまうからである（Godfray 1995）。托卵鳥は宿主とは血縁関係にないため，包括的適応度による制約を受けることはなく，超正常刺激が進化できる（Briskie *et al.* 1994）。

　托卵鳥の雛擬態はいくつかの系で知られているが，近年の研究から宿主の対寄生者戦略とは関連しない場合があることが明らかになってきた（Davies 2011）。有名な例はテンニンチョウ類の雛の口内斑である。テンニンチョウ科の種は全て托卵鳥で，宿主であるカエデチョウ科と最も近縁な鳴禽類である（Sorenson *et al.* 2004）。テンニンチョウ類の托卵は，托卵鳥も，宿主のカエデチョウ類も複数の種からなる複合的なシステムで，それぞれのテンニンチョウ種は特定のカエデチョウ種に托卵する。テンニンチョウ類の雄は歌学習をして求愛や縄張り宣言のさえずりを行うが，学習するのは宿主の種の

さえずりである。雌も宿主の種のさえずりを学習し，宿主の歌を歌う同種テンニンチョウ類の雄とつがい，同じ歌を歌う宿主の巣に托卵する。このようにして，テンニンチョウの宿主に対する選好性は保持されている（Payne et al. 2000）。カエデチョウ類の雛の口内は種ごとに異なった模様をしており，それぞれに托卵するテンニンチョウ類の雛も宿主雛に似た口内斑を持っている（Payne 1973）。この，寄生者—宿主間の口内斑の一致は，かつては雛排除に対抗するための擬態か，少なくとも宿主から給餌を受けられないことを避けるために進化したと考えられていた（Wickler 1968）。しかし，近年の一連の研究から，このどちらの可能性も否定された（Payne et al. 2001; Schuetz 2005a, b；Hauber and Kilner 2007）。口内斑自体はおそらく給餌を引き出す信号として機能しているのだろう。さらに，極端な信号形質が托卵鳥で進化しやすいことを考えれば，口内斑自体がそもそも寄生者固有の形質で，餌をめぐる競争で遅れを取らないために宿主雛が寄生者に擬態している可能性すら示唆されている（Hauber and Kilner 2007）。

　また，テリカッコウでは雛による音声擬態が知られている（Gill 1998; Davies 2000; Langmore et al. 2008）。マミジロテリカッコウの雛の餌乞いの鳴き声は，主要な宿主であるルリオーストラリアムシクイの雛のものに酷似している（Gill 1998; Langmore et al. 2008）。一方，二次的に利用されるウグイストゲハシムシクイに托卵された雛の餌乞いの鳴き声は，オーストラリアムシクイの声には似ておらず，むしろトゲハシムシクイの雛の声に近い。ところが，卵入れ替え実験を行っても鳴き声の類似の関係は変わらなかった。つまり，テリカッコウの雛は托卵された宿主がどちらであれ，オーストラリアムシクイの巣で孵化すればオーストラリアムシクイタイプの，トゲハシムシクイの巣で孵化すればトゲハシムシクイタイプの鳴き声を出したのである。そこで，音響特性を雛の発達を追って分析したところ，トゲハシムシクイに托卵された雛は孵化後1週間程度でオーストラリアムシクイタイプからトゲハシムシクイタイプへと声を変化させていたことが判明した（Langmore et al. 2008）。マミジロテリカッコウの雛は可塑的な音声擬態によって宿主を操作しているのである。ただし擬態タイプの切り替えには長ければ10日程度かかることもあり，雛排除への対抗手段としては効果的とは言えない。さら

に，少なくともウグイストゲハシムシクイは雛排除を行わないことから，この音声擬態は雛排除とは直接関連しているとは言えないだろう。そのため，おそらく給餌効率を上昇させるための適応であると考えられる。また，寄生雛は宿主の卵・雛を排除し巣を独占するため，鳴き声を真似るための手本が必ずしも存在するわけではないことから，この音声擬態は学習性ではないといえる。マミジロテリカッコウの雛は生来2種類の音声を持っており，主要な宿主であるオーストラリアムシクイタイプの餌乞いで望むべき給餌を受けられない場合，別のタイプの音声に切り替えているのだろう。

その一方で，宿主の雛排除と関連していると考えられる擬態の例も確かに存在する。南米大陸に生息する托卵性ではないクリバネコウウチョウと，この鳥に特異的に寄生する托卵性のナキコウウチョウの雛である。この2種は系統的には近縁ではないが，雛の容姿は全く見分けがつかない（Fraga 1998; Davies 2000）。クリバネコウウチョウは別の托卵性のテリバネコウウチョウに寄生されることもあるが，テリバネコウウチョウは特定の宿主を持たないジェネラリストの托卵鳥であり，雛の容姿はクリバネコウウチョウの雛とは似ていない。クリバネコウウチョウの巣は中が暗いので，巣内で育てられている間，テリバネコウウチョウの雛は問題なく給餌を受けられるが，巣立ったあとは状況が異なってくる。宿主雛に擬態しているナキコウウチョウの雛が餌をもらえなくなることは無いが，擬態していないテリバネコウウチョウの雛は給餌を受けられず，独立するまで生き延びることはできない（Fraga 1998）。

寄生雛による擬態やそれに対する宿主の識別能に関する研究は，証拠が存在しなかったこともあって長らく行われてこなかった。しかし近年，このテーマについて大きな発見があり，その結果研究は大きく進展した。次節ではそれがいかにして起こったかを解説する。

6. 托卵鳥研究におけるパラダイムシフト

この10年間で托卵研究は大きく変化した。特筆すべきは宿主によるカッ

コウ雛の放棄や排除の発見だろう。詳細は後述するが，Langmore et al. (2003) によって最初に報告されるまで，研究者たちの間では，孵化後に宿主の巣を独占する寄生雛 (evictor) が排除されないことは金科玉条になっていた。確かに，身体の小さな宿主が巨大なカッコウの雛に頭から飲み込まれそうになりながら餌を与えている場面は衝撃的で，まるで進化の法則が作用していないように見える。そこに理論的な説明を与えたという意味で Lotem (1993) の功績は大きかった。しかし，本来は「間違った刷り込みのリスク」が大きいということを示したそのロジックが，その範疇を超えて独り歩きしてしまっていた感も否めない。そこで，宿主による雛排除の研究をまとめ，そのような雛排除が起こった状況と Lotem (1993) が想定した状況がどのように異なっていたかを考える。

　Langmore et al. (2003) が雛の放棄を発見したのはオーストラリアにおいてマミジロテリカッコウとヨコジマテリカッコウに托卵されるルリオーストラリアムシクイにおいてである。この研究により宿主のルリオーストラリアムシクイは，カッコウ雛と宿主雛の容姿や鳴き声の音響特性の違い，さらには雛が単独で巣に残されていることを認識し，これらの情報を元に複合的に托卵排除の意思決定をしていることが明らかになった。ヨコジマテリカッコウの雛は宿主の雛とは餌乞いの鳴き声が異なっており，数日のうちに全ての雛が放棄された。一方，マミジロテリカッコウの雛は容姿，鳴き声ともに宿主の雛と似ているが，3〜4割は放棄される。さらに，通常は3羽の宿主のブルードサイズを1羽に減らす実験を行ったところ，宿主自身の雛であるにも関わらず3割程度が放棄されたのである。ただし，容姿や鳴き声はさておき，カッコウ雛が単独でいることを手がかりにする戦術は Lotem (1993) によって否定された状況には含まれておらず，それどころか Lotem (1993) において雛排除が起こりうる状況として予測されている。

　また，ヨーロッパのカッコウにおいても寄生雛の放棄が確認されている (Grim et al. 2003)。この例では宿主にとっての手がかりになっているのは育雛期間である。宿主雛に比べ，カッコウの雛は格段に体サイズが大きいため，巣内で育てられる期間は少なくとも4〜5日程度は長い。チェコのヨーロッパヨシキリ個体群では育雛中のカッコウ雛を巣ごと放棄する宿主が現

れた．重要なのはそのタイミングで，宿主の雛が巣立つ 14 日齢に集中していた．例数は少なかったもののカッコウ雛を放棄した宿主は明らかに育雛を中止しており，中には餌乞いをするカッコウ雛のいる巣から巣材を抜き取り，新しく造っている巣に使用するものもいた．さらに，托卵されていない巣を用い，実験的に育雛期間を延長させた場合，親はその巣を放棄した（Grim 2007）．この場合も Lotem（1993）で否定された刷り込み学習は必要がなく，経過した日数に応じて自動的に巣の放棄が誘発されるといった，生理的なメカニズムのみによってのみ成立しうる．この戦略は宿主とカッコウの雛で育雛期間の差が大きいほど効果的であると言える．

　Sato *et al*.（2010b）と Tokue and Ueda（2010）は宿主が直接的にカッコウの雛を巣から引きずり出して排除する行動を報告した．こちらも観察されたのはオーストラリアで繁殖し，アカメテリカッコウに托卵されるマングローブセンニョムシクイとハシブトセンニョムシクイである．この発見は今後の托卵研究において非常に重要である．というのも，アカメテリカッコウの宿主は寄生雛を選択的に巣からつまみ出しており，それはルリオーストラリアムシクイやヨーロッパヨシキリの場合のようにブルードサイズや育雛期間といった寄生雛を取り巻く状況ではなく，寄生雛自体が直接的に排除を誘発していることを意味しているからである．もしこれが学習によるのであれば，これはまさに Lotem（1993）によって「非適応的」とされた現象であると言える．現時点では，この寄生雛排除がどのような認知メカニズムによってなされているのかは未解明である．というのも，宿主排除が起こった状況は一貫しておらず，カッコウ 1 羽が先に孵化した状況から，宿主の雛を排除した後のものまで様々なためである．ただ，カッコウ雛の容姿は宿主雛に酷似しており，また，宿主が間違って自身の雛を排除した場合も観察された．そのため，学習性の是非に関わらず，何かしらの認知過程によって意思決定を行っているのは間違いないだろう．

　上述の 2 種のテリカッコウ類では雛の容姿において，少なくともヒトの目で見る限り擬態が起こっていた．ヒトと鳥類では色覚が異なっているため，実際に擬態が成立しているかは鳥類の色覚を考慮して比較する必要がある．アカメ，マミジロ，ヨコジマの 3 種のテリカッコウとそれぞれの宿主の皮膚

の反射スペクトルを測定し，鳥の色覚を想定して比較してみると，それぞれの寄生者—宿主間では宿主にとって識別可能な違いは検出されなかった（Langmore *et al.* 2011）。また，カッコウ雛の色彩は種間で大きく異なっており（宿主も同様），宿主で雛排除が観察されていることも考えれば雛排除を避けるために進化した騙しの信号であると言える。

　一方，雛排除は種内托卵でも観察されている。アメリカオオバンはクラッチの中で最初に孵化した雛の特徴を学習し，それを基準に寄生雛を識別している（Shizuka and Lyon 2010）。このケースは種内托卵であり（つまり同種個体間による寄生），かつ寄生雛は宿主の巣を独占しない。そういった点ではLotem（1993）によって想定された状況の範疇にはない。また，希釈効果を考えても種内托卵のみが雛識別を進化させるような強い淘汰圧を課している可能性は低いと思われる。つまり，確かに対托卵戦略として効果はあるものの，前適応として縄張りや餌資源をめぐる家族間の激しい競争が存在したと考えたほうが合理的だろう（Kilner 2010）。ただ，同じ晩成性でもオオバンの場合はカモとは異なり，雛に給餌を行うため，寄生を排除することで利益を受けないわけではない。またこの過程に何らかの認知メカニズムが介在しているという点でもカッコウ類と相違はない。重要なのは，Lotem（1993）によって欠如していると想定されていたものは"情報の確かさ"であり，アメリカオオバンの例では孵化順というパラメータがそれを提供していたということになる（Shizuka and Lyon 2010）。雛のアイデンティティに関する情報の確かさは，雛排除行動が進化する大前提ということができる。

　さて，テリカッコウ類の雛は*Cuculus*属カッコウ類と同様，孵化後に宿主の卵や雛を排除する。それにもかかわらず宿主がカッコウの雛を排除できるということは，この二属の間の何らかの差異が宿主の戦略に影響していることを意味している。現時点でどのような違いが，雛排除に不可欠である"情報の確かさ"に影響しているかは定かではない。この点についてはカッコウ・宿主の行動生態に関するより詳細な情報が必要だろう。それらを吟味した上で現実に則した仮説を構築する必要がある。一方，対寄生者戦略に大きく影響する，寄生・排除コストについては大きな違いが存在することが知られている（Brooker and Brooker 1993; Davies 2000）。それは生息地の気候区分で

ある。*Cuculus* 属カッコウは温帯で繁殖するものが多く，それに対してテリカッコウ類は熱帯地方を中心に分布している。もちろん例外は存在するが，*Cuculus* 属でも低緯度地方で繁殖するものは標高が高い地域が多く，テリカッコウ類の温帯種の分布域は温暖な地域に限られている。

　熱帯と温帯では鳥類の生活史形質に特徴的な違いがあることが知られている。代表的なものは繁殖サイクルとクラッチサイズである。ほとんどの温帯性鳥類の繁殖期は餌資源が爆発的に豊富となる初夏に集中しており，繁殖が可能な期間も 2 〜 3 ヶ月とそれほど長くはない。一方，熱帯性鳥類の繁殖期は，餌資源の発生は雨季に多くなり，場合によっては通年で繁殖可能なこともある。そのため，潜在的な繁殖期間は 6 ヶ月以上になるといっても過言ではない。また，クラッチサイズは温帯で非常に大きくなっており，シジュウカラのように 10 を超える場合もある。対照的に熱帯ではクラッチサイズは小さく（Jetz *et al.* 2008），極端な例ではセイシェルヨシキリのように 1 ということもある（Komdeur *et al.* 1997）。特にクラッチサイズに関しては高い捕食圧によるコストを最小化するような進化が起こったと考えられる（Stuchbury and Morton 2001）。

　これらの特徴は当然，宿主の対托卵戦略にも影響を与えるだろう。個々の繁殖におけるクラッチサイズが小さく，かつ複数回繁殖の時間的制約が弱いことは，繁殖に関わるリスクが分散されていることを意味している。つまり，温帯でカッコウの宿主となるような小鳥類と比べ，熱帯の小鳥では親にとっての個々のクラッチの価値が低くなっているのだ。裏を返せばこのことは，托卵されることで宿主が被るコストが緩和されていることを意味する（Brooker and Brooker 1989; Davies 2000）。たしかにそれがカッコウに悪用される可能性はあるが（Mikami *et al.* 2015），テリカッコウ類の宿主において雛排除が確認されているのは，おそらくこのような寄生コストの緩和に起因しているのだろう。さらに，この小クラッチの効果に一つの巣に複数のカッコウ卵が托卵される，多重托卵が加わると，托卵鳥の雛を排除する戦略の適応的意義が上昇し，そのような進化が起こりやすくなる可能性が示唆されている（Sato *et al.* 2010a）。雛排除の謎を解明するためには温帯の研究に匹敵するほどに熱帯における情報を蓄積することが必要だろう。

＊＊＊

　托卵という現象は自然が行った進化・心理実験と表現されることがある。宿主は托卵されないために自身の持っている知覚・認知能力を最大限に活用し，それに呼応して寄生者の特徴も進化するからである。これまで行われてきた研究から，少なくとも卵の位相では人間が推察できる範囲の判断基準を鳥も用いていることが明らかになった。つまり，ヒトと較べて色覚などの知覚のプロセスに多少の違いこそあれ，学習や思考といった情報処理のプロセスが進化を経て最適化されてきたと考えて差し支えないだろう。一方，雛排除に関して，現象自体は報告されたものの，その全容は明らかになっていない。とくに直接的に雛排除を行う認知メカニズムは現時点では未解明である。ただ，テリカッコウ類では雛擬態が一般的であることが最近の研究から明らかになった（Langmore *et al.* 2011）。このことは，とくにテリカッコウ類では雛の位相においても軍拡競争が起きているということを示唆している。テリカッコウ属は熱帯を中心に分布しているため，おそらくそのような生育環境における違いがカッコウとの違いの原因となっているのだろう。中でも，雛排除の有無を決定する上で鍵となるのは，気候の違いが作り出す周年的な生活史の違いによってもたらされる1巣の価値の違いと言えるだろう。従来の温帯カッコウ類の研究からわかったのは，雛排除能力の欠如はいわば軍拡競争における落とし穴であるということに過ぎなかった。熱帯カッコウ類で雛排除が行われているということは，宿主が雛の段階においてもその認知能力を駆使していることを意味している。とくに熱帯地域において研究が発展してそのプロセスを解明できれば，動物の行動やその認知メカニズムを解明する上で重要な一歩になるはずである。

引用文献

Antonov A, Stokke BG, Moksnes A and Røskaft E (2009) Evidence for egg discrimination preceding failed rejection attempts in a small cuckoo host. *Biology Letters* 5: 169–171.

Antonov A, Stokke BG, Vikan JR, Fossøy F, Ranke PS, Røskaft E, Moksnes A, Møller AP

第7章 騙しを見破るテクニック 卵の基準，雛の基準

and Shykoff JA (2010) Egg phenotype differentiation in sympatric cuckoo *Cuculus canorus* gentes. *Journal of Evolutionary Biology* 23: 1170–1182.

Aron S, Passera L and Keller L (1999) Evolution of social parasitism in ants: size of sexuals, sex ratio and mechanisms of caste determination. *Proceedings of the Royal Society B* 266: 173–177.

Barbero F, Thomas JA, Bonelli S, Balletto E and Schönrogge K (2009) Queen ants make distinctive sounds that are mimicked by a butterfly social parasite. *Science* 323: 782–785.

Braa AT, Moksnes A and Røskaft E (1992) Adaptations of bramblings and chaffinches towards parasitism by the common cuckoo. *Animal Behaviour* 43: 67–78.

Briskie JV, Naugler CT and Leech SM (1994) Begging intensity of nestling birds varies with sibling relatedness. *Proceedings of the Royal Society B* 258: 73–78.

Briskie JV and Sealy SD (1990) Evolution of short incubation periods in the parasitic cuckoos, *Molothrus* spp. *Auk* 107: 789–794.

Brooke M de L and Davies NB (1988) Egg mimicry by cuckoos *Cuculus canorus* in relation to discrimination by hosts. *Nature* 335: 630–632.

Brooke M de L, Davies NB and Noble DG (1998) Rapid decline of host defences in response to reduced cuckoo parasitism: behavioural flexibility of reed warblers in a changing world. *Proceedings of the Royal Society B* 265: 1277–1282.

Brooker MG and Brooker LC (1989) The comparative breeding behaviour of two sympatric cuckoos, Horsfield's bronze-cuckoo *Chrysococcyx basalis* and the shining bronze-cuckoo *C. lucidus*, in Western Australia: a new model for the evolution of egg morphology and host specificity in avian brood parasites. *Ibis* 131: 528–547.

Brooker MG and Brooker LC (1991) Eggshell strength in cuckoos and cowbirds. *Ibis* 133: 406–413

Canestrari D, Bolopo D, Turlings TCJ, Röder G, Marcos JM, Baglione V (2014) From parasitism to mutualism: unexpected interactions between a cuckoo and its host. *Science* 343: 1350–1352

Davies NB (2000) *Cuckoos, Cowbirds and other Cheats*. T and AD Poyser, London.

Davies NB (2011) Cuckoo adaptations: trickery and tuning. *Journal of Zoology* 284: 1–14.

Davies NB and Welbergen JA (2009) Social transmission of a host defense against cuckoo parasitism. *Science* 324: 1318–1320.

Davies NB, Bourke AFG and Brooke M de L (1989) Cuckoos and parasitic ants: interspecific brood parasitism as an evolutionary arms race. *Trends in Ecology and Evolution* 4: 274–278.

Davies NB, Brooke M de L and Kacelnik A (1996) Recognition errors and probability of parasitism determine whether reed warblers should accept or reject mimetic cuckoo eggs. *Proceedings of the Royal Society B* 263: 925–931.

Davies NB, Kilner RM and Noble DG (1998) Nestling cuckoos, *Cuculus canorus*, exploit hosts with begging calls that mimic a brood. *Proceedings of the Royal Society B* 265: 673–678.

Dawkins R and Krebs JR (1979) Arms races between and within species. *Proceedings of the Royal Society B* 205: 489–511.

Elmes GW, Barr B, Thomas JA and Clarke RT (1999) Extreme host specificity by *Microdon mutabilis* (Diptera: Syrphidae), a social parasite of ants. *Proceedings of the Royal Society B* 266: 447–453.

Endler JA and Mielke PW Jr (2005) Comparing entire colour patterns as birds see them. *Biological Journal of the Linnean Society* 86: 405–431.

Fraga RM (1998) Interactions of the parasitic screaming and shiny cowbirds (*Molothrus rufoaxillars* and *M. bonariensis*) with a shared host, the bay-winged cowbird (*M. badius*). In: *Parasitic Birds and Their Hosts: Studies in Coevolution* (eds. Rothstein SI and Robinson SK). pp. 173–193. Oxford University Press, Oxford.

Gibbs HL, Sorenson MD, Marchetti K, Brooke M de L, Davies NB and Nakamura H (2000) Genetic evidence for female host-specific races of the common cuckoo. *Nature* 407: 183–186.

Gill BJ (1998) Behavior and ecology of the shining cuckoo, *Chrysococcyx lucidus*. In: *Parasitic Birds and Their Hosts: Studies in Coevolution* (eds. Rothstein SI and Robinson SK). pp. 143–151, Oxford University Press, Oxford.

Godfray HCJ (1995) Signaling of need between parents and young: parent-offspring conflict and sibling rivalry. *American Naturalist* 146: 1–24.

González-Megías A and Sánchez-Piñero F (2004) Response of host species to brood parasitism in dung beetles: importance of nest location by parasitic species. *Functional Ecology* 18: 914–924.

Grim T (2007) Experimental evidence for chick discrimination without recognition in a brood parasite host. *Proceedings of the Royal Society* B 274: 373–381.

Grim T, Kleven O and Mikulica O (2003) Nestling discrimination without recognition: a possible defence mechanism for hosts toward cuckoo parasitism? *Biology Letters* 270: S73–75.

Haskell D (1994) Experimental evidence that nestling begging behaviour incurs a cost due to nest predation. *Proceedings of the Royal Society B* 257: 161–164.

Hauber ME and Kilner RM (2007) Coevolution, communication, and host-chick mimicry in parasitic finches: who mimics whom? *Behavioral Ecology and Sociobiology* 61: 497–503.

Higuchi H (1989) Responses of the bush warbler *Cettia diphone* to artificial eggs of *Cuculus* cuckoos in Japan. *Ibis* 131: 94–98.

Hojo MK, Wada-Katsumata A, Akino T, Yamaguchi S, Ozaki M and Yamaoka R. (2009) Chemical disguise as particular caste of host ants in the ant inquiline parasite *Niphanda fusca* (Lepidoptera: Lycaenidae). *Proceedings of the Royal Society B* 276: 551–558.

Hoover JP and Robinson SK (2007) Retaliatory mafia behavior by a parasitic cowbird favors host acceptance of parasitic eggs. *Proceedings of the National Academy of Sciences* 104: 4479–4483.

Jetz W, Sejercuiglu CH and Böhning-Gaese K (2008) The worldwide variation in avian clutch size across species and space. *PLoS Biology* 6: e303.

Kilner RM (2001) A growth cost of begging in canary chicks. *Proceedings of the National Academy of Sciences* 98: 11394–11398.

第7章 騙しを見破るテクニック 卵の基準，雛の基準

Kilner RM (2005) The evolution of virulence in brood parasites. *Ornithological Science* 4: 55–64.
Kilner RM (2010) Learn to beat an identity cheat. *Nature* 463: 165–167.
Kilner RM, Madden JR and Hauber ME (2004) Brood parasitic cowbird nestlings use host young to procure resources. *Science* 305: 877–879.
Kilner RM, Noble DG and Davies NB (1999) Signals of need in parent-offspring communication and their exploitation by the common cuckoo. *Nature* 397: 667–672.
Komdeur J, Daan S, Tinbergen J and Mateman C (1979) Extreme adaptive modification in sex ratios of the Seychelles warbler's eggs. *Nature* 385: 522–525.
Krüger O and Davies NB (2004) The evolution of egg size in brood parasitic cuckoos. *Behavioral Ecology* 15: 210–218.
Langmore NE, Hunt S and Kilner RM (2003) Escalation of a coevolutionary arms race through host rejection of brood parasitic young. *Nature* 422: 157–160.
Langmore NE, Maurer G, Adcock GJ and Kilner RM (2008) Socially acquired host-specific mimicry and the evolution of host races in Horsfield's bronze-cuckoo *Chalcites basalis*. *Evolution* 62: 1689–1699.
Langmore NE, Stevens M, Maurer G and Kilner RM (2009) Are dark cuckoo eggs cryptic in host nests? *Animal Behavior* 78: 461–468.
Langmore NE, Stevens M, Maurer G, Hensohn R, Hall ML, Peters A and Kilner RM (2011) Visual mimicry of host nestlings by cuckoos. *Proceedings of the Royal Society B* 278: 2455–2463.
Langmore NE, Kilner RM, Butchert SHM, Maurer G, Davies NB, Cockburn A, Macgregor NA, Peters A, Magrath MJL and Dowling DK. (2005) The evolution of egg rejection by cuckoo hosts in Australia and Europe. *Behavioral Ecology* 16: 686–692.
Lotem A (1993) Learning to recognize nestlings is maladaptive for cuckoo *Cuculus canorus* hosts. *Nature* 362: 743–744.
Lotem A, Nakamura H and Zahavi A (1992) Rejection of cuckoo eggs in relation to host age: a possible evolutionary equilibrium. *Behavioral Ecology* 3: 128–132.
Lyon BE (2003) Egg recognition and counting reduce costs of avian conspecific brood parasitism. *Nature* 422: 495–499.
Marchetti K (1992) Costs of host defence and the persistence of parasitic cuckoos. *Proceedings of the Royal Society* B 248: 41–45.
Marchetti K (2000) Egg rejection in a passerine bird: size does matter. *Animal Behaviour* 59: 877–883.
Maynard Smith J and Harper D (2004) *Animal Signals*. Oxford University Press, Oxford.
Mikami OK, Sato NJ, Ueda K, Tanaka KD (2015) Egg removal by cuckoos forces hosts to accept parasite eggs. *Journal of Avian Biology* 46: 275–282
Moksnes A and Røskaft E (1989) Adaptations of meadow pipits to parasitism by the common cuckoo. *Behavioral Ecology and Sociobiology* 24: 25–30.
Moksnes A and Røskaft E (1995) Egg-morphs and host preference in the common cuckoo (*Cuculus canorus*): an analysis of cuckoo and host eggs from European museum collections. *Journal of Zoology* 236: 625–648.
Moksnes A, Røskaft E and Braa AT (1991) Rejection behavior by common cuckoo hosts

towards artificial brood parasite eggs. *Auk* 108: 348–354.

Moskát C, Bán M, Székely T, Komdeur J, Lucassen RWG, van Boheemen LA, Hauber ME (2010) Discordancy or template-based recognition? Dissecting the cognitive basis of the rejection of foreign eggs in hosts of avian brood parasites. *Journal of Experimental Biology* 213: 1976–1983.

Owens IPF and Bennett PM (1994) Mortality costs of parental care and sexual dimorphism in birds. *Proceedings of the Royal Society B* 257: 1–8.

Payne RB (1973) Behavior, mimetic songs and song dialects, and relationships of the parasitic indigobirds (*Vidua*) of Africa. *Ornithological Monographs* 11: 1–333.

Payne RB (1977) The ecology of brood parasitism in birds. *Annual Review of Ecology and Systematics* 8: 1–28.

Payne RB (2005) *The Cuckoos*. Oxford University Press, Oxford.

Payne RB, Woods JL and Payne LL (2001) Parental care in estrildid finches: experimental tests of a model of *Vidua* brood parasitism. *Animal Behaviour* 62: 473–483.

Payne RB, Payne LL, Woods JL and Sorenson MD (2000) Imprinting and the origin of parasite-host species associations in brood-parasitic indigobirds, *Vidua chalibeata*. *Animal Behaviour* 59: 69–81.

Redondo T and Zuñiga JM (2002) Dishonest begging and host manipulation by *Clamator* cuckoos. In: *The Evolution of Begging: Competition, Cooperation and Communication* (eds. Wright J and Leonard ML). pp. 389–412. Kluwer Academic Publishers, Dordrecht, The Netherlands.

Reed HC and Akre RD (1983) Colony behavior of the obligate social parasite *Vespula austriaca* (Panzer) (Hymenoptera: Vespidae). *Insect Sociaux* 30: 259–273.

Rothstein SI (1990) A model system for coevolution: avian brood parasitism. *Annual Review of Ecology and Systematics* 21: 481–508.

Røskaft E, Takasu F, Moksnes A and Stokke BG (2006) Importance of spatial habitat structure on establishment of host defenses against brood parasitism. *Behavioral Ecology* 17: 700–708.

Sato NJ, Mikami OK and Ueda K (2010a) The egg dilution effect hypothesis: a condition under which parasitic nestling ejection behaviour will evolve. *Ornithological Science* 9: 115–122.

Sato NJ, Tokue K, Noske RA, Mikami OK and Ueda K (2010b) Evicting cuckoo nestlings from the nest: a new anti-parasitism behaviour. *Biology Letters* 6: 67–69.

Sato T (1986) A brood parasitic catfish of mouthbrooding cichlid fishes in Lake Tanganiyka. *Nature* 323: 58–59.

Schuetz JG (2005) Low survival of parasite chicks may result from their imperfect adaptation to hosts rather than expression of defenses against parasitism. *Evolution* 59: 2017–2024.

Schuetz JG (2005) Reduced growth but not survival of chicks with altered gape patterns: implications for the evolution of nestling similarity in a parasitic finch. *Animal Behaviour* 70: 839–848.

Shizuka D and Lyon BE (2010) Coots use hatch order to learn to recognize and reject conspecific brood parasitic chicks. *Nature* 462: 223–226.

Soler M, Martinez JG, Soler JJ and Møller AP (1995a) Preferential allocation of food by magpies *Pica pica* to great spotted cuckoo *Clamator glandarius* chicks. *Behavioral Ecology and Sociobiology* 37: 7–13.

Soler M, Soler JJ, Martinez JG and Møller AP (1995b) Magpie host manipulation by great spotted cuckoos: evidence for an avian mafia? *Evolution* 49: 770–775.

Sorenson MD, Balakrishnan CN and Payne RB (2004) Clade-limited colonization in brood parasitic finches (*Vidua* spp.). *Systematic Biology* 53: 140–153.

Speed MP (1999) Warning signals, receiver psychology and predator memory. *Animal Behaviour* 60: 269–278.

Spottiswoode CN and Stevens M (2010) Visual modeling shows that avian host parents use multiple visual cues in rejecting parasitic eggs. *Proceedings of the National Academy of Sciences* 107: 8672–8676.

Spottiswoode CN and Stevens M (2011) How to evade a coevolving brood parasite: egg discrimination versus egg variability as host defences. *Proceedings of the Royal Society B* 278: 3566–3573.

Stevens M and Cuthill IC (2007) Hidden messages: are ultraviolet signals a special channel in avian communication? *BioScience* 57: 510–507.

Stevens M, Troscianko J, Spottiswoode CN (2013) Repeated targeting of the same hosts by a brood parasite compromises host egg rejection. *Nature Communications* 4: 2475.

Stoddard MC and Stevens M (2010) Pattern mimicry of host eggs by the common cuckoo, as seen through a bird's eye. *Proceedings of the Royal Society B* 277: 1387–1393.

Stokke BG, Honza M, Moksnes A, Røskaft E and Rudolfsen G (2002) Costs associated with recognition and rejection of parasitic eggs in two European passerines. *Behaviour* 139: 629–644.

Stutchbury BJM and Morton ES (2001) *Behavioral Ecology of Tropical Birds*. Elsevier, Amsterdam, The Netherlands.

Takasu F, Kawasaki K, Nakamura H, Cohen JE and Shigesada N (1993) Modeling the population dynamics of a cuckoo-host association and the evolution of host defences. *American Naturalist* 142: 819–839.

Tanaka KD (2015) A colour to birds and to humans: why is it so different? *Journal of Ornithology* <DOI: 10.1007/s10336-015-1234-1>

Tanaka KD, Morimoto G, Stevens M and Ueda K (2011) Rethinking visual supernormal stimuli in cuckoos: visual modeling of host and parasite signals. *Behavioral Ecology* 22: 1012–1019.

Tanaka KD, Morimoto G and Ueda K (2005) Yellow wing-patch of a nestling Horsfield's hawk cuckoo *Cuculus fugax* induces miscognition by hosts: mimicking a gape? *Journal of Avian Biology* 36: 461–464.

Tanaka KD and Ueda K (2005) Horsfield's hawk-cuckoo nestlings simulate multiple gapes for begging. *Science* 308: 653.

田中 啓太（2014）第4章 色を操る悪魔の子，托卵鳥ジュウイチの雛―鳥類における色を用いたコミュニケーションと，寄生者による搾取―，種生物学シリーズ『視覚の認知生態学―生物たちが見る世界―（牧野 崇司・安本 暁子責任編集）』，pp85–110，文一総合出版

Thompson JN (1986) Constraints on arms races in coevolution. *Trends in Ecology and Evolution* 1: 105–107.

Tokue K and Ueda K (2010) Mangrove gerygone *Gerygone laevigaster* eject little bronze-cuckoo *Chalcites munutillus* hatchlings from parasitized nests. *Ibis* 152: 835–839.

Trumbo ST, Kon M and Sikes D (2001) The reproductive biology of *Ptomascopus morio*, a brood parasite of *Nichorphrus*. *Journal of Zoology* 255: 543–560.

Vorobyev M and Osorio D (1998) Receptor noise as a determinant of colour thresholds. *Proceedings of the Royal Society B* 265: 351–358.

Whittaker DJ, Ritchmond KM, Miller AK, Kiley R, Burns P, Bergeon Burns C, Atwell JW, and Ketterson ED. (2011) Intraspecific preen oil odor preference in dark-eyed junco (*Junco hyemalis*). *Behavioral Ecology* 22: 1256–1263.

Wickler W (1968) *Mimicry in Plants and Animals*. McGraw-Hill, New York.

Wilson EO (1971) *The Insect Societies*. Belknap Press, Cambridge, MA.

Zahavi A (1979) Parasitism and nest predation in parasitic cuckoos. *American Naturalist* 113: 157–159.

第 7 章　騙しを見破るテクニック　卵の基準，雛の基準

コラム 4

卵の青や緑の色は性選択形質

　ニワトリの卵だけしか見てないと，卵の色は白か薄い茶色だけと思ってしまうかもしれないが，野生鳥類の卵の色は多彩である。なぜ，こんなにも卵の色は様々なのだろうか？　鳥類の卵は排卵，受精後に輸卵管を下ってくる途中で卵殻が形成される。この卵殻は炭酸カルシウムが主成分なので白である。造卵のコストの面からは，白がいいということになる。

　卵殻の表面の色には 2 系統の色素が関与し，ビリベルディン（Biliverdin）は青や緑色を発色し，プロトポルフィリン（Protoporphyrin）は茶色を発色し，斑紋を形成したり，地色の濃度を高める役を果たしている。このため，青地や緑色の卵は多いが，真っ赤や黄色の卵はない。

　卵の色についての古典的説明としては，(1) 隠蔽仮説と (2) 托卵防御仮説と呼ばれる仮説がある。前者は，捕食者に見つかりづらいように，背景に溶け込む色であり，コチドリのような地上営巣性の鳥には当てはまるが，多くの鳥類は鮮やかな色の卵を産む。後者は，卵識別が可能なように複雑な模様を持つようになるというものである。多くの鳥の卵にはたくさんの斑や筋が入っていることを托卵で説明しようというものであるが，卵の擬態は模様の出現以降に二次的に進化したと考えるのが妥当であるし，多くの鳥は卵識別をしない。このように，これらの仮説では，なぜ，多くの鳥類は色鮮やかな卵を産むのかを説明できない。

　青や緑の卵が多い現象を説明するものに，「性的信号仮説」がある。この仮説は，「青や緑の卵は，雌の遺伝的質を配偶相手の雄に伝えて雄の養育協力を引き出す性的信号である」というもので，その根拠は以下の通りである。2 つの色素のうち，ビリベルディンは赤血球のヘム破壊によって生成（胆汁色素）され，抗酸化物質であり，プロトポルフィリンはヘム合成の中間体（通常は微量しかない：過剰にあると胆石症に

193

なる）で，これが肝臓内に蓄積すると活性酸素ストレスを生じることが知られている。仮説は，「卵への色素蓄積にはコストがかかり，これがハンディキャップとなることから質のマーカーとなり得る」という文脈に基づく。産卵にはステロイドホルモンが関与し，このホルモンは活性酸素ストレスを引き起こすので，卵へのビリベルディン蓄積は雌へのストレス（ハンディキャップ）がかかった状態でなされる。このような状況下でビリベルディンが卵殻へ蓄積される（つまり，体外へ放出される）ことは，体内からの抗酸化物質の喪失というコストを生じることになる。そのため，高濃度のビリベルディンを卵に蓄積できる雌は抗酸化能力が高い（多量の抗酸化物質を持つ）ことを示している。一方，プロトポルフィリンという活性酸素生成の原因物質を保有することはハンディキャップであり，その物質を多く持つことは，（この物質を無害化する）抗酸化能力の高さを示すと考えられる。なぜ雌がこのようなハンディキャップを持つかというと，「雌は卵の青い色によって自身の抗酸化能力の高さを雄に示すことにより，雄から多くの養育貢献を引き出す（post-mating investment）」と考えられる。そこで，卵の色が雌の体調や遺伝的質を伝える信号だとしたら，濃い青色の卵を産む雌は，体調が良い，免疫能力を示す指標が高いといったことが予測される。また，このような雌を雄が選択するとしたら，濃い青色の卵を産む雌のつがい相手の雄は養育貢献度が高いと予測される。

　J Moreno らは，スペインのマダラヒタキを使ってこの仮説を検証する研究を行い，以下の様な予測を支持する結果を得た。すなわち，卵の青さが強いほど，

（1）卵へのビリベルディン蓄積が大きい。
（2）産卵順が遅い卵ほど色が薄くなる（雌の保有するビリベルディン量に限りがある）。
（3）雌は免疫能力が高い。
（4）雌の持つ抗酸化物質量レベルが高い。

(5) 雛の免疫能力が高い。
(6) 巣立ち成功が高い。
(7) 雄の給餌貢献が高い。

　研究は仮説を明確に支持しているが，一方，(1) これまでの研究の多くは樹洞性鳥類であり，樹洞の暗さのために，有彩色の違いは感知しにくいことから，樹洞性鳥類では信号が本当に機能しているか疑問である，(2) もともとの仮説では，卵の色が反映しているのは遺伝的質であるのに，検証しているのは産卵時の雌の体調である。また，多くの研究は条件によって卵の色が変わることを報告しており，卵の色が遺伝的であることを否定している，といった問題点も指摘されている。

（江口和洋）

Morales J, Sanz J, and Moreno J (2006) Egg colour reflects the amount of yolk maternal antibodies and fledging success in a songbird. *Biology Letter* 2: 334–336.

Morales J, Velando, A and Moreno J (2008) Pigment allocation to eggs decreases plasma antioxidants in a songbird. *Behavioral Ecology and Sociobiology* 63: 227–233.

Moreno J and Osorno JL (2003) Avian egg color and sexual selection: does eggshell pigmentation reflect female condition and genetic quality? *Ecology Letter* 6: 803–806.

Moreno J, J. L. Osorno JL, Merino S, and Tomás G (2004) Egg colouration and male parental effort in the Pied Flycatcher *Ficedula hypoleuca*. *Journal of Avian Biology* 35: 300–304.

Moreno J. Morales J, Lobato E, Merino S, Tomás G, and Martínez-de la Puente J (2005) Evidence for the signaling function of egg color in the pied flycatcher *Ficedula hypoleuca*. *Behavioral Ecology* 16: 931–937.

Moreno J, Lobato E, J. Morales, Merino S, Tomás G, Martínez-De La Puente J, Sanz JJ, Mateo R, and Soler JJ (2006) Experimental evidence that egg color indicates female condition at laying in a songbird. *Behavioral Ecology* 17: 651–655.

第8章

鳥類の採餌行動に見られる知能的行動

三上かつら

　とりあたま，という言葉がある。面白いことに英語でも bird brain という同じ表現があり，ちょっと抜けている様子を形容する。しかしながら，実際の鳥の知能的な行動に，我々はしばしば驚かされる。ササゴイは葉っぱを疑似餌として使って魚を捕まえるし，エジプトハゲワシはわざわざ形のよい石を使ってダチョウの卵の固い殻を割る。嘘の信号を出して他人の餌を奪う鳥もいるし，冬が来る前に食べ物を何千個も隠しては，隠し場所を覚えていて再びそれらを取り出して食べる鳥もいる。そういった鳥の高度で複雑な知性と，それに基づく行動の柔軟性は，哺乳類とは独立に進化したと考えられている。また，鳥のなかでも進化系統的に新しい分類群，つまり鳥界の新参者であるカラスの仲間が，とりわけ賢く，革新的であるのも面白い。本章では，動物行動学者と認知心理学者たちを魅了する，高度に知能的な鳥の採餌行動をとりあげる。

　一般に，鳥たちが生きていくうえで，"食べる"ことは極めて重要である。なぜなら，与えられた環境のもとで，上手に，効率的に餌を採れれば，それだけより多くの子孫を残すことができるからだ。餌をうまく採るために，鳥類は，種ごとに様々な形態を進化させている。たとえば，シギの仲間は特異な形の嘴をもっていて，湿地の底に棲む微小な生物を拾い上げたり，濾しとったり，それぞれの嘴が得意とする方法で採餌する。イスカはかみ合わせが

互い違いになった嘴を使って，松果の鱗片の隙間から薄い種子翼のついた種子を効率的に取り出して食べる。このような形態形質の一部は親から子へと遺伝し，親と同じ環境であれば，その子どもたちも同じように効率的に餌を採ることができるだろう。しかし，環境が頻繁に変わってしまうとそうはいかない。そのとき，鳥たちはどのように対応するだろうか？　たとえば，いまの形の嘴から，ちょっとだけ違った嘴をもつ鳥が有利になって増えることが起こりえる。しかし，形のある形態形質の変化では対応に限界がある。

　もし，行動によって対応できれば，もっと柔軟な対応ができるはずである。たとえば，自分が利用できる餌がたくさんある場所に移動する，という方法がある。しかしながら，今現在の生息地で利用できる餌の種類が増えれば，移動にともなう様々な高いコストを払う必要がなくなる。そこで鍵となるのが知性（intelligence），学習（learning）による知能的行動である。

　知能的な行動とは何かを定義するのは単純ではない。条件付けのような単純な学習であれば，センチュウのような原始的な生物や，ゾウリムシのような神経系を持たない生物でも見られる。一方で，何かを自分で経験せずとも，他個体を観察して学習することや，数多くの手順や場所を記憶できること，学習したことによって予想を立て行動することは，より複雑で高度な知能的行動といえるだろう。この章では，後者のような鳥類の採餌における高度で複雑な知能的行動について紹介したい。

1. カレドニアガラスの道具加工

　カレドニアガラスは，ニューカレドニアという，太平洋に浮かぶ小さな島々からなる国の平地や山地に生息している。日本にいるカラスと同じ科で，見た目は日本のカラスに似ているが，体は少し小さめで，ミヤマガラスくらいの大きさの鳥である。朽木の皮の下やヤシの幹の隙間に棲むカミキリムシの幼虫などを餌としている。

　その餌の取り出し方が巧妙である。小枝や葉っぱから道具をこしらえ，その道具によってカミキリムシの幼虫を釣り上げる。Huntらがフックツール

第 8 章　鳥類の採餌行動に見られる知能的行動

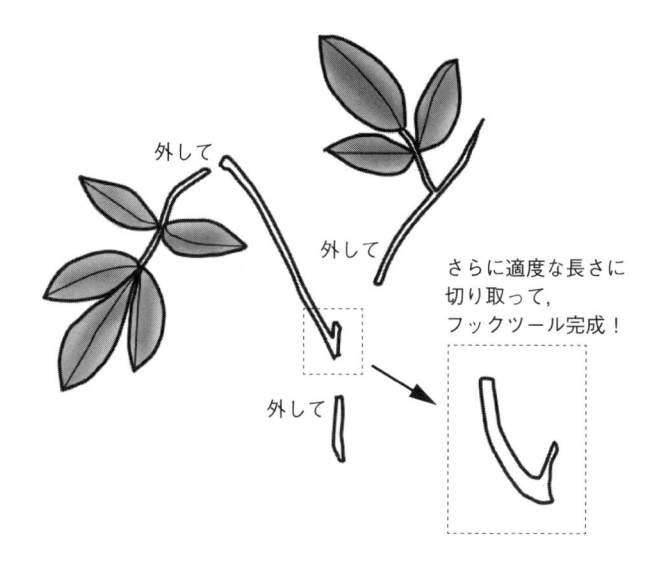

図1　カレドニアガラスがつくるフックツール．
Hunt and Gray（2004）をもとに作図．その道具作成過程の動画は，インターネットでも見ることができる（http://rspb.royalsocietypublishing.org/content/suppl/2009/01/23/271.Suppl_3.S88.DC1/BL040088supp.mov）．

と呼ぶ道具（Hunt 1996; Hunt and Gray 2004）の材料は，クノニア科の木の枝である．落ちている小枝を使うことも，まだ木についている小枝を使うこともあるが，必ず2股に枝分かれしている場所を使う．まず枝の分かれ目から少し付け根（葉柄）を残した場所でその小枝を嘴で折り取る．次に，小枝の片方を付け根付近で折り取って捨てる．さらに残った側の枝の，枝の分かれ目だったところをうまく残して，根っこを折って捨てると，小枝の片方の先端に鉤針のような部位ついたものが残る．そこから，余分な葉っぱを付け根から外して，丁寧に嘴で整え，見事な，"かかり（フック）"のついた釣り竿を完成させる（図1）．また，別の道具としては，パンダナスツール（Hunt and Gray 2003）と呼ばれるものもある．パンダナス（タコノキとも呼ばれる）というねじれたパイナップルのような植物の葉っぱを，適度な長さに切り取り，細く裂いて，鋸歯の部分を鉤針として残したものだ（図2）．もっとも

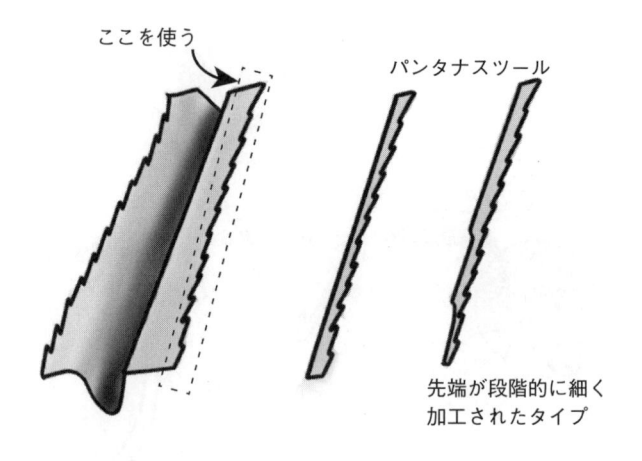

図2 カレドニアガラスのパンダナスツールの作成法.
Huntand Gray (2003) をもとに作図.

　簡単な作り方だと，葉っぱを端から1回，反対側の端から1回，合計2回，口で裂けばできる。しかし，より複雑なものになると，葉を適切な形に整えるために5回に分けて葉が嘴で切り取られる。

　カレドニアガラスの道具の加工や使用については，1996年，Hunt らによって Nature 誌に「Manufacture and use of hook-tools by New Caledonian crows（カレドニアガラスのフックツール加工と使用）」というタイトルで発表されたのが最初だった。これは驚きをもって世界中に受け入れられた。それまで研究者たちは，チンパンジーがシロアリの塚に棒を差し込んで，それに噛みついてくるシロアリを釣り上げる行動を知っていた。塚の中のアリの巣は入り組んで曲がっているので，それに耐えうる柔軟な材質が選ばれ，長さも調整される。さらに，この釣り竿は，先端がほぐされ，シロアリがとりつきやすいように加工される。この釣り竿づくりは，人類の道具利用における起源的な行動と考えられていた。150万年前に存在した原始人類（early human）が使っていた木製の道具は，自然にあるものを利用した槍や穴を掘るための棒といったごく簡素なものであった。チンパンジーとヒトは，

DNAレベルでは1％以下の違いしかなく，系統的にも近い存在であることから，類人猿が知性を持つという事実は自然に受け入れられていた。ところが，3億年前にはすでに哺乳類と分岐したはずの鳥類が，旧石器時代後の人類に匹敵する道具を開発できるのだ。この事実に最も驚いたのは，人間の知能的行動の進化や発展と動物の知能的行動との関連をさぐっていた認知心理学者たちであった。ヒトの持つ知性が特別なものではないと考えを変えざるを得なかっただろう。これ以降，Huntらのオークランド大の研究グループや，Kacelnikらのオックスフォード大の研究グループは，つぎつぎに新しい発見や実験結果を発表し続けている。

　鳥を飼育し，実験室で洗練されたデザインのテストをその鳥に行わせることで，仮説はより強固に検証される。たとえば，カレドニアガラスが使う道具は，先端にフックがあることが重要だが，道具の長さもまた重要である。オックスフォード大のグループは，カレドニアガラスが餌をとるのに必要な道具の長さは偶然決まるのか，それとも意図的に見極めているのか，2羽の飼育下にあるカレドニアガラス用いて実験した。外から見て餌の位置がわかる透明なアクリルパイプを水平に設置し，入口から様々な距離に餌をおいて，カラスたちに様々な長さの棒を与えた。もしも道具の長さが偶然に決まるのであれば，カラスたちは様々な長さの棒をとっかえひっかえするだろう。ところが，ほとんどのトライアルにおいて，カラスたちは最初から十分な長さの棒を選んだのだった（Chappell and Kacelnik 2002）。

　カレドニアガラスが全く知らない材料から新しく道具を作ることができるかどうか，という実験もなされた。同チームは，2羽のカレドニアガラスがいる鳥小屋に，筒の中に虫入りのバケツが入った装置をつくり，曲がった針金がないとバケツが釣り上げられないという状況を作った。小屋の中にはまっすぐな針金と曲がった針金を置いた。雄のカラス，アベルは曲がった針金を積極的に使って餌を採った。だが，彼はこの曲がった針金をときどき持ち去ってしまうので，雌のベティにはまっすぐな針金しか残されていない。すると，ベティは様々な方法——主に"てこの原理"を利用して針金の片端を曲げて加工し，うまくバケツを釣り上げて餌を食べることに成功した（Weir *et al.* 2002）。

もっと複雑なこともできるのではないか？　そう考えたオークランド大のチームは，次のような実験をデザインした。まず鳥小屋の中に，長い棒を使わないと届かない餌を配置した。この長い棒そのものは，別の短い棒を使って取り出さなければならないという，2段階の手順が必要であった。7羽のカレドニアガラスにこれを挑戦させたところ，初めてのトライアルであるにもかかわらず，6羽が短い棒を使って見事に長い棒を得て，それを使って餌を食べることができた（Taylor *et al.* 2007）。これらの実験結果は，カレドニアガラスが道具の特性を理解し，意図的に道具を使っている証拠だ，と解釈されている。カレドニアガラスはその道具使いの巧妙さから，Feathered Apes（羽の生えた類人猿）とまで呼ばれるようになった。

2. ハシボソガラスのクルミ割り

　高度な知能的行動は日本のカラスでも見られる。ハシボソガラスは，日本中の街なか，里，山，海辺など，どこでもごく普通にみかけるカラスの一種で，雑食だが，どちらかというと植物質のものを好んで食べる。秋になると，カラスがクルミを高いところから落として割るという行動が東日本各地で見られる。オニグルミの種子は油脂分が多く，高カロリーで，とりわけ秋から冬にかけての魅力的な栄養源になるだろう。しかしながら，クルミの殻は，モース硬度で3.5という非常に硬いもので，アスファルト（モース硬度1〜2）よりも硬く，容易には割れない。

　ハシボソガラスが車にクルミを轢かせて殻を割るという行動が見られはじめたのは，1970年代の宮城県仙台市といわれている（仁平 1995, 1997）。単に高いところから落とすだけでなく，車にクルミを轢かせることで，より高確率で殻が割れ，カラスが中の種子を食べることができるのである。では，確実に車にクルミを轢かせて割るためには，どれだけのハードルを越える必要があるのだろうか？　その理解をめざし，仁平らはこの行動の様々なパターンを観察した（仁平・樋口 1997, Nihei and Higuchi 2001）。

　まず，適切な場所の選択が必要である。クルミ割りは，車がほとんど通ら

ない道では非常に効率が悪いが，車通りが多すぎればせっかくクルミが割れても中身を回収に行けなくなる。

　場所とクルミの硬さも影響する。土や草の上などやわらかい地面や，雪の上などに上からクルミを落とすだけという個体が観察されることがある。しかし，これだと落下の衝撃は地面に吸収されてしまい，クルミの殻は割れない。したがって，アスファルトのような硬い地面を使う必要がある。衝撃が吸収されてしまうという点ではクルミの成熟度も影響する。まだ果肉のついたクルミを落としてもうまく割ることはできない。

　それから，クルミを置く位置が適切でなくてはならない。車のタイヤが通る位置にクルミが置かれてないと車に轢いてもらえない。これはトライアルアンドエラーをやっているのがよく見られる。電線や道路標識などにカラスがクルミを咥えてとまり，車が来るタイミングを見計らって，直前にほうり投げたりそのまま落としたりする方式がよく観察されるが，信号交差点で車が来るのを待っていて，信号が赤になって止まった車の前に歩いて行って，車のタイヤの直ぐ前にクルミを置く個体もいる。後者はより確実にクルミを割ることが可能である。

　タイミングも重要である。車が来るタイミングとクルミを放すタイミングをうまくあわせられず，あわてて放り投げたり，咥えたまま車にぶつかりそうになったりする個体がいる。一方で，車が信号で停止するのを利用したり，ほどよい交通量の道路で車が来る直前にクルミを落とす個体がいる。なかには動こうとする車を強制的に止めてまでクルミを置くカラスすらいる。車のみならず，ヒトの善意まで道具として利用したクルミ割りといえる。

　そして，車の通過とクルミが割れる因果関係がわかっていなくてはならない。クルミを投下した結果，クルミがまったく車が轢きそうにない見当違いのところにころがっていくことがあるが，カラスはそのまま放置して，長時間待ち続けることがある。一方で，置いた場所が悪かったり，置いた後でクルミがはね飛ばされたり，風で動いたりしたときに，置きなおしをする個体がいる。置きなおしをするということは，場所と状況とクルミが割れることの因果関係が理解できていることを示唆する。

　他個体の存在も考慮すべきである。近くにいるほかのハシボソガラスや，

図3 車に轢かせたオニグルミを食べるハシボソガラス（岩手県紫波郡矢巾町）．

　自分ではクルミ割りをしないハシブトガラスが，割れたクルミを横取りすることもある．そのためか，カラスはクルミを車の通り道に置く直前まで，クルミを見せない（隠している）ことがある．クルミを置くのが早すぎると，他の個体に横取りされる可能性が高まるのだろう．カラスがクルミを置いた後，他の個体（や観察者）がそのカラスの近くに出現したら，カラスは道路の反対側までクルミを咥えて移動したり，一旦クルミを置いて（隠しなおして）他個体の前を飛び去り，またあとで戻ってきたりもする．このように他個体の存在によって行動を変える聴衆効果（audience effect）もまた，知能的な判断といえる．

3. 独学か社会から学ぶか

　カレドニアガラスやハシボソガラスは，周囲の個体から教わらなければこのような技術革新を行えなかっただろうか？ 少なくとも最初にその行動を行った個体は誰からも学んでいないはずである．しかし，そういうひとりの

天才の存在は不可欠だったのだろうか？

　Kenwardらは，この疑問に挑むため，4羽のカレドニアガラスの若い個体を親や周囲の成鳥個体から全く仕事を教わらないよう，成鳥と接触させずに鳥小屋で育て，若いカラスたちが生まれもった能力だけで，道具を作ったり使ったりできるのか実験した（Kenward *et al.* 2005）。その結果，カラスたちは次第に自力で小枝を使って，適当な道具を作りあげることに成功した。また，研究者がパンダナスの葉っぱを実験区内に山積みにしておいたところ，ある若い雄は，葉っぱの端を切って，割いて，切って，13cmのまっすぐな道具をこしらえた。そしてすぐに，隠してある食べ物を取り出しにかかった。4羽が作った道具のなかには，野外でみられるものとは異なる加工を施された道具もあった。そして最後には全員が，隠された餌を採ることができるようになった。このことから，道具を加工をするだけの知能はカレドニアガラスに生まれつき備わっていると考えられる。言い方を変えると，道具の加工に必要な知能の高さは遺伝的なものであるということになる。ただし，Kenwardらは，より効率的に，理想的な道具の形状にたどりつくためには，周囲にいる師匠たちから技を"見て盗む"ことは必要であろう，と結論付けている（Kenward *et al.* 2005）。

　では，その技を盗むことについて見てみよう。他個体の行動を観察した別の個体が，その行動を学習することで新しい食べ物などに適応するという行動は観察学習（observational learning）と呼ばれる。観察学習の結果であることが示唆される例で，古く有名なものとしては，ヨーロッパシジュウカラによる牛乳瓶ふた開け行動がある。1920年代のはじめごろ，イギリスでは毎朝各家庭に牛乳が配達され，その牛乳ビンにはアルミ箔でふたがしてあった。このふたを，シジュウカラが嘴でつついて，瓶の縁についているクリームを食べてしまうのである。この行動は，1921年にイギリスのスウェイリングで観察された後，1930年代にはロンドン近郊で，1937年頃にはベルファスト近郊でも確認されるようになった（Fisher and Hinde 1949）。

　カレドニアガラスの採餌道具についても，同じような観察学習による道具の複雑化とみられる証拠が見つかっている。研究者が調査地から5550個ものパンダナスツールを収集し，それぞれのタイプの出現頻度や出現位置を解

析した結果,「幅広型」→「細型」→「段階的切断型」の順に,作成法が発展したと考えられた (Hunt and Gray 2003)。この研究ではさらに,個体間で道具の作成方法が観察学習を通じて個体から個体へと伝播するうちに,技術が蓄積され,パンダナスツールが次第に複雑な工程でつくられるようになった可能性が指摘されている。

　宮城県のハシボソガラスのクルミ割りについても,シジュウカラのふた開け同様,観察学習の結果広まったのではないかと考えられている (仁平・樋口 1997; Nihei and Higuchi 2001)。なぜなら,目撃例の場所を年ごとに追っていくと,等高線ならぬ等年線をえがくことができ,だんだんと観察された範囲が広がったことがわかったからである。そしてその中心にあるのは,花壇自動車学校であった。自動車学校という場所は,車が,定期的に,頻繁に同じ場所を通る。しかも運転しているのは初心者のため,スピードが遅い。さらに,この自動車学校の近傍にはクルミの木が多くある。つまり,この自動車学校には,車がクルミを轢いて割ることをカラスが洞察するのに必要な好条件が揃っていたようである。

4. 種を越えた観察学習

　前述した観察学習は種間でも生じる。カラ類は混群中の他のカラがお互いの行動を観察することで餌をより見つけられるようになることが知られている (Krebs 1973; Sasvári 1979)。Krebs が行ったアメリカコガラとクリイロコガラの有名な実験がある。この2種は,形態的によく似ているが,餌を探す場所がそれぞれ微妙に異なっている。Krebs は鳥小屋の中に大きな人工の木を設置し,その中の色々な場所に餌を隠した。鳥小屋に片方の種だけを入れた場合は,それぞれがよく行く場所を探していたが,2種を一緒に入れると,お互いの種の採食場所を学習し,効率的に餌がとれるようになったことがわかった (Krebs 1973)。これは互いの種の行動から学習した結果といえる。

　また,松澤は,スズメがシジュウカラの採餌方法を観察学習したと思われる興味深い事例を報告している (松澤 2013)。庭に落花生を吊るしていた松

澤は，シジュウカラは，糸をたくしあげたり，ぐるぐる巻きにしたり，ぶら下がったりして殻の中の種子を食べられるが，スズメは食べないことに気付いた．注意深く観察を続けていると，スズメはシジュウカラの近くでその行動を観察するようなそぶりを見せ，ときおりシジュウカラの動きを真似するように，似たような動きを試行錯誤していた．だが，この時点ではまだ落花生の中身を食べることはできなかった．時を経て，スズメは，同一個体と考えられる1羽を含む3羽で同じ場所を訪れるようになった．3羽は揃って，その場所でシジュウカラが落花生を食べる行動を観察したり，真似したりしているようだったが，この3羽は，それぞれの個体が行動の癖のようなもの（得意なモーション）を持っていた．また，スズメ同士で互いを観察しているようでもあった．そしてある時，ついにスズメは落花生の殻をかじることができる動きと姿勢を見つけたのである．松澤が10年間，庭の同じ場所に餌を置いて観察を続けたことで，このような行動が発生する貴重な瞬間をとらえられたのは素晴らしい．

　異種間のみならず，鳥以外の行動をも観察し，学んで先を予測し，巧妙に採餌に利用しているのが，クロオウチュウである．鳥類が自分とは異なる相手がとらえた餌を略奪する行為は，労働寄生（kleptoparasitism）の一種とみなされる採餌戦術のひとつである（総説として Brockmann and Barnard 1979 など）．クロオウチュウは，基本的には単独で地面にいるトカゲや昆虫を採餌するが，ときおりミーアキャットやシロクロヤブチメドリのグループと行動を共にする．捕食者が近づくと警戒声を出し，ミーアキャットたちが逃げるのに一役買う．しかしながら，クロオウチュウは，ときおり捕食者がいないときにも警戒声を出し（false alarm），驚いたミーアキャットやチメドリたちが置き去りにした餌を奪う（図4；本書第9章；Herremans and Herremans-Tonnoeyr 1997; Ridley *et al.* 2007）．さらに，その際に餌を奪うために付いていく相手に似せた音声擬態まで行う（Flower 2011）．ただし，そういった偽の信号による労働寄生を日常的に行えば，その信号は信用されなくなるし，結局は自力での採餌を改めて強いられることもあるため，この行動が常に行われるわけではない（Flower *et al.* 2013）．つまるところ，そのように意図的にふるまえるのは，クロオウチュウが状況を読み，何をすれ

図4 クロオウチュウが偽の警戒声を出すと，ミーアキャットが驚いたり，逃げたりする際に餌を手放す．その餌をクロオウチュウが横取りする．

ばどうなるかという"蓋然性"を把握しているのだと解釈できる。

5. 空間記憶とエピソード記憶

　ところで，ハシボソガラスはクルミ割りに使うクルミの実を，地面や屋根の隙間など，あちこちに貯蔵しており，実が熟す秋以外の季節にも，ときどき取り出して食べる。このような食べ物をあとで利用するために蓄える貯食行動（food caching, storing）はカラ類やカラス類などでよく知られており，なかには，ハイイロホシガラスのように数千，数万個の植物の種子を貯めこむ鳥もいる（e.g. Tomback 1982）。そういった鳥は，空間を把握し，記憶する能力（spatial memory）が非常に優れている。マツカケスやハイイロホシガラスが貯食した餌の半数から8割以上を再び正確に再び掘り起したという実験データ（Balda and Kamil 1989）や，ハイイロホシガラスが餌を埋めてから285日後もその埋めた場所を覚えていたという野外観察（Balda and Kamil 1992）もある。
　くわえて，鳥たちは，自分がどこに何を置いたかという位置情報だけでな

く，その順番や餌の特徴をも記憶している。このような，「いつ」「どこで」「なにを」がセットになったものはエピソード記憶（episodic memory）と呼ばれ，かつてはこういった時系列で物事を長期に記憶することができるのはヒトだけだと考えられていた。しかし，ヒト以外でこのエピソード記憶を持つことがはじめて示されたのはアメリカカケスという鳥である（ヒト以外ではエピソード様記憶と呼ばれることが多い）。アメリカカケスに，虫とピーナッツを貯蔵させる実験を行ったところ，貯食した虫を取り出すのが遅くて腐らせた経験をしたカケスは，その後，より腐りやすい虫を先に取り出して食べるようになった（Clayton and Dickinson 1998）。エピソード記憶以外でも，鳥たちの卓抜した視覚的な識別能力や記憶力について，研究者たちは数多くの室内実験を行い，ニシコクマルガラスやミヤマガラス，アオカケス，カワラバト（ドバト）などが優れた能力をもつことを示してきた（e.g. Shimizu *et al* 1989; Balda and Kamil 1992）。

そのように研究が進むなかで，そういった知的能力が高い鳥のなかでも，種によって能力に違いがあることも見つかってきた。そのひとつは，ルールの一般化，抽象化ができるかどうかである（総説として Emery and Clayton 2004）。たとえば，「win-stay, lose-shift」というルールがある。うまくいけばそのやり方を保持し，失敗したら変えるというルール化は，類人猿やカラス科の鳥にはできるが，ハトにはできない。ハトは賢くとも，いわば丸暗記派なのである（Hunter and Kamil 1971; Wilson *et al*.1985）。

6. 知能的行動を支えるメカニズム

知能的行動を生じさせるものは，その種ごとの認知能力の特異性や，生態的な圧力，嘴や脚など体の部位の特徴，そして脳である。脳の各領域の大きさのバランスの違いは，行動や認知の違いに直接影響する。

古くは19世紀の末から，脳の大きさと知性の関係について，魚から哺乳類まで広い分類群を対象に調べられてきた。多くの場合，体サイズに対する脳の大きさ，という指標が用いられてきた（e.g. Snell 1892）。カラスの仲間

は，体の大きさに対する脳の大きさが，一般的な鳥類よりもかなり大きいことがわかっており，その比率はチンパンジーに匹敵するほどである（Jerison 1973）。しかしながら，いくら脳が大きいといはいえ，チンパンジーとカラスでは，脳の構造が違うのでは？　という疑問がわくかもしれない。前述したように，哺乳類と鳥類は3億年前に系統的に分岐しているし，鳥は哺乳類の直接の祖先ではない。鳥と哺乳類の共通祖先の脳は，ほとんどが旧皮質と古皮質で構成されていたと考えられている。哺乳類では，これにくわえ，6層構造からなる新皮質がある。鳥類の脳は外見的に哺乳類でいう大脳皮質がある部位はつるんとしてみえるし，層構造はなく，核構造がある。そのためか，大昔は，哺乳類以外は脳の構造が単純で，哺乳類だけが複雑な脳を持ち，知性に秀でていると考えられていたようだ。最近はその考えは大きく改められており，特に鳥の脳は，ヒトの脳とはつくりが違うだけで，同じタイプの神経細胞を持っているし，鳥は哺乳類でいう層状の新皮質のかわりに外套（Pallium）と呼ばれる大脳部位が多様に発達していて，知性に寄与していると考えられている（近年の鳥の脳構造の総説として The Avian Brain Nomenclature Consortium 2005; Emery and Clayton 2005）。

　では，鳥類のなかでも，高度な知的能力をもつ鳥，たとえば道具を使う鳥は，道具を使わない鳥と比べて脳の何が違うのだろうか？　Lefebvre らは，道具を加工するカラスの仲間と，加工はしないが道具は使うサギ類などの鳥を含む合計104種について，脳の形を比較した。その結果，「真の道具使い」は，外套の頭頂側が発達していることがわかった（Lefebvre et al. 2002）。より最近の研究では，Mehlhorn らは，カレドニアガラスの脳を，スズメ，カケスの脳と比較し，大脳の四つの領域——メソパリウム（mesopallium），線条体 - 淡蒼球系複合体（striatopallidal complex），中隔（septum）および被蓋（tegmentum）——が相対的に大きかったと述べている（図5. Mehlhorn et al. 2010）。これらは，主に関連付けや運動学習を扱う領域だと考えられている。類人猿でも，大脳皮質にある前頭連合野や線条体といった同じような機能を果たす領域が他の哺乳類に比べて大きいことから，高度な認知スキルはカラスと哺乳類で独立に進化し，両者は異なる微細回路を持ちながら，それぞれの大脳の連合野を発達させて認知能力を得たと Mehlhorn らは結論

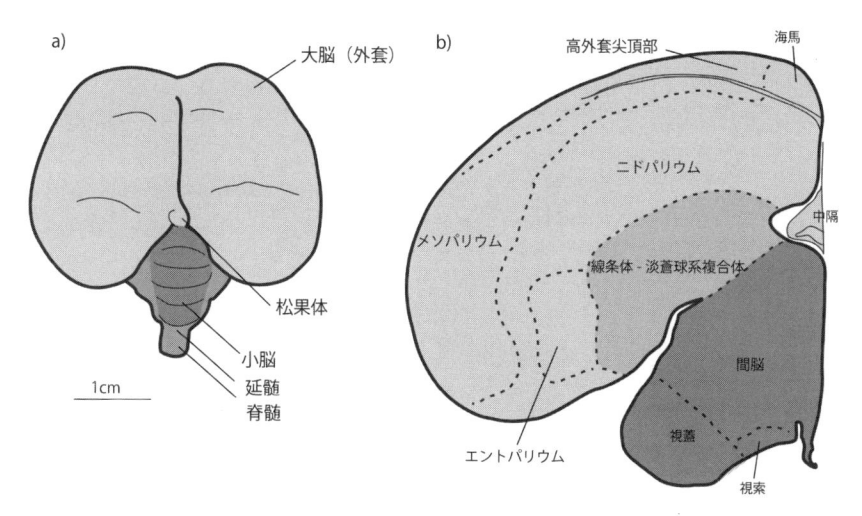

図5 カレドニアガラスの脳の模式図.
Mehlhorn *et al.* (2010) の Fig.1 をもとに作成. (a) 背側面（頭頂側）からみた脳, (b) 大脳とその周辺における各領域を (a) の水平方向の断面で, 半球のみ示したもの. 被蓋 (tegmentum) は間脳と延髄を含む領域（小脳と視蓋は含まない).

づけている (Mehlhorn *et al.* 2010)。

なお，道具使い以外では，鳥類の知性を特徴づける脳の領域として，さえずり学習や音声にかかわる領域や，貯食性鳥類において空間認知に関する海馬が発達していることはよく知られている (e.g. Krebs *et al.* 1989; Brainard and Dupe 2002; Bird and Burgess 2008)。優れた能力と関連した脳の領域はよく発達している，という一般性があるといえるだろう。

7. 状況が知能的行動を促す？

しかし，このようなメカニズム（至近要因）による説明に対し，ある鳥が持つ「能力」と,「その能力を発揮できる生態的な条件や機会」の両方が揃うかどうかこそが鍵なのではないか，という考えがある (Raxton and

Hansell 2011)。言い換えると，条件が揃えば，現在見つかっている鳥以外の鳥類種にも，道具を作ったり使ったりする潜在的能力をもつものがいるのではないか，ということである。最近，このアイデアを支持する，非常に強い実験結果がケンブリッジ大学のチームから報告された。

　ミヤマガラスは，自然条件下では道具を使わないカラスの仲間である。鳥小屋で飼育された4羽のミヤマガラスを対象に，カレドニアガラスでなされたものと同じ，あるいはさらに巧妙な実験デザインが組まれた。たとえば，透明な筒にちょうど良い大きさの石を入れると蓋が開いて虫（餌）が出てくるという装置をこしらえたところ，4羽はいとも簡単に課題をクリアした。少し難しくして，石を少し離れた場所へとりに行かなくてはならないようにしても，カラスたちはやはりちょうどいい大きさの石を最初のトライアルの時から持ってきた。石の形を変えても同様だった。軽い棒と重い棒のどちらかを透明な筒に差し込んで蓋をあける，という装置を与えたときには，前者では棒を蓋に押しつけるようにして使ったのに対し，重い棒は上から落として使った。そして，装置によってどんな道具を使えば蓋が開くのか，このミヤマガラスたちはかなり早い段階で把握して，適切なものを用いた。さらに複雑なものもクリアした。細長い透明な筒の奥に蓋があって，蓋を開けると虫が出てくるのにくわえ，蓋を開けるには小枝が必要だが，材料の小枝にはちいさい横枝がいくつかついており，この横枝を外さないと（つまり加工しないと）枝が筒に入らないという装置を作った。4羽はまたしても難なくこれらの横枝を取り除いて，虫を食べるに至った。最後に，カレドニアガラスと同様，針金を曲げさせて筒の中に入れた虫入りバケツで釣り上げさせる実験にもトライさせたが，ミヤマガラスは難なくこれをクリアした（図6, Bird and Emery 2009）。つまりは，ポテンシャルがあり，かつその能力を発揮できる生態的な条件や機会が揃うことで，ミヤマガラスの知性と技術が発揮されたといえよう。

　生態的な要因という視点からみると，カレドニアガラスは閉鎖的な島に生息していることから，日常的に，より多様な方法で餌を探す必要性があることは想像に難くない。一方で，ハシボソガラスのクルミ割りを観察していると，切羽詰まっているというよりは，クルミ割りは餌を得る一手段にすぎず，

第 8 章　鳥類の採餌行動に見られる知能的行動

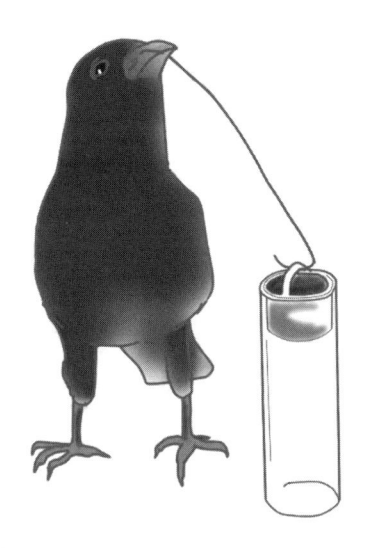

図 6　針金を曲げて加工し，虫の入ったバケツを釣り上げるのに成功したミヤマガラス．
Bird and Emery（2009）を参考に作画．加工や釣り上げる様子は PNAS 誌のウェブサイト（http://www.pnas.org/content/suppl/2009/05/28/0901008106.DCSupplemental）で動画を見ることができる．

時にはカラスは単に遊んでいるのではないかとすら思わされる．ハシボソガラスが今現在の生活でどのくらい「能力を発揮しなくてはならない生態的な条件」にあるかははっきりとはわからないが，生活史のいずれかの段階ではそうなのかもしれないし，あるいは過去には必要だったかもしれない．これに関連しそうなものとして，都市に適応した小鳥類は脳が大きいという研究例がある（Maklakov et al. 2011; 同様の結果は外来種の定着成功度についても得られている，Sol and Lefebvre 2000; Sol et al. 2005）．これは，柔軟に行動できる種は，そうではない，行動のレパートリーが固定されているような種よりも，都市という地球上で新たにできた環境で生き残り，子孫を残すことができたのかもしれないということを意味する．言い換えると，カラスが新たな環境に侵入するという初期段階で，高い知的能力が繁殖成功度に大きく貢献した可能性は十分に考えられるのである．

今後，より多くの鳥が潜在的な道具使いの能力を持っているという観察や検証例は増えるかもしれない。実際，ルアーフィッシングをすることで有名なササゴイでも，水に浮かべて疑似餌として使う小枝を，脚で押さえて嘴で 6-7cm に折ってから投げるという，道具加工のような行動がみられている（Higuchi 1986）。また，多くのバードウォッチャーは，鳥の賢さを実感する場面に遭遇することがしばしばあるはずで，きっとまだ世に埋もれている現象がたくさん見つかるだろう。

　鳥の高度な知的能力は，脳の特定部位の大きさや構造によってもたらされることは間違いないが，生態的な要因や社会的な相互作用の有無もその能力が発揮される条件として重要だと考えられる。今後は，そういったメカニズムや生態的要因を組みこんだ理論的研究も進み，鳥，さらには動物全般の知性に関する統一的な理解が目指されるのではないだろうか。

引用文献

Balda RP and Kamil AC (1989) A comparative study of cache recovery by three corvid species. *Animal Behaviour* 38: 486–495.

Balda RP and Kamil AC (1992) Long-term spatial memory in Clark's nutcracker, *Nucifraga columbiana*. *Animal Behaviour* 44: 761–769.

Bird CM and Burgess N (2008) The hippocampus and memory: insights from spatial processing. *Nature Reviews Neuroscience* 9(3): 182–194.

Bird CD and Emery N (2009) Insightful problem solving and creative tool modification by captive nontool-using rooks. *Proceedings of the National Academy of Sciences* 106: 10370–10375.

Brainard MS and Doupe AJ (2002) What songbirds teach us about learning. *Nature*, 417: 351–358.

Brockmann HJ and Barnard CJ (1979) Kleptoparasitism in birds. *Animal Behaviour* 27: 487–514.

Chappell J and Kacelnik A (2002) Tool selectivity in a non-primate, the New Caledonian crow (*Corvus moneduloides*). *Animal Cognition* 5: 71–78.

Clayton NS and Dickinson A (1998) Episodic-like memory during cache recovery by scrub jays. *Nature* 395: 272–274.

Emery NJ and Clayton NS (2004) The mentality of crows: convergent evolution of intelligence in corvids and apes. *Science* 306: 1903–1907.

Emery NJ and Clayton NS (2005) Evolution of the avian brain and intelligence. *Current Biology* 15: R946–R950.

Fisher J and Hinde RA (1949) The opening of milk bottles by birds. *British Birds* 42: 347–357.
Flower T (2011) Fork-tailed drongos use deceptive mimicked alarm calls to steal food. *Proceedings of the Royal Society B* 278: 1548–1555.
Flower TP, Child MF and Ridley AR (2013) The ecological economics of kleptoparasitism: pay‐offs from self‐foraging versus kleptoparasitism. *Journal of Animal Ecology* 82: 245–255.
Herremans M and Herremans-Tonnoeyr D (1997) Social foraging of the Forktailed Drongo *Dicrurus adsimilis*: beater effect or kleptoparasitism?. *Bird Behavior* 12: 41–45.
Higuchi H (1986) Bait-fishing by Green-backed Heron *Ardeola striata* in Japan. *Ibis* 128: 285–590.
Hunt GR (1996) Manufacture and use of hook-tools by New Caledonian crows. *Nature* 379: 249–251.
Hunt GR and Gray RD (2003) Diversification and cumulative evolution in tool manufacture by New Caledonian crows. *Proceedings of the Royal Society B* 270: 867–874.
Hunt GR and Gray RD (2004) The crafting of hook tools by wild New Caledonian crows. *Proceedings of the Royal Society B* 271: S88–S90.
Hunter III MW and Kamil AC (1971) Object-discrimination learning set and hypothesis behavior in the northern bluejay (*Cynaocitta cristata*). *Psychonomic Science*, 22: 271–273.
Jerison H (1973) *Evolution of the Brain and Intelligence*. Academic Press, New York.
Kenward B, Weir AAS, Rutz C and Kacelnik A (2005) Tool manufacture by naive juvinile crows. *Nature* 433:121.
Krebs JR (1973) Social learning and the significance of mixed-species flocks of chickadees (*Parus* spp.). *Canadian Journal of Zoology*, 51: 1275–1288.
Krebs JR, Sherry DF, Healy SD, Perry VH and Vaccarino AL (1989) Hippocampal specialization of food-storing birds. *Proceedings of the National Academy of Sciences* 86: 1388–1392.
Lefebvre L, Nicolakakis N and Boire D (2002) Tools and brains in birds. *Behaviour* 139: 939–973.
Lefebvre L, Whittle P, Lascaris E and Finkelstein A (1997) Feeding innovations and forebrain size in birds. *Animal Behaviour* 53: 549–560.
Maklakov AA, Immler S, Gonzalez-Voyer A, Rönn J and Kolm N (2011) Brains and the city: big-brained passerine birds succeed in urban environments. *Biology Letters* 7: 730–732.
松澤ゆう子（2013）シジュウカラの採食行動を模倣するスズメ *Strix* 29: 143–150.
Mehlhorn J, Hunt GR, Gray RD, Rehkamper G and Gunturkun O (2010) Tool-making New Caledonian Crows have large associative brain areas. *Brain, Behavior and Evolution* 75: 63–70.
仁平義明（1995）ハシボソガラスの自動車を利用したクルミ割り行動のバリエーション．日本鳥学会誌 44：21-35.
仁平義明（1997）行動の伝播と進化―鳥からチンパンジーまでそして人間の文化を考え

る―. 現代のエスプリ 359：157-164.
仁平義明・樋口広芳（1997）ハシボソガラスの自動車利用行動の発生と広がり. 現代のエスプリ 359：120-128.
Nihei Y and Higuchi H (2001) When and where did crows learn how to use automobiles as nutcrackers？ *Tohoku Psychologica Folia* 60: 93–97.
Ruxton GD and Hansell MH (2011) Fishing with a bait or lure: A brief review of the cognitive issues. *Ethnology* 117: 1–9.
Ridley AR, Child MF and Bell MB (2007) Interspecific audience effects on the alarm-calling behaviour of a kleptoparasitic bird. *Biology Letters* 3: 589–591.
Sasvári L (1979) Observational learning in great, blue and marsh tits. *Animal Behaviour* 27: 767–771.
Shimizu T and Hodos W (1989) Reversal learning in pigeons: Effects of selective lesions of the Wulst. *Behavioral neuroscience* 103: 262.
Snell O (1892) Die Abhängigkeit des Hirnge-wichtes von dem Körpergewicht und den geistigen Fähigkeiten. *Arch Psychiatr* 23: 436–446.
Sol D and Lefebvre L (2000) Behavioural flexibility predicts invasion success in birds introduced to New Zealand. *Oikos* 90: 599–605.
Sol D, Lefebvre L and Rodrıguez-Teijeiro JD (2005) Brain size, innovative propensity and migratory behaviour in temperate Palaearctic birds. *Proceedings of the Royal Society of B* 272: 1433–1441.
Taylor AH, Hunt GR, Holzhaider JC and Gray RD (2007) Spontaneous Metatool Use by New Caledonian Crows. *Current Biology* 17:1504–1507.
The Avian Brain Nomenclature Consortium (2005). Avian brains and a new understanding of vertebrate brain evolution. Nature Reviews Neuroscience, 6(2), 151–159.
Tomback DF (1982) Dispersal of Whitebark Pine Seeds by Clark's Nutcracker: A Mutualism Hypothesis. *Journal of Animal Ecology* 51: 451–467.
Weir A, Chappell J and Kacelnik A (2002) Shaping of hooks in New Caledonian crows. *Science* 297: 981.
Wilson B, Mackintosh NJ and Boakes RA (1985) Transfer of relational rules in matching and oddity learning by pigeons and corvids. *Quarterly Journal of Experimental Psychology*, *37*: 313–332.

コラム 5

カラスの餌落とし

　干潟に行くと，近くの道路でハシボソガラスが貝を路上に落としている光景を目にすることがある。しばらく見ていると，何度か落とした後に貝殻が割れて，カラスは貝の肉をほじくり出すので，硬い貝殻を割るために道路に落としているのだとわかり，カラスは賢いと実感する。カラスはさまざまな遊び行動をすることで知られており，空中から物を落とすことを繰り返すのもその一つである。その遊びの過程で貝やクルミなど硬い殻を持つ餌を落として割る行動を学習したものと考えられる。

　単に貝落としを繰り返すだけであるならば，試行錯誤の繰り返しの後にたまたま殻が割れて中身にありついたことになるが，落とす行動が効率的になるように，餌の性質（殻の硬さ，サイズ）に応じて，落とす基質の性質（硬い，柔らかい）や落とす高さを選んでいることが北米に生息するヒメコバシガラスで知られている（Zach 1979）。このカラスは海岸でバイ貝を拾い，近くの岩場へ行き，空中から落として殻を割る。Zach の観察では，カラスは様々ある貝の中から大きなものを選び，ほぼ 5m の高さから落とすことがわかった。様々なサイズの貝をさまざまな高さから落とす実験を繰り返した結果，カラスの選ぶ貝のサイズと高さは，カラスが得るエネルギーの純利益を最大にすることが明らかになった。カラスは殻が割れるまでに何回か貝落としを繰り返すが，カラスが選んだ 5m の高さは，割れるまでに要した飛び上がり高度の総計を最小にする。このように，カラスの貝落とし行動は，動物が行動に消費するエネルギーと餌から得るエネルギーの収支を基にした最適戦略の例として理解することが出来る。

　ヒメコバシガラスの場合，選ぶ貝には性質の違いはないが，二枚貝は巻き貝よりも殻が薄く割れやすい。もし，硬い岩場の位置が限られていれば，最適戦略の理論上は，餌の割れやすさによって落とす場所を選ぶ

ことが予測される。アメリカガラスは硬さの異なる2種類のナッツの殻を割る場合，硬さに応じて落とす基質の硬さも違えることが知られている（Switzer and Cristol 1999）。これらの餌は外見から硬い餌と柔らかい餌の識別が可能である。博多湾にある和白干潟では，春夏の潮干狩り期には多くの市民が訪れる。アサリとともに掘り出されたオキシジミは，身は大きいが，あまり美味ではないので砂上に放置される。ここに，ハシボソガラスがやってきて，砂上に捨てられたオキシジミを拾う。カラスは50〜100mほど離れた道路やビルの屋上まで貝を運んで落とす。硬い基質では3mの高さから落とせばほぼ1回で割れる。しかし，ここのカラスは貝を拾ったその場で柔らかい干潟上に落とすことを繰り返す。干潟では8回以上繰り返せば殻が開くことがあるが，多くは何度落としても貝が開くことはなく，カラスはあきらめるか，道路まで運んで行く。これは，愚かな行為であるのか，単なる遊びなのか判断がつかなくなる。しかし，干潟への貝落としも，季節が変われば意味を持つようになる。冬になると湾内は北西の季節風が強く，波が荒い日が続き，オキシジミは波の力で砂上に掘り起こされ，弱った貝がたくさん干潟上に散乱する。この時期の貝は簡単に殻が開くのもあるし，少々硬くても1m程の高さから落とせば殻が開く。カラスもこの時期には道路まで運ぶよりも，干潟上に貝を落とす頻度が高い（森田詩織未発表）。外見は同じでも割れやすさの異なる貝が混在している状況では，まず干潟に落としてみるというのは合理的な戦略である。しかし，季節の進行とともに，割れやすい貝の割合は減少し，干潟での貝落としはほとんど失敗することになる。外見の違いが殻の割れやすさを表す餌であれば，アメリカガラスのように落とす基質と割れやすさの一致が期待できるが，外見が変わらず，割れやすさだけが時間的に循環する餌では，このような一致は生じにくいと思われる。カラスの学習も失敗の積み重ねの後に生じるのである。

　干潟のカラスは岩場やアスファルトの道路のどこに落としても結果が得られるので，狙って落とす必要は無く，空中でただ放り投げるように

貝を放つだけである。しかし，岩場の大きさが限られていたらどうだろうか？　第8章で紹介されているカレドニアガラスは，昆虫だけでなく，ナッツも食べる。ナッツの殻は硬いのでくちばしで割ることはできず，硬い岩に打ち当てるしかない。本種は熱帯雨林に棲んでおり，林内には灌木が生い茂り，平らな岩が露出しているところも限られる。そこで，カレドニアガラスは硬い殻を割るために，木の枝の股から4〜5m下にある直径1mくらいの岩の上にナッツを落とす。カラスは決まった枝の決まった股の部分にナッツを宛がって落とすことで，ナッツが岩に当たる位置をほぼ直径20cmの範囲内に集中することができる（Hunt et al. 2002）。枝の下に邪魔物がなく直下に岩がある場所というのは調査地内では限られるが，そのような場所を探した後に適度な高さの枝を試行錯誤により選び出したものと考えられる。さらに，枝の上にたって，くちばしではさんだナッツを直接岩に落とすのではなく，枝の股に宛がってから落とすことで，ナッツが岩にあたる位置を正確に繰り返すことが出来て，当たった後の跳ね返りの方向を予測できる。このようにしてナッツを見失うリスクを低くすることも出来る。道具を作れるカレドニアガラスは餌落としにかけても天才である。

（江口和洋）

Hunt GR, Sakuma F and Shibata Y (2002) New Caledonian crows drop candle-nuts onto rock from communally-used forks on branches. *Emu* 102: 283-290.

Switzer PV and Cristol DA (1999) Avian prey-dropping behavior I: Effects of prey characteristics and prey loss. *Behavioral Ecology* 10: 213-219.

Zach R (1979) Shell dropping: decision-making and optimal foraging in northwestern crows. *Behaviour* 68: 106-117.

第9章

鳥類の警戒声——悲鳴か情報伝達か？

鈴木俊貴

　Darwin 以来 100 年以上にわたって，動物の発する鳴き声は，恐怖や興奮など，個体の情動に関する単純な情報しか伝えないと考えられてきた（Darwin 1871）。ヒトの言語は，過去の出来事や現在直面している事柄，将来の予定など，様々な情報を伝える。一方，動物の発するコミュニケーション信号は，とても単純にみえる。イヌの鳴き声は「ワンワン」，スズメの鳴き声は「チュンチュン」と表記されるように，ヒトの言語の複雑さとは大きな隔たりがあるように思える。しかし，音声により意味を伝えるのは本当にヒトだけなのだろうか？　すべての生物が共通の祖先から徐々に進化したとする Darwin の進化論が正しいのであれば，ヒトの言語と動物のコミュニケーションのあいだにも，進化的な連続性がみつかるはずである。1980 年以降の行動生態学の躍進によって，動物の発する鳴き声には，個体の情動のみならず，環境中の事象を指し示すものが含まれることがわかってきた。たとえば，数種の霊長類が捕食者を警戒して発する鳴き声には，捕食者の種類や距離など，さまざまな情報が含まれる。そして，近年，鳥類においても，鳴き声に含まれる情報やコミュニケーションの適応的意義を探る研究が盛んに進められている。本章では，鳥類の警戒声がどのような情報を伝え，どのような適応度上の利益と関係しているのか，最新の知見をあわせて概説する。

1. 動物言語学の夜明け

　動物の鳴き声の意味を探る研究は，サバンナモンキーを対象に始まった。本種は 40 ～ 50 cm ほどのオナガザルで，サバンナの平原で群れ生活を営んでいる。彼らは，常日頃から，タカ，ヒョウ，毒蛇といった，複数の天敵による脅威にさらされている。古くから，サバンナモンキーがこれら 3 種の天敵をみつけると，全く異なる種類の鳴き声をあげることが知られていた (Struhsaker 1967)。

　Seyfarth *et al.* (1980) は，この現象に着目した。これらの鳴き声はそれぞれの捕食者に特異的に発せられるので，群れの仲間に捕食者の種類を伝えているのではないかと考えたのだ。彼らは，この仮説を検証するため，捕食者の非存在下でスピーカーから警戒声を再生し，サルの反応を調べる実験（音声再生実験）をおこなった。その結果，サバンナモンキーは 3 種類の警戒声に異なる反応を示すことが明らかになった。タカに対する警戒声にはタカからみつからないよう藪に逃げ入り，ヒョウに対する警戒声にはヒョウの近づくことのできない細い木の枝に避難した。さらに，毒蛇に対する警戒声には地面を見渡し，ヘビの位置を探すようなふるまいで反応した。つまり，サバンナモンキーは，異なる警戒声を使い分け，群れの仲間に捕食者の種類を伝えていたのである。この発見は，動物の鳴き声が単に個体の情緒的な変化（恐怖など）しか伝えないとする長年の憶測を覆す大きな発見となった。

　それでは，鳥類ではどうだろうか？　サバンナモンキーと同様に，多くの鳥類種が捕食者に遭遇すると，警戒の鳴き声を発することが知られている。このような警戒声は，単なる恐怖の表れなのだろうか？　それとも，鳥たちは警戒声によって他個体に情報を伝えているのだろうか？　鳥たちの生活空間には，さまざまな捕食者が混在するのが一般的である。また，捕食者の危険性は，捕食者の行動や距離によっても変化しうる。したがって，警戒声によって情報を伝え，適切な行動を促すことは，社会性の発達した鳥類にとっては適応度上の利益となりうる。

2. 鳥類の鳴き声の意味を探る

　はじめに体系的に研究が進められたのは，ニワトリである（図1）。Evansらの研究チームは，ニワトリの雄を籠に入れ，彼らの捕食者である猛禽類のシルエット，生きたアライグマの動画をモニターに映し出し，どのような鳴き声を発するのか実験した（Evans *et al.* 1993）。すると，サバンナモンキーと同様に，ニワトリの雄はこれら2種類の捕食者刺激に全く異なる警戒声を発することが明らかになった。猛禽類のシルエットには「ケェー」と金切り声をあげ，アライグマには「コッコッコッ」という声を繰り返し発したのである（Evans *et al.* 1993）。

　次に，Evans *et al.*（1993）は，捕食者をみせない状況で，これらの鳴き声を雌に対して再生し，反応を調べた。Seyfarthらがサバンナモンキーでおこなった手法をそのままニワトリにも適用したのである。その結果，ニワトリの雌は，2種類の警戒声に異なる反応を示すことがわかった。猛禽類に対する警戒声には上空を見上げ，アライグマに対する警戒声には水平方向に首を動かした。つまり，雌は雄の警戒声を聞いて捕食者がどこから迫ってくるのか察知し，適した警戒行動をとったのである。

　ただし，ニワトリの警戒声が，サバンナモンキーの警戒声と同様に，捕食者の種類を示していると結論づけるには，少し難があるようだ。自然条件下の観察によると，ニワトリは上空に出現したさまざまな無害な鳥類や昆虫，時には飛行機までにも，上空の捕食者を警戒する際と同じタイプの「ケェー」という鳴き声をあげてしまう（Gyger *et al.* 1987）。さらに，かなりの頻度で上空への捕食者と地上への捕食者を混同し，同じ警戒声を発してしまう（Gyger *et al.* 1987）。ニワトリの雌が異なる種類の警戒声を識別し，捕食の回避に利用するのは確かかもしれないが，鳴き声に含まれる情報には，まだまだ曖昧さが残るようだ。

　ニワトリと同様に，上空の捕食者と枝にとまった捕食者を識別する鳥は数多い。たとえば，多くの鳴禽類が，上空を飛ぶ猛禽類をみつけると「スィー」と聞こえる甲高い警戒声を発する（Marler 1955）。一方，枝にとまったフクロウを追い払う際（モビングという）には，より騒がしい声を発する（Marler

図1 ニワトリは猛禽類とアライグマに異なる警戒声を発するが,しばしば混同してしまう.写真:Philip Pikart.

1957)。しかしながら,これらの鳴禽類がどれほど正確に鳴き分けるのか検証した研究例はごく限られており(Griesser 2008),鳥が捕食者の空間的位置を指し示すことができるかどうか結論づけるには,さらなる実証研究が必要である.

3. ヘビを示す警戒声

　鳥類の捕食者は成鳥の捕食者だけではない.鳥類における繁殖の失敗の主要因は,巣における卵や雛の捕食である.日本においては,カラスやイタチ類,ヘビ類が主な捕食者である.このうち,ヘビ類には特別な脅威がある.カラスやテンなどに捕食されにくい樹洞営巣性の鳥類種でも,ヘビの侵入には脆弱で,ほとんどの場合,すべての卵・雛が丸呑みにされてしまう.

　シジュウカラは樹洞などの空洞に営巣する鳴禽類で,しばしば卵や雛がカラスやヘビによって襲われる.私は,シジュウカラの親が,雛を襲いに巣に

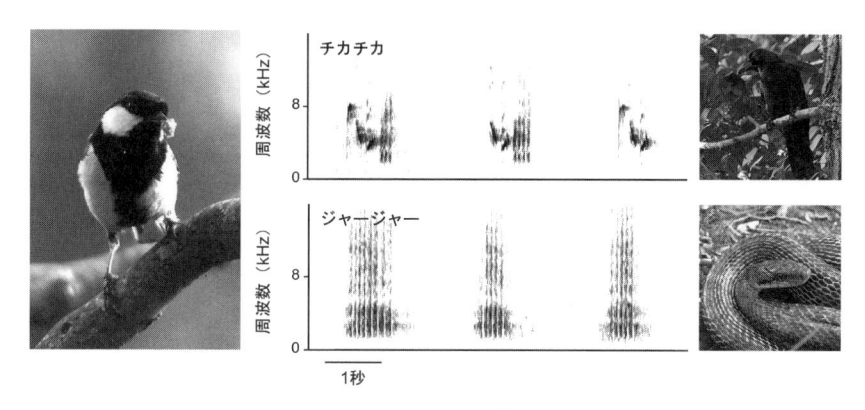

図2　シジュウカラの親の警戒声の声紋.
カラスに対してはチカチカ，ヘビに対してはジャージャーと鳴く．チカチカは複数種の音素が連なった鳴き声であるのに対し，ジャージャーは周波数帯の広い単一種の音素が連なった声である．

近づくカラスとヘビに異なる警戒声を発することを発見した（Suzuki 2011）。ハシブトガラスをみつけると警戒して枝を飛び移りながら「チカチカ」という鋭い鳴き声を繰り返し発する。一方，アオダイショウに対しては，翼や尾羽を広げ，威嚇しながら接近し，「ジャージャー」としわがれた声で鳴く（図2）。

巣の近くで騒ぎ立てることは，捕食者に巣の在り処を示しているようで，一見リスクを伴うように思われる。それにもかかわらず，シジュウカラが警戒声を発するということは，それによって，何らかの利益を得ているはずである。そこで，これらの警戒声を捕食者の非存在下でスピーカーから親鳥に聞かせ，鳴き声に含まれる情報を調べる実験をおこなった。

親鳥が雛に給餌にきたタイミングでカラスに対する警戒声（チカチカ），ヘビに対する警戒声（ジャージャー）のいずれかをスピーカーから再生し，親鳥の反応を観察した（Suzuki 2012）。親鳥は「チカチカ」を聞くと，雛への給餌を中断し，首を水平に振りながら木の枝を飛び移り，警戒した。カラスは飛んで巣に近づくので，親鳥は，つがい相手の発した「チカチカ」に対して広範囲を見渡すことで，効率的にカラスを特定することができると考え

られる。一方，「ジャージャー」を聞かせると，親鳥は地面を凝視した。アオダイショウは地面から木をつたって樹洞の巣に侵入するので，つがい相手の警戒声をたよりに地面を探査することで効率的にアオダイショウをみつけ出すことができる。いったんアオダイショウをみつけられれば，親鳥は協力して巣への侵入を妨害することができるだろう。つまり，シジュウカラの2種類の警戒声はつがい相手に捕食者の種類を伝え，適切な捕食者探索行動を促していたのだ。

巣の防衛という状況では，警戒声は親鳥だけでなく雛に対しても何らかの情報を伝える可能性がある。実際に，親鳥の警戒声を聞くと，雛が餌をねだる声（begging call）を静めるという現象は，20種以上の鳴禽類で報告されている（Magrath *et al.* 2010）。シジュウカラでみつかった2種類の警戒声も，雛に適切な行動変化を引き起こすかもしれない。そこで，巣箱の中に小型カメラを仕掛け，親鳥の「チカチカ」，「ジャージャー」に対する雛の反応を調べた（Suzuki 2011）。

驚くことに，巣立ち間近（孵化後17日目）の雛たちは，これら親鳥の警戒声を正確に聞き分け，異なる反応を示した。雛はカラスに対する警戒声（チカチカ）を聞くと，巣箱のなかで体勢を低くし，うずくまった（図3左）。ハシブトガラスは巣の入り口から嘴で襲ってくるため，巣口から遠い位置にうずくまることで，つまみ出される危険性を軽減できるのだ。一方，ヘビに対する警戒声（ジャージャー）を聞くと，雛はいそいで巣箱から飛び出した（図3右）。アオダイショウは樹洞に侵入するので，その前に巣を脱出することが捕食を回避する唯一の方法である。もちろん，巣立ちには若干早い時期ではあるが，巣に残っていれば，ほぼ確実にアオダイショウに丸呑みにされてしまう。それに比べると，巣を離れることには，圧倒的な利益がある。

つまり，シジュウカラの親は捕食者を警戒するとき，ただ「危ない」と鳴いているのではなく，鳴き声を使い分け，巣に近づく捕食者の種類を，つがい相手と雛に同時に発信していたのである。「チカチカ」という鳴き声は，カラス以外にも，テンやモズなどの捕食者に対しても発せられるので，より一般的な脅威を示していると言えそうである（Suzuki 2014）。一方，「ジャージャー」はヘビに対して特異的に発せられ，その他の状況下で用いられる

図3 シジュウカラの雛は親鳥の警戒声を聞き分け，異なる反応を示す．
カラスへの警戒声を聞くと樹洞の巣（写真は巣箱）のなかでうずくまり（左），ヘビへの警戒声を聞くと一斉に巣を飛び出す（右）．

ことはない（Suzuki 2014）．したがって，この鳴き声に含まれる情報の信頼度は非常に高いと言える．雛の捕食は親鳥にとっても大きな損失である．巣に侵入することができるヘビの存在が，シジュウカラの親子間コミュニケーションをより複雑なものに進化させたと考えられる．

4. 托卵鳥を示す警戒声

　いくつかの鳥類では，捕食者に対してだけではなく，托卵鳥に対しても警戒声を発することが知られる．カナダに生息するキイロアメリカムシクイは，木の枝に椀型の巣をつくり繁殖する鳴禽類であるが，彼らの巣はしばしばコウウチョウに托卵される．コウウチョウによる托卵率は20％以上にもおよぶので，ムシクイにとっては托卵を防ぐことが繁殖における最重要項目のひとつである．コウウチョウは親鳥を襲うことはないので，ムシクイの親鳥はその存在に気付くことができれば，一目散に巣へ飛び帰り，托卵されぬように防衛することができる．一方，コウウチョウとしては，ムシクイが気付かぬ隙に托卵するのが適応的である．
　キイロアメリカムシクイの雄は，産卵期に，巣の周りでコウウチョウの存

在に気付くと，それを雌にいち早くかつ正確に伝えるために，「スィー」と聞こえる鳴き声を発する（Gill and Sealy 1996）。この声は，卵や雛を襲うカケスなどの他の天敵に対しては用いられず，コウウチョウに特異的に発せられる鳴き声である。そこで，Gill and Sealy（2004）は「スィー」という声が，コウウチョウの存在を雌に伝える声であるという仮説を立て，検証した。

　コウウチョウに特異的な警戒声をスピーカーから再生し，聞かせると，ムシクイの雌は慌てて巣に戻り，卵を守ろうとすることがわかった。これは，コウウチョウ以外の天敵に対する「チッチッ」という警戒声によっては誘発されない反応であった。つまり，「スィー」という鳴き声はコウウチョウの存在を示す信号といえる。

　興味深い事に，コウウチョウの生息しない地域のキイロアメリカムシクイは，「スィー」という鳴き声と「チッチッ」という鳴き声の両方を，雛や卵の捕食者（カケス）に対しても発するらしい（Gill and Sealy 2004）。つまり，コウウチョウの有無によって，音声の使い分けが異なるのである。このような音声使用の違いが学習によるものなのか，生得的なものなのかは，今のところ明らかではない。

5. 危険の度合いに応じた鳴き声の変化

　以上のように，数種の鳥類では，警戒声に天敵の種類に関する情報が含まれていることが明らかになった。環境中の事象を指し示す信号は，霊長類のみならず鳥類においても進化していたのである。しかし，情報を伝えるからといって，情動変化を示さないとは限らない。私たち人間も，会話の中で，話し相手の声色から感情を読み解くことができる。

　アメリカコガラの警戒声は，まさに情動変化を表しているようにみえる。アメリカコガラは英名を Black-capped chickadee（黒い帽子をかぶったチカディー）というが，捕食者をモビングして追い払いにかかる際，「チカディー（chickadee）」と聞こえる警戒声を頻繁に発する。Templeton *et al.*（2005）は，禽舎に野外で捕まえてきたアメリカコガラの群れを放し，15 種類もの生き

第9章　鳥類の警戒声

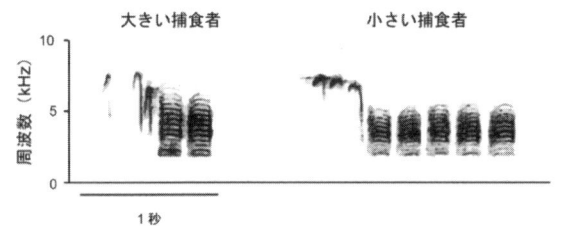

図4　アメリカコガラの警戒声の声紋.
捕食者の大きさと危険度に応じて警戒声に含まれる音素の数を変化させる．声紋はTempleton and Green (2007) より改編．アメリカコガラ：Alan D. Wilson.

た捕食者（猛禽類や哺乳類）を提示し，それに対して発した警戒声を解析した。

　アメリカコガラは，提示したすべての捕食者に同じ種類の警戒声を発した。フクロウに対しても，イタチに対しても，「チカディー」と鳴いたのである。しかしながら，より詳細に鳴き声を解析してみると，興味深い事実が明らかになった。アメリカコガラは，捕食者の大きさに応じて，「ディー」の繰り返し数を変化させるのだ。スズメフクロウなどの小さな猛禽類に対しては「チカディー・ディー・ディー・ディー・ディー」と「ディー」を繰り返して鳴くが，カラフトフクロウのような大きな捕食者に対しては「チカディー・ディー」程度で止めてしまう（図4）。これらの音声をコガラに聞かせると，小さな捕食者に対する警戒声に対しては強い警戒反応を示すが（スピーカーへの接近と鳴き返し），大きな捕食者に対する警戒声には反応が弱いことが明らかになった。体の小さな捕食者は小回りが利くのでハンティング技術が高く，より危険であることが多い。つまり，アメリカコガラは，フクロウやイタチを示す鳴き声をもってはいないが，警戒声の繰り返し数を変化させることで，捕食者の危険度を伝えていると考えられる。

　捕食者の危険度（大きさや距離）による警戒声の変化は，他のカラ類（Soard and Ritchison 2009; Corter and Ritchison 2010）やカンムリサンジャク（Ellis 2008），メグロヤブムシクイ（Leavesly and Magrath 2005）でも報告されて

おり，鳥類において広くみられる現象といえそうである。一見単純な警戒声しか発さない鳥類であっても，音響構造を微細に変化させることで，危険度や緊急性などの情報を伝えている可能性が高い。

6. 意図的な情報伝達

　これまでに，数種の鳥類が，天敵の種類に応じて異なる種類の警戒声を使い分けたり，危険度に応じて発声頻度を変えたりすることがわかってきた。また，受信者が，警戒声のバリエーションから，捕食者の種類や危険度など，多様な情報を解読することが明らかになってきた。しかし，いくら受信者が情報を読み解くといっても，発信者が意図的に発しているのか否かによって，コミュニケーションの様式は大きく異なる。

　Dawkins and Krebs（1978）は，動物のコミュニケーションを「情報伝達」ではなく，信号の発信者による受信者の行動の「操作」と解釈すべきであると論じた。信号発信者に不利に働く信号は，自然選択の結果として進化しえないからである。しかし，前述したように，受信者も多くの情報を利用しているのは事実である。重要なのは，発信者側に「伝えよう」とする意図があるかどうかである。

　この問題に答えるのは難しい。しかし，詳細に発声行動を観察することで，警戒声の発声の背景にある内的プロセスに迫ることは可能である。

　Gyger *et al.*（1986）は，ニワトリの雄をケージに入れ，さまざまな社会状況（単独あるいは他個体と共にいる状況）のもとで猛禽類のモデルを見せる実験をおこなった。その結果，ニワトリの雄は，単独でいるときにはほとんど警戒声を発さないが，つがい相手とともにいるときには警戒声を発することがわかった。つまり，猛禽類のモデルに反射的に警戒声を発しているのではなく，受信者の有無によって鳴くか鳴かないかの意思決定を下していたのである。

　このような発声の調節は，聴衆効果（audience effect）と呼ばれ，意図的な情報伝達の証拠と考えられている。霊長類では，古くから研究が進んでい

て，とても高度なものまで知られている。たとえば，トーマスラングールは，捕食者と遭遇時に周囲に群れの仲間がいるときにだけ警戒声を発するが，群れのすべての個体が警戒声を鳴き返すまで，警戒声を発し続ける（Wich and Vries 2006）。つまり，捕食者に警戒する際，どの個体が警戒態勢に入ったかまですべて覚えているのだ。捕食者に驚いて単に悲鳴をあげているというよりは，群れの仲間に危険を知らせるという意図のもと，鳴き声を発しているようにみえる。

　ただし，ニワトリの雄の警戒声の発声は，トーマスラングールほど洗練されていないようだ。聴衆がつがい相手であろうと，雄であろうと，警戒声をあげてしまう（Gyger *et al.* 1986）。ある特定の個体に対して鳴いているというよりは，猛禽類が迫り，周囲に同種他個体がいれば鳴くという，シンプルなメカニズムであるようだ。

　シジュウカラの警戒声の発声システムは，ニワトリよりも複雑な意思決定を包含するようにみえる。雛の羽が生え揃っておらず，巣を飛び出すことができない段階では，親鳥はヘビをみつけてもヘビ特異的な警戒声を発さないことが多い（Suzuki 2014）。一方，巣立ちが近づくにつれ，親鳥は激しく警戒声を発するようになる（Suzuki 2011）。巣を飛び出してヘビの侵入を避けることができるのは，巣立ち直前の雛だけだからだ。対照的に，カラスに対する警戒声（チカチカ）は，雛の成長段階に関係なく常に発する（Suzuki 2011, 2014）。雛の日齢に関係なく，カラスの接近時には，巣の中でうずくまる行動が適応的であるからだ。つまり，親鳥は捕食者の種類と雛の日齢の両方を考慮して，警戒声の発声を調整しているのである。

　ニワトリもシジュウカラも，信号の受信者の存在が警戒声の発声を促すので，他個体に危険を「知らせる」ために警戒声を発しているように見える。しかし，なかには，警戒声をより策略的に用いるものもいる。

　アフリカのカラハリ砂漠に生息するクロオウチュウは，シロクロヤブチメドリやミドリカラスモドキ，ミーアキャットなど，様々な動物種と隣り合わせで生活している。クロオウチュウは，見晴らしのいい木に止まっていることが多く，猛禽類などの天敵が飛来するといち早く気づき，警戒声を発する。地上付近で採食するシロクロヤブチメドリやミーアキャットは，クロオウチ

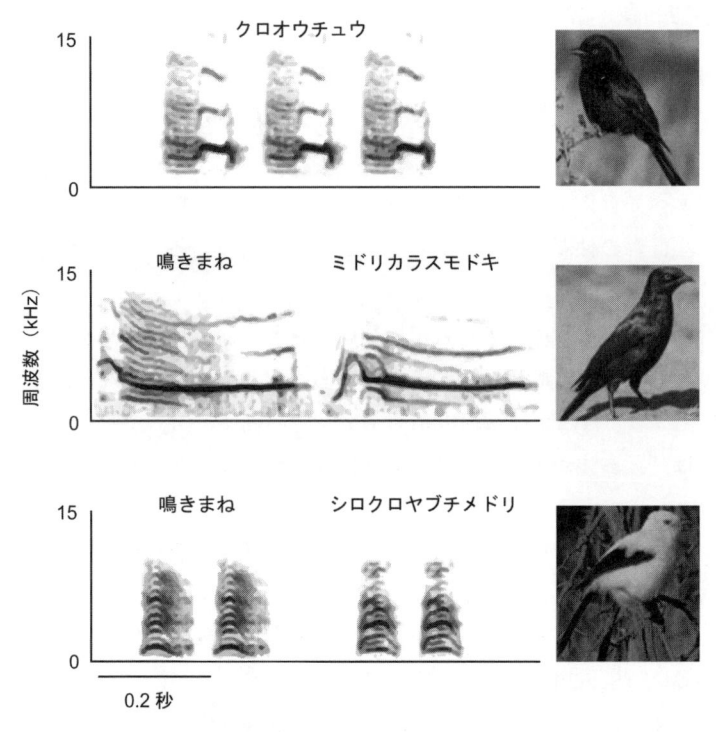

図5 クロオウチュウは他種（ミーアキャットなど）を驚かし，食物をかすめ取る目的で警戒声を発する．
　彼らは，偽りの警戒声への馴れの効果を減らすため，ミドリカラスモドキやシロクロヤブチメドリなど様々な種の警戒声をまね，利用する（Flower *et al.* 2014 を改編）．

ュウの警戒声に聞き耳をたてることで，いち早く上空の猛禽類に気付き，逃げることができる。
　興味深いことに，クロオウチュウは，ミーアキャットが獲物をとらえたのを確認すると，捕食者がいないにもかかわらず，警戒声を発する。すると，その声を聞いたミーアキャットは，捕食者がいると勘違いし，驚いて獲物を手放し，巣穴に逃げ入ってしまう。そして，クロオウチュウは，その獲物を横取りするのである（本書第8章；Flower *et al.* 2014）。捕食者の非存在下で警戒声を発するのだから，恐怖心から反射的に鳴いているわけではない。また，獲物を奪うためにミーアキャットを騙しているのだから，まさに意図

的な発声であるように思える（本書第8章も参照）。

　ただし，何度も繰り返し騙しているうちに，ミーアキャットも偽りの警戒声に馴化してしまう。そこで，クロオウチュウは，自らの警戒声だけでなく，周りに暮らす複数の鳥類種の警戒声をまねて，ミーアキャットを騙すという賢い戦略をとる（声紋の比較によって類似性が視覚化できる：図5）。オウチュウがあまりにも多くの種をまねるので，チメドリやミーアキャットは警戒声に馴化することはほとんどない。鳴きまねのレパートリーは，個体によっても異なるが，9〜32種類にものぼる。オウチュウは，一日の消費カロリーの約4分の1を，この騙しによって得ることができる。

　本章では，鳥類の警戒声がどのような情報を伝え，どのような生態的意義をもつのか，最新の研究成果を交えて紹介してきた。これらの知見を総括すると，鳥類においても，霊長類に匹敵するほどに複雑なコミュニケーションが進化していることがわかる。シジュウカラやキイロアメリカムシクイは，異なる警戒声を使い分け，天敵の種類をつがい相手や雛に伝え，適応的な防衛行動を誘発する。アメリカコガラは，1種類の警戒声の発声頻度や音素数を変化させ，群れの仲間に危険の度合い（捕食者の脅威度）を伝える。また，いくつかの鳥類種では，単に反射的に警戒声を発しているわけではなく，社会状況に応じて発声を調節したり，警戒声を意図的な騙しに使ったりする興味深い事実まで明らかになりつつある。

　しかし，未解決の問題も多い。たとえば，警戒声の発声や意図性，情報を解読する能力に学習や遺伝的基盤がどのようにかかわっているのか，ほとんど明らかではない。また，哺乳類と比べて，限られた数種の鳥類でしか警戒声に関する研究がおこなわれておらず，コミュニケーションの進化要因に関する理解が遅れているのも現状である。今後，さらなる研究によってこれらの点についても理解が深まることに期待し，本章の終わりとしたい。

引用文献

Courter JR and Ritchison G (2010) Alarm calls of tufted titmice convey information about predator size and threat. *Behavioral Ecology* 21: 936–942.

Darwin C (1871) *The Descent of Man, and Selection in relation to Sex*. John Murray, London.

Dawkins R and Krebs JR (1978) Animal signals: information or manipulation. In: *Behavioural Ecology: An Evolutionary Approach* (eds. Krebs JR and Davies NB), pp. 282–309, Blackwell, Oxford.

Ellis JM (2008) Which call parameters signal threat to conspecifics in white-throated magpie-jay mobbing calls? *Ethology* 114: 154–163.

Evans CS, Evans L and Marler P (1993) On the meaning of alarm calls: functional reference in an avian vocal system. *Animal Behaviour* 46: 23–38.

Flower TP, Gribble M and Ridley AR (2014) Deception by flexible alarm mimicry in an African bird. *Science* 344: 513–516.

Gill SA and Sealy SG (1996) Nest defence by yellow warblers: recognition of a brood parasite and an avian nest predator. *Behaviour* 133: 263–282.

Gill SA and Sealy SG (2004) Functional reference in an alarm signal given during nest defence: seet calls of yellow warblers denote brood-parasitic brown-headed cowbirds. *Behavioral Ecology and Sociobiology* 56: 71–80.

Griesser M (2008) Referential calls signal predator behavior in a group-living bird species. *Current Biology* 18: 69–73.

Gyger M, Karakashian S and Marler P (1986) Avian alarm calling: is there an audience effect? *Animal Behaviour* 34: 1570–1572.

Gyger M, Marler P and Pickert R (1987) Semantics of an avian alarm call system: the male domestic fowl, *Gallus domesticus*. *Behaviour* 102: 15–39.

Leavesley AJ and Magrath RD (2005) Communicating about danger: urgency alarm calling in a bird. *Animal Behaviour* 70: 365–373.

Magrath RD, Haff TM, Horn AG and Leonard ML (2010) Calling in the face of danger: predation risk and acoustic communication by parent birds and their offspring. *Advances in the Study of Behavior* 41: 187–253.

Marler P (1955) Some characteristics of animal calls. *Nature* 176: 6–8.

Marler P (1957) Species distinctiveness in the communication signals of birds. *Behaviour* 11: 13–39.

Seyfarth RM, Cheney DL and Marler P (1980) Monkey responses to three different alarm calls: evidence of predator classification and semantic communication. *Science* 210:801–803.

Soard CM and Ritchison G (2009) 'Chick-a-dee' calls of Carolina chickadees convey information about degree of threat posed by avian predators. *Animal Behaviour* 78: 1447–1453.

Struhsaker TT (1967) Auditory communication among vervet monkeys (*Cercopithecusaethiops*). In: *Social Communication among Primates* (ed. Altmann S), pp. 281–324, University of Chicago Press, Chicago.

Suzuki TN (2011) Parental alarm calls warn nestlings about different predatory threats. *Current Biology* 21: R15–R16.

Suzuki TN (2012) Referential mobbing calls elicit different predator-searching behaviours in Japanese great tits. *Animal Behaviour* 84: 53–57.

Suzuki TN (2014) Communication about predator type by a bird using discrete, graded and combinatorial variation in alarm calls. *Animal Behaviour* 87: 59–65.

Templeton CN, Greene E and Davis K (2005) Allometry of alarm calls: black-capped chickadees encode information about predator size. *Science* 308: 1934–1937.

Templeton CN and Green E (2007) Nuthatches eavesdrop on variations in heterospecific chickadee mobbing alarm calls. *Proceedings of the National Academy of Sciences* 104: 5479–5482.

Wich SA and de Vries H (2006) Male monkeys remember which group members have given alarm calls. *Proceedings of the Royal Society B* 273: 735–740.

第10章

さえずりを他種が聞くと何が起こるか
―― 形質置換，そして種認知への影響

濱尾章二

　動物の行動や生態の進化には，種内の社会的要因と生息場所の生態的要因が関わっている。さえずりの進化については，種内の雄間競争や，雌による雄の選り好みという社会的要因の影響がさかんに研究されてきた。一方，生態的要因がさえずりの進化に及ぼす影響は，まだ明らかにされていない問題が多い。ここでは，さえずりが似た近縁種の存在に焦点をあてる。異なる種が一緒に生息し，似かよったさえずりをしていると，誤った種認知の起こることが予想される。近縁種の存在で，さえずりはどのように進化するのかを考える。さらにその結果として，近縁種が生息する地域としない地域の同種個体群の間でさえずりが異なり，種内の認知が乱される可能性についても考察する。

1. さえずりをめぐる性淘汰と自然淘汰

　さえずりとは鳥の音声のうち，スズメ目鳥類の雄が繁殖期に発する長く複雑なものである（より厳密には大庭（2004）を参照されたい）。さえずりはライバル雄の排除とつがい相手の誘引という二大機能をもつと言われている（Catchpole and Slater 1995）。そのため，これまでのさえずり行動の究極要因に関する研究の多くは，同種の雄や雌との関係を考えてきた。つまり，なぜ鳥が今日あるようなさえずりをもつのかという問いに対して，ライバル雄

の排除や雌の獲得に有利になるからだという答え（仮説）を確かめようと，数多くの研究がなされてきた（以下，Collins（2004）の総説を引用）。その結果，なわばり所有者の雄を取り除いてもさえずりを再生しておけば，他雄によるなわばりの乗っ取りをしばらく防ぐことができることや，再生するのがソングタイプ[*1]の多い複雑なさえずりであるとなわばりを「守る」効果が高いことがわかった。また，複雑なさえずりや難しいさえずりをする雄は雌に好まれることも明らかにされてきた。いろいろな音（シラブルタイプ[*2]）を含むさえずりや，音をすばやく繰り返したり広い周波数帯を使ったりするさえずりをする雄は，早くつがい相手を得られたり，一夫多妻になりやすかったり，さらにつがい外交尾の相手を得やすかったりするのである。このように，さえずりを聞いた同種の雄や雌の反応を通して，さえずる個体の利益が明らかとなり，さえずりの進化する理由が理解されてきた。

　しかし，さえずりは周りにいる他の種の鳥も聞くことができる。さえずりを他種が聞いたことが原因となって，さえずりが進化することはないのだろうか。同種の同性や異性による性淘汰に関してさえずりの研究は進んでいるが，他種の存在という生物的環境や非生物的環境による自然淘汰がどのようにさえずりを形成するかについては，何がどこまでわかっているのだろうか。

---

*1　固定的なさえずり方をもつ場合，個々のさえずり方をソングタイプと呼ぶ。例えば，ウグイスの雄は「ホーホケキョ」「ホーホホホヒョコ」などと聞こえる複数のソングタイプをもつ。一方，コヨシキリやヒバリの雄は，固定的な決まったさえずり方をもたず，このような種ではソングタイプは認められない。

*2　一続きのさえずり（song）の中にある個々の音を音素（note）と呼ぶ。例えば，ウグイスならば「ホー」「ホ」「ケ」「キョ」のそれぞれが音素である。一つあるいは複数の音素からなり，さえずりの中に繰り返し現れるかたまりをシラブル（syllable）と呼ぶ。しかし，種によってさえずりの構造は大きく異なるので，何をシラブルと呼ぶかがわかりにくい場合もある。論文では，対象種のさえずりのどの部分を何と呼ぶかが明示されている。

2. さえずりを形成する生態的要因

　動物の行動や生態は，種内の社会的要因と周囲の生物・非生物を含む生態的要因の二つによって形成される。行動や生態に対して社会的要因がどのように影響するかは，これまで数多くの仮説検証型の研究によって明らかにされてきた。それに対して，植生や非生物的環境などの生態的要因が行動や生態に及ぼす影響は，明らかにされていない場合が多い。広く信じられていることであっても，データをもって裏付けられてはおらず，可能性として考えられているだけの仮説もある。

　さえずりの形成に影響する生態的要因としては，音を伝える物理的環境と種認知に影響を与える他種の存在があげられることが多い。まず，物理的環境について考えてみよう。音は音源から遠くなると減衰したり，ゆがみやひずみが生じたりするので，鳥が生息する場所の音声の伝わり方（音声伝達環境）はさえずりに影響するはずである。Morton（1975）はパナマの調査地でスピーカーから音を発し，距離にともなってその音がどのように減衰するかを調べた。その結果，森林では1600～2500Hzの音が，それよりも高い，あるいは低い周波数の音よりも減衰しにくいことを見いだした。Mortonは，この遠くまでよく届く周波数帯を音の「窓」（window）と呼んだ。音の窓は，草原や低木林（若い二次林や藪のある草原）では認められなかった。Mortonは，このように植生によって音声伝達の様相が異なることを明らかにしたうえで，パナマにすむ177種の鳥のさえずりを調べた。すると，森林でさえずる種は草原や低木林でさえずる種よりも低い周波数を用いる傾向があり，その多くが音の窓に合致する1500～2500Hzでさえずっていた。また，森林でさえずる種は，長距離を伝わるうちにゆがみが生じやすい変調や音のすばやい繰り返しを用いず，変調のない純音を繰り返さずに用いる傾向があることも明らかにした[*3]。

　しかし，Mortonの研究のほかには，音声伝達環境のさえずりへの影響について，何かをはっきり明らかにしたと言える研究は見当たらない。ある地

---

*3　一つの音の中での周波数（高さ）や音圧（大きさ）の変化。

域の鳥について近縁種と，あるいは同種の他地域の個体群とさえずりを比較し，その結果見いだされたさえずりの違いが生息場所の植生から予想される音声伝達環境の違いに合致したとする主張はよく見かける（例えば，Jenkins and Baker 1984; Catchpole and Komdeur 1993; Tubaro and Segura 1994）。しかし，それらの研究は，音声伝達環境自体を直接調べてはおらず，可能性を弱く示唆するにとどまっている。まず，実際にそれぞれの調査地の音声伝達環境を明らかにするために，どのような周波数や変調をもつ音が減衰やゆがみを起こしやすいのかを調べる物理的な実験を行い，そのうえで，さえずりが生息地の環境に合ったものになっているかどうかを確かめなくては，音声伝達環境がさえずりに及ぼす影響に関する論議を深めることはできないだろう。

さえずりに影響するといわれるもう一つの生態的要因，種認知に影響を与える他種の存在については，より具体的な仮説を立て，データを得てそれを検証しようとする研究が行われている。次にこの要因を考えてみよう。

3. 同所的に分布する他種の影響――形質置換

さえずりの似た2種の鳥が同じ場所に生息すると，互いに種の認知を誤る可能性が生じる。例えば，同じ種であっても，生息する鳥種が多い地域では生息鳥種が少ない地域よりも単純なさえずりをもつ場合があり（Marler 1960; Kroodsma 1985），これは，いろいろな種がさえずっている環境では，種の特徴が顕著なさえずりをすることによって誤った種認知を避けているためと考えられている。誤った種認知には，異なる種と配偶してしまい適応度の低い雑種個体を生むというコストがある。また，雄同士の関係においても，異種の雄に同種と誤って認知されることによって（必要以上に）攻撃されたり，自らが異種のさえずりを同種のものととらえてなわばりのパトロールや防衛を（必要以上に）行ってしまったりするというコストもある。そのため，同所的に生息するさえずりが似た種間では，さえずりが誤認知を生じない異なるものに変化していくと考えられる（図1; Brown and Wilson 1956; Grant

第 10 章　さえずりを他種が聞くと何が起こるか

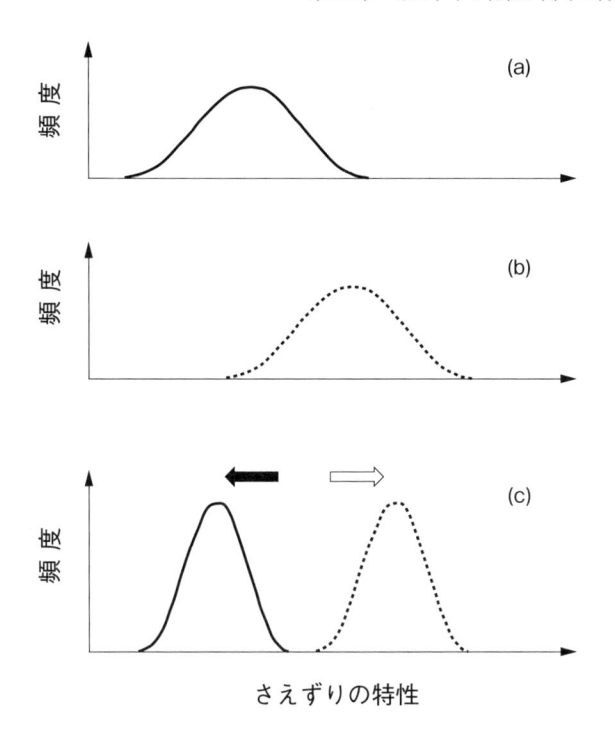

図 1　形質置換によるさえずりの変化の模式図.
横軸はさえずりの何らかの特徴（例えば周波数や音素の長さ），縦軸はそのようなさえずりをする個体（あるいはソングタイプ）の頻度，実線と破線はそれぞれ異なる種を示す．それぞれの種が単独で生息する地域（a, b）に比べ，同所的に生息する地域（c）では両種のさえずり特性の違いが顕著になる．

1972）．

　一般に，同じ資源をめぐって競争関係にある種間では，ニッチ（生態的地位）が分かれるように形態や行動が変化する形質置換の起こることが知られている（Brown and Wilson 1956）．例えば，ガラパゴス諸島にはダーウィンフィンチ類と呼ばれる近縁の鳥種が生息するが，種によって異なる嘴の形や大きさは形質置換によって形成されたと考えられる。つまり，ある種が似かよった食物をとる別の種と共存する島では，競争相手の種と異なる食物を利用するのに適した嘴をもつように進化が起きている（Schluter *et al.* 1985;

Grant and Grant 2006)。同所的に生息するさえずりが似た種間のさえずりの変化も，交雑や競争が緩和されるように互いに異なる音声を用いるという変化であり，形質置換と呼ぶことができる。

　いくつかの種で，さえずりの形質置換が起きたことが示唆されている。ヨーロッパに分布するシロエリヒタキには，近縁種であるマダラヒタキと一部分布が重なる亜種 albicollis と全く重ならない亜種 semitorquata がいる[*4]。これらのさえずりを調べたところ，シロエリヒタキの亜種 albicollis のさえずりはマダラヒタキのものと比べて周波数が高く，周波数変調が激しいという傾向があった（Wallin 1986）。判別分析によると，一つのさえずりを得て分析すればマダラヒタキ，シロエリヒタキ（亜種 albicollis）のいずれの種のものであるかを間違えず判定することができるほど違いが顕著であった。それに対して，シロエリヒタキの亜種 semitorquata のさえずりは特徴がはっきりせず，亜種 albicollis とマダラヒタキの中間的なものであった。判別分析の結果は，亜種 semitorquata のさえずりの特性は同種の別亜種 albicollis とも，マダラヒタキとも重複しており，さえずりを分析しても亜種 semitorquata のものであると特定することはできないことを示した。これらのことは，マダラヒタキと同所的に生息しているシロエリヒタキの亜種 albicollis は，種の特徴がはっきりとしたさえずり（厳密なさえずり）をもつこと，それに対してマダラヒタキがいない地域に生息している亜種 semitorquata は，いずれの種ともつかないさえずり（いい加減なさえずり）をもつことを示している。シロエリヒタキとマダラヒタキの間には雑種個体も生じていることから，Wallin は，2 種の同所的分布域では種間交雑を避けるようにさえずりの形質置換が起きたと考えている。

　ダーウィンフィンチ類では，新たな種が定着した島で比較的短い間にさえ

[*4] これらの亜種を別種とする考えもある。しかし，分類の違いによって，現象の解釈は変わらない。したがって，現在の分類体系で同種とされているか，異種とされているかは重視しないこととする。一般に，異所的に分布する二つの個体群が同種であるかどうかの判定は難しい（詳しくは西海（2012）を参照されたい）。また，本稿でとりあげる種内別亜種，あるいは別種の鳥たちは生殖が隔離されつつある，種分化の途上にあるものも多いと考えられる。

ずりが変化したことが記録されている（Grant and Grant 2010）。ガラパゴス諸島の大ダフネ島には，ガラパゴスフィンチとサボテンフィンチが生息し，それぞれ種はそれぞれのさえずりをもっていた。そこに，1983年オオガラパゴスフィンチが侵入・定着し，1990年代以降，数を増やしていった。すると，もともと生息していた2種のさえずりは短くなり，またすばやく音を繰り返す構造をもつようになった。この変化は，オオガラパゴスフィンチの特徴（さえずりが長く，繰り返しが遅い）とは逆の方向へのものであった（図2）。体サイズの大きなオオガラパゴスフィンチは，食物や巣場所をめぐって在来の二種にハラスメントを行うという（追い払ったり攻撃したりするらしい）。劣位な在来の二種は，オオガラパゴスフィンチから同種の競争相手と誤認されるのを避けるために，彼らとはっきりと異なるさえずりをするように変化したものと考えられる。ダーウィンフィンチ類の例は，誤った種認知によるコストは種間交雑だけではなく，競争関係にある種のうち劣位な側がハラスメントを受けるということもあることを示している。

　ところで，例としてあげたシロエリヒタキとダーウィンフィンチ類のさえずりの変化は，本当に近縁の他種のさえずりが原因となって起きたと言えるのであろうか。シロエリヒタキの二つの亜種のさえずりが異なるのは，マダラヒタキが生息するかどうかではなく，それぞれの生息地域での性淘汰圧の強さの違い[*5]によるという可能性はないだろうか。ダーウィンフィンチ類がすむ大ダフネ島では，年月が経つうちに植生が変化し，音声伝達環境に合うように在来二種のさえずりが変わったという可能性はないであろうか。論文の著者たちは考察の中で，他の可能性をも検討したうえで，近縁種の存在が最もありそうな要因であることを述べている。しかし，一つの調査地で録音してさえずりが異なっていたという事実からは，可能性を示唆する考察は可能であっても，何がその要因であるのかについて明確な答えを与えることはできない。生態的要因についての考察でありがちな裏付けを欠く主張になり

---

*5　例えば，個体群内の生息密度が高かったり繁殖時期の同調性が高かったりすると，雄間競争や雌による雄の選り好みが強く働き，それがさえずりの構造に影響するということも考えられる。

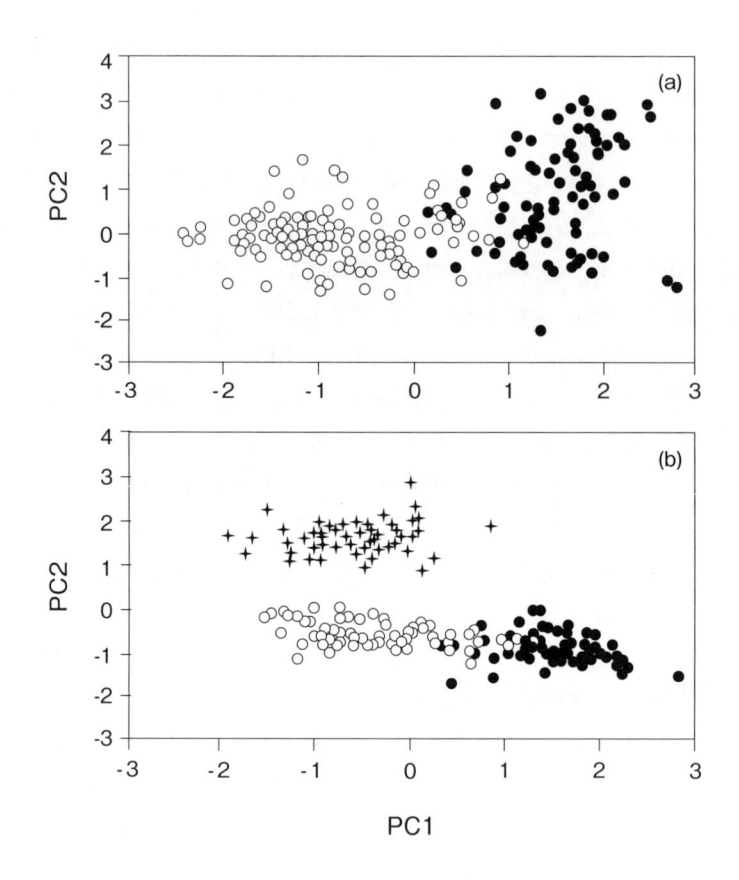

図2 オオガラパゴスフィンチ（十字印）の侵入・定着によるガラパゴスフィンチ（白丸）とサボテンフィンチ（黒丸）のさえずりの変化．
横軸のPC1が大きいほど周波数帯が狭く音素の間隔の繰り返しがすばやいことを，縦軸のPC2が大きいほどさえずりが長く音素の繰り返しが遅いことを表す．オオガラパゴスフィンチの侵入前から直後の1970～89年（a）には，ガラパゴスフィンチとサボテンフィンチのさえずりにはPC2のばらつきが大きいさまざまなものがあったが，オオガラパゴスフィンチが定着し増えた後の2000年代（b）には，二種のさえずりはPC2が小さくばらつきも小さなものとなった．この変化はオオガラパゴスフィンチのさえずり特性（PC2が大きい）とは逆方向へのものであった．Grant and Grant (2010) より許可を得て改変・転載．

かねない。

　近縁種の存在がさえずりに及ぼす影響を理解するためには，データに基づいたより確かな証拠が必要である。そのためには，当然のことながら多くの場所で同じ傾向を見いだすこと，他の要因で説明できるかどうかをデータから検討すること（代替仮説を検討すること）が重要である。また，録音したさえずりを分析するだけではなく，種の認知を直接知るためにさえずりを再生して反応を調べる実験を行うことも形質置換が起きたかどうかを検討するうえで有効だろう。それらを実際に行った研究例を紹介する。

4. アオガラの研究例

　フランス国立科学研究センターのDoutrelantは，アオガラのさえずりに対するヨーロッパシジュウカラ（以下，シジュウカラと表記する）の影響を精力的に調査した。アオガラはヨーロッパに広く分布し，シジュウカラと似たさえずりをもつ鳥である。彼女の研究を紹介しよう。

　Doutrelantは，シジュウカラの存在がアオガラのさえずりに影響しているのならば，シジュウカラの密度が高い地域ほどその効果が大きいはずだと考えた。そして，多くの場所でシジュウカラの密度とともにアオガラのさえずりを調査した。まず3か所で比較すると，シジュウカラが少ない地域ではアオガラがもつソングタイプの数が多く，シジュウカラが多い地域ではソングタイプが少なかった（Doutrelant *et al.* 2000a）。このことは，アオガラが，シジュウカラが少ないといろいろなさえずり方（いい加減なさえずり）を用い，シジュウカラが多いと少ないさえずり方（種の特徴が明らかな厳密なさえずり）を用いるという考えに合致する。また，アオガラはシジュウカラと似た「チーペペ」などと聞こえるさえずりのほかに，「チーヒリリリリリ……」などと聞こえる，後半に同じ音を繰り返す部分（トリルという）があるさえずりをももっている。シジュウカラのさえずりとは明確に異なるトリルの付くさえずり方は，シジュウカラによる誤った種認知を避ける際に有効だと思われる。ヨーロッパと北アフリカの各地9か所で，シジュウカラの密

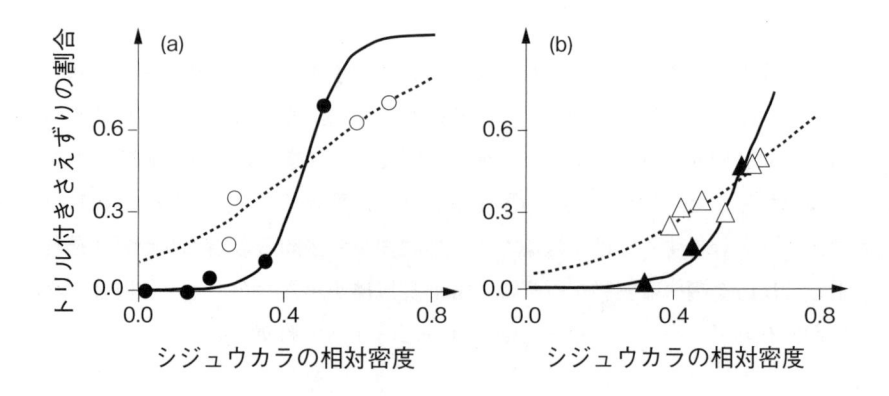

図3 ヨーロッパシジュウカラの密度とアオガラのトリル付きさえずりの割合.
横軸はシジュウカラの密度をシジュウカラ・アオガラの密度の和で除した相対密度，縦軸はアオガラのさえずりのうちトリルがあるものの割合．ヨーロッパ・北アフリカの広い地域の結果（a）とフランス南部コルシカ島内の結果（b）．白抜きのシンボルは落葉樹林，黒いシンボルは常緑樹林のデータであることを示す．シジュウカラの密度が高いほどアオガラのトリル付きさえずりの割合が高くなること，また常緑樹林ではシジュウカラの密度がかなり高くなるまでトリル付きのさえずりが用いられないことがわかる．Doutrelant and Lambrechts（2001）より許可を得て改変・転載．

度（アオガラとの密度の和で除した相対密度）とアオガラのさえずりのうちトリルの付くものの割合を調査したところ，シジュウカラが多いところほどトリル付きのさえずりをよく用いるという相関が得られた。フランスのコルシカ島内9か所で調査した結果も同様の相関を示した（図3; Doutrelant and Lambrechts 2001）。これらのことは，シジュウカラの存在が原因となって，アオガラのさえずりがシジュウカラとは異なるものになっていることを示す強い証拠と言えるだろう。

アオガラのさえずりが地域によって異なることに，音声伝達環境の違いは関わっていないだろうか。先に示したMorton（1975）の研究では，森林に生息する鳥は開けた環境に生息するものよりもすばやく繰り返す音を用いない傾向があった。Doutrelantはアオガラのさえずりのトリルは枝葉が込み入った森林（例えば常緑広葉樹林）では伝わりにくいだろうと考えた。そこで，

先の調査地のうち，常緑広葉樹林と落葉広葉樹林の結果を比較した。すると，ヨーロッパ・北アフリカという大きなスケールでも，コルシカ島内の小さなスケールでも，常緑広葉樹林ではトリル付きのさえずりが用いられない傾向があった。落葉樹林ではシジュウカラの密度が増加するにつれて，アオガラのトリル付きさえずりの割合は直線的に増加したが，常緑樹林ではシジュウカラの密度が非常に高くならないと，アオガラはトリル付きのさえずりをほとんど用いなかった（図3; Doutrelant and Lambrechts 2001）。このことは，音声伝達環境が異なる植生に対応して，トリル付きのさえずりをどの程度用いるかが決まっていることを示唆している。実際にトリル付きのさえずりが常緑樹林で減衰しやすいことは確かめられていないが，この研究はアオガラのさえずりにシジュウカラの存在とともに音声伝達環境が影響していることを示唆したものとして価値がある。

　Doutrelantはさらに社会的要因，つまりアオガラの種内の要因がさえずりに影響していないかを検討した。異なるソングタイプのさえずりは，異なる機能をもつ場合がある（例えば，ワキチャアメリカムシクイ：Kroodsma *et al.* 1989；ウグイス：百瀬 1986）。アオガラのトリル付きのさえずりが種内の雄間競争や雌へのアピールに関係するのならば，アオガラの生息密度によってトリル付きさえずりをよく使ったりあまり使わなかったりすることが予想される。調査の結果は，アオガラの生息密度とトリル付きさえずりの割合は関係が見られず（図4），アオガラのさえずりが地域によって異なるのは種内の社会的要因によるものではないと考えられた（Doutrelant and Lambrechts 2001）。

　以上のように，多くの地域で調査を行うこと，相手の種（この場合シジュウカラ）の密度を測定して定量的な予測を確かめること，さえずりの進化に関する他の仮説も検討することによって，さえずりで形質置換が起きているかどうかを明らかにすることができる。

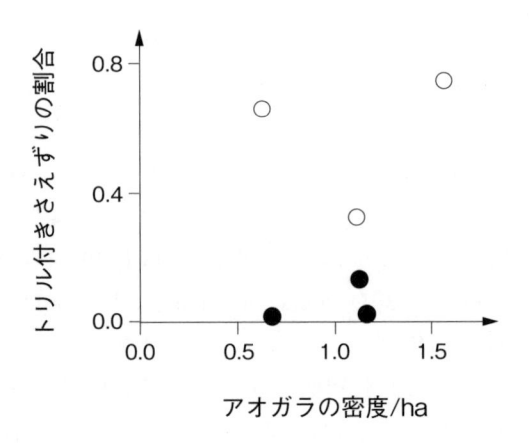

図4 アオガラの密度とトリル付きさえずりの割合.
横軸はアオガラの密度，縦軸はアオガラのさえずりのうちトリルがあるものの割合．ヨーロッパの6地域の結果．白抜きのシンボルは落葉樹林，黒いシンボルは常緑樹林のデータであることを示す．トリルがあるさえずりの割合は密度との関係が見られない．Doutrelant and Lambrechts（2001）より許可を得て改変・転載．

5. 形質置換の駆動力

　競争関係にある他種や種間交雑が起こりうる他種が存在することで，さえずりが変化することは以上のように明らかにされてきた。では，なぜ変化するのか。しないとどのようなマイナスがあるのか。ここでは，他種と似たさえずりをしているとコストがあることを確かめた研究を紹介しよう。
　まず，アオガラの研究で続けることにする。シジュウカラの多くすんでいる所ほどアオガラがトリル付きのさえずりをよく用いることは先に述べた。ここでは，トリル付きのさえずりにはシジュウカラの誤った種認知を避ける働きがあることを示す。アオガラのトリルのないさえずりをシジュウカラが自種のものと認知することを示すことができれば，形質置換を起こす淘汰圧をはっきりと知ることができる。Doutrelant はシジュウカラに対して，アオガラのさえずり（トリル付きとトリルなし），そしてシジュウカラのさえず

りを聞かせて反応をみる野外実験を行った。3か所の調査地（いずれも両種が共存している）で実験したところ，シジュウカラは自種のさえずりに強く反応した（さえずりを再生したスピーカーに近づきさえずり返した）。そして，アオガラのトリルなしのさえずりにもほぼ同じくらい強く反応した。しかし，アオガラのトリル付きのさえずりには弱い反応しかしなかった（Doutrelant *et al.* 2000b）。両種の闘争では体の大きなシジュウカラがアオガラよりも優位である。シジュウカラの強い反応を引き起こすことがないトリル付きのさえずりをすることは，アオガラにとってハラスメントを避けるという利益があると考えられる[*6]。

中南米にすむハイムネモリミソサザイでも，種内の二亜種（*leucophrys* と *hilaris*）の関係で同様のことが知られている[*7]。この種では，二つの亜種が隣接して分布している地域[*8]では，それぞれの亜種が離れて単独で分布している地域よりも，さえずりの亜種間の違いが大きくなる（周波数の幅や，一つ一つの音の長さについて，亜種間の差が大きくなる）。このハイムネモリミソサザイの亜種 *leucophrys* に対して音声再生実験を行ったところ，単独生息域の亜種 *hilaris* のさえずりには自らの亜種のさえずりに対するのと同様に強く反応した（区別できなかった）。しかし，両亜種の分布が接する地域

[*6] もし，なわばり争いにおいて，同所的に分布する近縁の2種が種間なわばりをもつならば，なわばりを効率的に防衛するために，互いに同種であるかのように振る舞う可能性も考えられる。種間なわばりをもつ種では，同所的に分布する相手の種のさえずりに対して，異所的に分布する相手の種のさえずりよりも強く反応するともいわれる（Irwin and Price 1999）。しかし，種間なわばりをもつ2種が同所的に分布するとさえずりが似てくるのかどうかについては資料が乏しく，種間なわばりの有無とさえずりの違い，それにともなう種認知についてはまだ明らかにされていない。

[*7] この話は，種内の別亜種に分類されているものを別種であるととらえると，アオガラ－シジュウカラの話と同様に理解できる。先に述べたように，分類上同種とされているか別種とされているかどうかによらず，形質置換を生み出すメカニズムを理解されたい。

[*8] 隣接する地域では，二つの亜種は完全に隔離されているわけではないという。長い距離にわたり両亜種が狭い境界（＜ 10km）を挟んで生息しており，一部分布が重なっている地域もあることから，分散した個体が他方の亜種の生息域に入り込むことはあるらしい（Dingle *et al.* 2010）。

の亜種 *hilaris* のさえずりには非常に弱くしか反応せず，自らの亜種と区別していた（Dingle *et al.* 2010）。実験結果は亜種間の違いがはっきりした厳密なさえずりは亜種の誤認知を招かないが，違いが不明確ないい加減なさえずりは亜種の誤認知を招くことを示している。

　以上のように，その種（亜種）の特徴が不明確ないい加減なさえずりをすると，他方の種に自らと同じ種だと誤って認知されるが，種の特徴が明確な厳密なさえずりをすると誤認知を招かないという場合がある。相手の種の誤認知によって，社会的に劣位な種がハラスメントを受けるなどというコストがあるのならば，その種とは異なる自種の特徴が明確なさえずりをすることが適応的である。この誤認知のコストがさえずりの形質置換を引き起こす原因（圧力）である。形質置換の駆動力を理解するためには，そのさえずりを聞いた他種の行動を明らかにすることが重要だと言える。

6. 形質置換と生殖隔離

　一般に形質置換は二つに分けられる。一つめは，二つの種が交雑して適応度の低い雑種個体を生じることがないようにするもので，生殖的形質置換（reproductive character displacement）と呼ばれる（Brown and Wilson 1956）。先にとりあげた，マダラヒタキと分布が重なるシロエリヒタキの亜種で，さえずりがマダラヒタキと異なったものになっていることは，生殖的形質置換と考えられている（Wallin 1986）。二つめは，資源利用で競合する二種の競争を緩和するように形質の差が拡大するもので，生態的形質置換（ecological character displacement）と呼ばれる（Brown and Wilson 1956）。シジュウカラと巣穴などをめぐって競合するアオガラが，シジュウカラと似たさえずりをして攻撃されるなどのハラスメントを避けるために，シジュウカラとは異なるさえずりをするのはこれにあたる（Doutrelant *et al.* 2000b; Doutrelant and Lambrechts 2001）。

　二つの形質置換は，どのようなコストを避けるために形質の変化が生じたのか，言い換えれば形質の変化によってどのような利益があるから生じたの

かによって分けられたものである。ところで、さえずりは種の認知と生殖に関わる行動である。したがって、二つの形質置換のいずれであるにしても、さえずりの種間の差が拡大することは誤った種認知を減らす方向に作用し、同所的に生息する二種の生殖隔離を促進する。生態的形質置換によって変化したさえずりによって、二つの種の交雑が起こりにくくなる（起こらなくなる）ということも十分に考えられる。先に紹介したように、大ダフネ島ではオオガラパゴスフィンチが侵入した際、そのハラスメントを避けるように、体の小さなガラパゴスフィンチとサボテンフィンチのさえずりが侵入種のさえずりとは異なる方向へ変化した。これらの地上フィンチ類（ガラパゴスフィンチ属の種）ではほとんどの種間で自然に交雑が起きている（Grant and Grant 1997）が、ガラパゴスフィンチとサボテンフィンチのさえずりが変化したことでオオガラパゴスフィンチとの交雑が起こりにくくなってくる可能性もあるだろう。

7. 形質置換の波及効果で起こる生殖隔離

　形質置換にともなう生殖隔離は、当然のことながら、同所的に生息し形質置換を起こした異なる種間で語られるのが一般的である。しかし、一つの種の中で、形質置換を起こした個体群と起こしていない個体群の間で形質に差が生じ、生殖が撹乱されることはないだろうか。つまり、ある種（A種）が他種（B種）と同所的に分布し、A種の特徴が顕著なさえずり（厳密なさえずり）をもつようになる一方、B種が分布しない地域のA種個体群では異なるさえずり（いい加減なさえずり）をもつ場合、A種の二つの個体群の間で同種であるという認知ができなくなるというストーリーである（図5）。生殖隔離は種分化の重要なメカニズムであり、いろいろな要因で生殖隔離が起こる可能性が検討されてきた。しかし、厳密なさえずりといい加減なさえずりが種の認知を撹乱するのではないかという疑問は、なぜかほとんど取り上げられてこなかった。

　形質置換に限らず少し話を広げると、何らかの要因によってさえずりに地

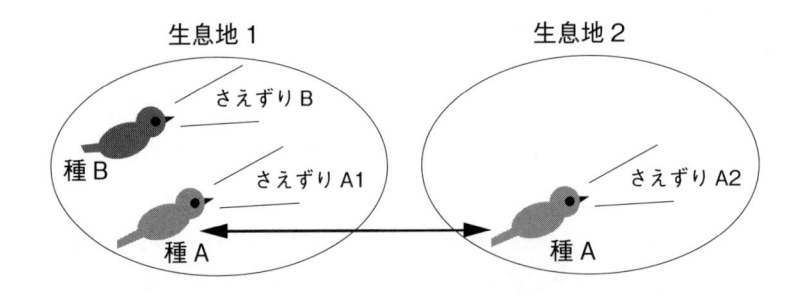

図5 形質置換の波及効果による生殖隔離の模式図.
種Aは，種Bと同所的に分布する生息地1では形質置換を起こし，種の特徴が明確な厳密なさえずり（A1）をする．一方，単独で分布する生息地2では種の特徴が不明確ないい加減なさえずり（A2）をする．すると，二つの地域の種Aの個体群間で種認知は撹乱を受ける可能性が考えられる．

理的変異が生じている種において，異なる地域に分布する同種の個体群間で種認知が行われなくなったという例はある．ダーウィンフィンチ類では6種について，それぞれ自分がすんでいる島のさえずりと他の島の同種のさえずりを雄に聞かせて反応をみる実験が行われている．その結果は，同じ島のさえずりよりも他の島のさえずりに対して明らかに反応が弱いというものだった（Ratcliffe and Grant 1985）．それぞれの種の雄は，聞き慣れないさえずりには，同じ島にすむライバル雄に対するようには反応しなかったわけである．それぞれの種について島間で異なるさえずりが発達した理由は明らかではないが，この例は，同種個体群間のさえずりの違いが種認知を撹乱することを示している．

　輪状種として知られるヤナギムシクイでは，さえずりの地理的変異が種分化を引き起こしている（引き起こしつつある）ことがわかっている．ヤナギムシクイはチベット高原を囲むように分布している（単純に輪の形にはなっておらず，北方ではヨーロッパ中部からロシア東部まで分布が東西方向に広がっている）．分子系統と森林の変遷に関わる地史から，ヤナギムシクイはチベット高原南方に起源をもち，それが東西に分かれて分布を北に広げ，北方で再び分布を接したと考えられている．輪状に分布する複数の個体群（亜

種) の間でさえずりは異なっており，さえずり再生実験を行うと，およそ1500kmを境にして遠くの個体群には反応しなかった。しかし，北方に分布する二亜種は，分布が重なっているにもかかわらず，さえずり再生実験で互いに反応が見られなかった (Irwin *et al.* 2001)。亜種ごとにさえずりの変異をもたらした要因ははっきりしない (Irwinらは性淘汰によると考えている) が，さえずりの地理的変異が同種であるという認知を妨げ，結果として生殖隔離に結びつくことをこの例は示している。

　形質置換が原因となったさえずりの地理的変異でも同様に，異なる地域個体群の間で種の認知が撹乱を受ける可能性が考えられる。形質置換を起こした個体群と起こしていない個体群が，何らかの要因 (地形や分布域の変化) で出会った場合，種認知が行われなくなるかもしれない。まったく同種と認知されないということではなくても，雌が他方の個体群の雄を配偶相手として選ばなかったり，一方の個体群の雄がなわばりを維持しにくくなって配偶の機会を失ったりして，個体群間の遺伝子流動が妨げられることは考えられる。

8. 今後の展望

　以上のように，地域ごとにさえずりが異なる場合，同種とされている個体群の間でも種の認知が行われなくなる場合がある。地域個体群間のさえずりの差が形質置換によるものであれば，同所的に分布する種が原因となって他方の種の中に生殖隔離，さらには種分化を引き起こす可能性が出てくるわけである。他種が同所的に分布する地域の厳密なさえずりと，単独で分布する地域のいい加減なさえずりによって生殖隔離が起こるのは進化の歴史では少ないことかもしれない。しかし，種分化の経路として可能性があるのならば検討が必要であろう。

　その際，重要となるのは，さえずり再生実験によって種認知の有無を明らかにすることだ。しかし，再生されたさえずりに対する雌の反応を調べるのは難しく，このことが疑問に迫る際の問題となっている。今まで紹介した実

験の被験個体はすべて雄である。再生したさえずりをライバル雄のものとして排除・攻撃しようとするかどうかを調べているわけである。しかし，生殖隔離に関わるのは雄のさえずりを聞いた雌の反応である。

　一般に，さえずりが同種か否かの判定は雄に比べて雌の方が厳密である（Searcy and Brenowitz 1988; Irwin and Price 1999）。雄が誤認知によって異種を排除しようとした場合（例えば，不要ななわばりパトロールや攻撃をした場合），時間やエネルギーを消費するというコストを被る。それに対し，雌が誤認知から交雑を起こした場合，適応度の低い雑種個体を生み育てるというコストははるかに大きい。そのため，さえずりで種を判別する能力は雌の方が高いと考えられる。さえずりの判別力の低い雄を使うのではなく，判別力が高く生殖隔離に関わる雌を被験個体として，さえずり再生実験の反応を調べた方がよいのは明らかである。

　あるさえずりを聞いた雌が同種のものとして認知しているか，あるいはつがい相手として選好しているかについて調べられていないわけではない。飼育下でホルモンを与えて性的反応を起こしやすくした雌にさえずりを聞かせて交尾を乞う行動を測ったり（例えば Baker and Baker 1990），さえずりを聞いた雌が巣材を運ぶ行動を指標にしたり（岡ノ谷 2003）して，雌の反応を判定したものはある。しかし，野外でつがいが形成されるプロセスは，雌が雄のさえずりを聞きながら複数のなわばりを訪問し，その後どれかを選んで定着するというものであり，交尾や造巣行動での指標は現実のつがい相手決定のプロセスから大きくかけ離れている。つがい形成前の雌にさえずりを聞かせ，つがい相手の候補（同種）と認知した場合に起きる生理的な変化を検出する技法を利用できる日がくることを期待したい。現在でも，さえずりを聞かせた後で，被験個体の脳の断面を観察し，遺伝子が発現している部位を知ることはできるが，侵襲的な方法であり多くの個体の種認知を調べるには現実的ではない。

　島国の日本では，多くの島で独自の特徴をもつ地域個体群が生じている（図6）。同種であっても，島と本土との間で，あるいは島と島の間で，さえずりに違いがある場合は多い（例えば，ウグイス：Hamao and Ueda 2000; Hamao 2013; メジロ：Hamao *et al*. 2013）。また，島によって近縁種が同所

第10章　さえずりを他種が聞くと何が起こるか

図6　奄美群島徳之島に生息するシジュウカラ（亜種アマミシジュウカラ）．
シジュウカラは南西諸島で形態に変異がみられ，遺伝的分化も認められている．また，シジュウカラが生息する島には，近縁のヤマガラが生息している場合としていない場合があり，さえずりの地理的変異や形質置換に興味がもたれる．

的に分布していたりいなかったりする場合も多い．さえずりの形質置換，そしてそれによる種認知の撹乱，生殖隔離の可能性について調査するうえで日本列島は好適地と言えるだろう。

引用文献

Baker MC and Baker AEM (1990) Reproductive behavior of female buntings: isolating mechanisms in a hybridizing pair of species. *Evolution* 44: 332–338.
Brown WL and Wilson EO (1956) Character displacement. *Systematic Biology* 5: 49–64.
Catchpole CK and Komdeur J (1993) The song of the Seychelles warbler *Acrocephalus sechellensis*, an island endemic. *Ibis* 135: 190–195.
Catchpole CK and Slater PJB (1995) *Bird song: biological themes and variations*. Cambridge University Press, Cambridge.
Collins S (2004) Vocal fighting and flirting: the functions of birdsong. In *Nature's music: the science of birdsong* (eds. Marler P and Slabbekoorn H), pp. 39–79, Elsevier,

London.

Dingle C, Plelstra JW, Halfwerk W, Brinkhuizen DM and Slabbekoorn H (2010) Asymmetric response patterns to subspecies-specific song differences in allopatry and parapatry in the gray-breasted wood-wren. *Evolution* 64: 3537–3548.

Doutrelant C, Blondel J, Perret P and Lambrechts MM (2000a) Blue tit song repertoire size, male quality and interspecific competition. *Journal of Avian Biology* 31: 360–366.

Doutrelant C, Leitao A, Otter K and Lambrechts MM (2000b) Effect of blue tit song syntax on great tit territorial responsiveness - an experimental test of the character shift hypothesis. *Behavioral Ecology and Sociobiology* 48: 119–124.

Doutrelant C and Lambrechts MM (2001) Macrogeographic variation in song - a test of competition and habitat effects in blue tits. *Ethology* 107: 533–544.

Grant BR and Grant PR (2010) Songs of Darwin's finches diverge when a new species enters the community. *Proceedings of the National Academy of Sciences, USA* 107: 20156–20163.

Grant PR (1972) Convergent and divergent character displacement. *Biological Journal of the Linnean Society* 4: 39–68.

Grant PR and Grant BR (1997) Genetics and the origin of bird species. *Proceedings of the National Academy of Sciences, USA* 94: 7768–7775.

Grant PR and Grant BR (2006) Evolution of character displacement in Darwin's finches. *Science* 313: 224–226.

Hamao S (2013) Acoustic structure of songs in island populations of the Japanese bush warbler, *Cettia diphone*, in relation to sexual selection. *Journal of Ethology* 31: 9–15.

Hamao S, Sugita N and Nishiumi I (2013) Geographical variation in mitochondrial DNA and vocalizations in two resident bird species in the Ryukyu Archipelago, Japan. *Bulletin of the National Museum of Nature and Science, Series A* 39: 51–62.

Hamao S and Ueda K (2000) Simplified song in an island population of the bush warbler *Cettia diphone*. *Journal of Ethology* 18: 53–57.

Irwin DE, Bensch S and Price TD (2001) Speciation in a ring. *Nature* 409: 333–337.

Irwin DE and Price T (1999) Sexual imprinting, learning and speciation. *Heredity* 82: 347–354.

Jenkins PF and Baker AJ (1984) Mechanisms of song differentiation in introduced populations of chaffinches *Fringilla coelebs* in New Zealand. *Ibis* 126: 510–524.

Kroodsma DE (1985) Geographic variation in songs of the Bewick's wren: a search for correlations with avifaunal complexity. *Behavioral Ecology and Sociobiology* 16: 143–150.

Kroodsma DE, Bereson RC, Byers BE and Minear E (1989) Use of song types by the chestnut-sided warbler: evidence for both intra- and inter-sexual functions. *Canadian Journal of Zoology* 67: 447–456.

Marler P (1960) Bird songs and mate selection. In: *Animal sounds and communication* (eds. Lanyon WE and Tavolga WN), pp. 348–367, American Institute of Biological Sciences, Washington.

百瀬浩（1986）音声コミュニケーションによるなわばりの維持機構.『鳥類の繁殖戦略

（下）』（山岸哲編），pp. 127–157, 東海大学出版会．

Morton ES (1975) Ecological sources of selection on avian sounds. *American Naturalist* 109: 17–34.

西海功（2012）DNA バーコーディングと日本の鳥の種分類．日本鳥学会誌 61: 223–237.

大庭照代（2004）さえずり．『鳥類学事典』（山岸哲・森岡弘之・樋口広芳監修），pp. 292–293, 昭和堂．

岡ノ谷一夫（2003）小鳥の歌からヒトの言葉へ．岩波書店．

Ratcliffe LM and Grant PR (1985) Species recognition in Darwin's finches (*Geospiza*, Gould). III. Male responses to playback of different song types, dialects and heterospecific songs. *Animal Behaviour* 33: 290–307.

Schluter D, Price T and Grant PR (1985) Ecological character displacement in Darwin's finches. *Science* 227: 1056–1059.

Searcy WA and Brenowitz EA (1988) Sexual differences in species recognition of avian song. *Nature* 332: 152–154.

Tubaro PL and Segura ET (1994) Dialect differences in the song of *Zonotrichia capensis* in the southern Pampas: a test of the acoustic adaptation hypothesis. *Condor* 96: 1084–1088.

Wallin L (1986) Divergent character displacement in the song of two allospecies: the Pied Flycatcher *Ficedula hypoleuca*, and the Collared Flycatcher *Ficedula albicollis*. *Ibis* 128: 251–259.

コラム 6

ヨーロッパにおける *Ficedula* 属の種分化

　ヨーロッパにはマダラヒタキやシロエリヒタキなど，"black-and-white flycatcher" と呼ばれる *Ficedula*（キビタキ）属の鳥類が4種知られている（他の2種は，*F. speculigera* と *F. semitorquata*）。その総称の示すとおり，雌はどの種も体の上面がすすけた黒褐色，雄は黒と白のツートンカラーで，白い斑紋部の面積の大小が種の違いを示している。しかし，外部形態の種間差は雌雄ともに微妙で，形態形質に基づいた分類では，違いの大きいマダラヒタキとシロエリヒタキを別種と判定しても，他の2種は両者の中間的で，最近まで両種どちらかの亜種とされていた。しかし，mtDNAを用いた系統解析では，マダラヒタキとシロエリヒタキの系統的位置は近く，他の2種の分岐が早いことが明らかになっている（Saetre and Saether 2010）。

　現在の分布は，*F. speculigera* は北西アフリカ，*F. semitorquata* は東欧南部から小アジア，コーカサス，イラン北部に，マダラヒタキはイベリア半島，ブリテン島，中欧から北欧，ウラル山脈まで広く分布し，シロエリヒタキはイタリア半島，中欧から東欧にかけて分布している。前2者は他種と分布は重ならず，後2者は互いに大きく分布が重複している。4種の分布の地史的変遷については，最近の分子系統学と現在の分布から以下の様なシナリオが考えられている（Saetre and Saether 2010）。もともと，これら *Ficedula* 属4種は最終氷期を，分布の重ならないそれぞれのレヒュージア（退避地：それぞれ，北西アフリカ，コーカサス，イベリア半島，イタリア半島と推定される）で生き延び，氷期後の森林の拡大とともに，分布を拡大したが，とくにマダラヒタキとシロエリヒタキは分布拡大とともに，中欧と東欧で分布を大きく重複させるようになった。また，最近のシロエリヒタキの分布拡大により，バルト海内の島々には両種の混在地域が飛び地的に存在している。

マダラヒタキとシロエリヒタキの両種は食性，生息場所選択など生態的には非常に類似しており，マダラヒタキは地理的分布と生息条件の幅が広いが，分布が重複する地域では，シロエリヒタキが巣穴を巡る直接的な干渉型競争などで優位に立っている。両種はもともと異所的に生息していたが，歴史的には最近になって分布が重複したために，交雑の可能性があり，実際に，分布重複地域では，2～7%の雑種が生じている。雑種の妊性は非常に低く交雑は不利である。

　それでも，雌の外部形態が類似しているため，両種の雄は他種の雌に対して求愛することが知られており，交雑するかどうかは，雌による雄の選好が関係する。シロエリヒタキの若雄はマダラヒタキの雄に似て体色が薄いので，雑種つがいを形成するのは若雄が多い。同様のことはマダラヒタキの雄でも見られる。例えば，シロエリヒタキの侵入歴史が新しい，スウェーデンのエランド地域のマダラヒタキの雄が，同所的に生息するシロエリヒタキのソングタイプを取り入れた混声歌をさえずる。混声歌をさえずるマダラヒタキの雄の30%は雑種つがいを形成した（Haavie *et al.* 2004）。羽衣やさえずりは雌による雄の選り好みに関係して交尾成功に影響するので，これらの性的信号は交雑を引き起こす原因ともなる。そのため，混在地域ではこれらの形質の違いが大きくなるように変異が生じると考えられる（形質置換：第10章を参照）。実際に，両種では体色の地理的変異が見られるが，マダラヒタキでは，中欧や東欧の両種混在地域では雄の体色は薄く茶色っぽくなり，他の非混在地域では体色は黒い。シロエリヒタキの方でも，重複の大きい地域では雄の体色は黒く，白斑はより大きくなっている（Saetre and Saether 2010）。実験によっても，雄の体色の種間差が大きいほど，異種をつがい相手に選ぶ傾向は低かった（Saetre *et al.* 1997）。このことから，同所的な異種間の形態の分岐は雌の強い選り好みに基づくと考えられる。このように，両種の混在地域では，雌の遺伝的な選り好み形質が，雄の体色の形質置換を生じさせ，このことで，交雑のリスクを減少させていると言える。

(江口和洋)

Haavie J, Borge T, Bures S, Garamszegi LZ, Lampe HM, Moreno J, Qvarnstrom A, Torok J and Saetre GP (2004) Flycatcher song in allopatry and sympatry – convergence, divergence and reinforcement. *Journal of Evolutionary Biology* 17: 227–237.

Saetre GP and Saether SA (2010) Ecology and genetics of speciation in Ficedula flycatchers. *Molecular Ecology* 19: 1091–1106.

Saetre GP, Moum T, Bures S, Kral M, Adamjan M and Moreno J (1997). A sexually selected character displacement in flycatchers reinforces premating isolation. *Nature* 387: 589–592.

第11章

行動と生理
――ストレスホルモンによる"異常事態"への応答

風間健太郎

　野生に暮らす鳥類は，時に悪天候や餌不足などの様々な危機にさらされる。鳥類には，こうした危機を上手に乗り越えるための生理的なしくみが備わっている。この章では，危機に直面した鳥類の体内で分泌されるコルチコステロンを例に，野外における鳥類の行動が生理的なしくみによっていかに巧みに制御されているのかを解説する。

1. 野外環境の変動とストレス――"異常事態"との遭遇

　野外の環境は絶えず変動する。その変動はある程度予測できる側面と予測することが非常に難しい側面とがある。北半球の中緯度域では毎年変わらず四季が移ろう。季節の移ろいは比較的穏やかに進み，動物は日長や気温の変化を手がかりに，その移ろいの時期や速さを予測することができる。鳥類は，こうした毎年ほぼ変わらずに起こる環境の変化に合わせ，行動，あるいは形態や生理状態を変化させ生活史ステージを移行させる。
　一方，環境は時に予測を超える速さで変化したり予測とは異なる変動を示したりする。鳥類は，台風の襲来などの天候の急変，あるいは夏場の低温といった異常気象に直面することがある。鳥類が直面するこうした"異常事態"は，気象条件など物理環境の急変に限らない（図1）。餌資源の量のほか，個体を取り巻く社会条件や他種との相互作用といった生物的環境もまた，予

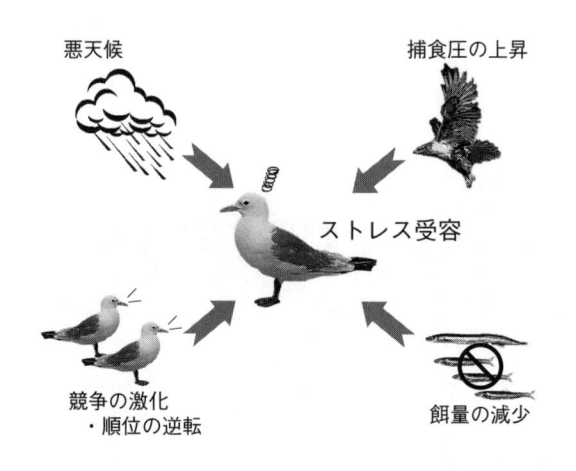

図1　野外の鳥類が直面する様々な"異常事態"の例.

　想外の，そして突発的な変動を示すことがしばしばある。鳥類の餌資源の量は，物理環境変動の影響を受けて年や季節によって大きく増減する。餌や縄張りをめぐる他個体との競争関係，あるいは社会性鳥類における他個体との優劣関係もまた，新規個体の加入や個体の加齢などにともなって突然変化することがある。さらに，新規の捕食者の出現，あるいは既存の捕食者の分布や個体数の変化により，捕食圧が急上昇することもある。

　鳥類は，多種多様な"異常事態"に直面した時，通常であれば安全な場所やより良い環境に直ちに避難することができる。しかし，鳥類はいつでもそうした"異常事態"から逃避できるわけではなく，何らかの理由でその"異常事態"に立ち向かわなければならない場合もある。例えば，激しい縄張り争いの末に獲得できた縄張りを，個体はたやすく手放すわけにはいかない。繁殖中の親鳥も，それまでに多くの時間やエネルギーを投資してきた卵や雛を簡単には放棄しようとしない。さらには，そもそも飛ぶことができない雛は"異常事態"から逃れる術を持っていない。こうして"異常事態"に立ち向かうことを余儀なくされた個体は，通常とは異なる行動をとったり，通常とはかけ離れた生理状態に自らを変化させたりすることで，その"異常事態"

に一時的に順応する必要がある。なぜなら，個体がもしも通常の行動や生理状態のまま"異常事態"に長期間さらされると，その個体の生理状態はみるみる悪化し，最終的に死に至るからだ。鳥類には"異常事態"に一時的に順応するための生理機構が備わっている。"異常事態"に遭遇した個体の体内では，ストレス内分泌物質（ホルモン）の一種であるコルチコステロンが分泌される。コルチコステロンが分泌されると，個体の行動や生理状態が変化し，"異常事態"への一時的な順応が可能となる。

　この章では，ストレスホルモン「コルチコステロン」を例に，外部環境の変化に合わせた鳥類の多様な行動調節がどのような生理機構によって駆動するのかを解説する。はじめにストレスを受容した個体の体内でコルチコステロンがどのようなしくみで分泌されるのかを，続いて分泌されたコルチコステロンが野外の個体のストレス応答にいかに有効に作用するか（あるいは弊害をもたらすか）について，最近の研究事例をあげて解説する。

2. ストレスホルモン「コルチコステロン」

(1) ホルモンとは

　ホルモンとは「特定の臓器（内分泌器官）で作られて，血液に分泌され，血流に乗って，離れた臓器・器官に運ばれて作用する物質」である（當瀬 2009）。動物の様々な内分泌器官からは多くの種類のホルモンが分泌される。ホルモンは行動の調節のほか，代謝，繁殖，成長，生体リズムの調節に関わる。コルチコステロン以外の各種ホルモンの分泌のしくみやその生理的な役割については，行動生理学（Nelson 2000）や動物生理学の教科書（シュミットニールセン 2007）に詳しい。

(2) 通常時のコルチコステロン分泌——負のフィードバックによる濃度調節

　コルチコステロンは，副腎皮質から分泌される糖質コルチコイドと呼ばれるホルモンのうち鳥類では最も主要なものである。コルチコステロン分泌は，副腎皮質からの分泌に至るまでに視床下部 − 脳下垂体前葉（Hypothalamus-

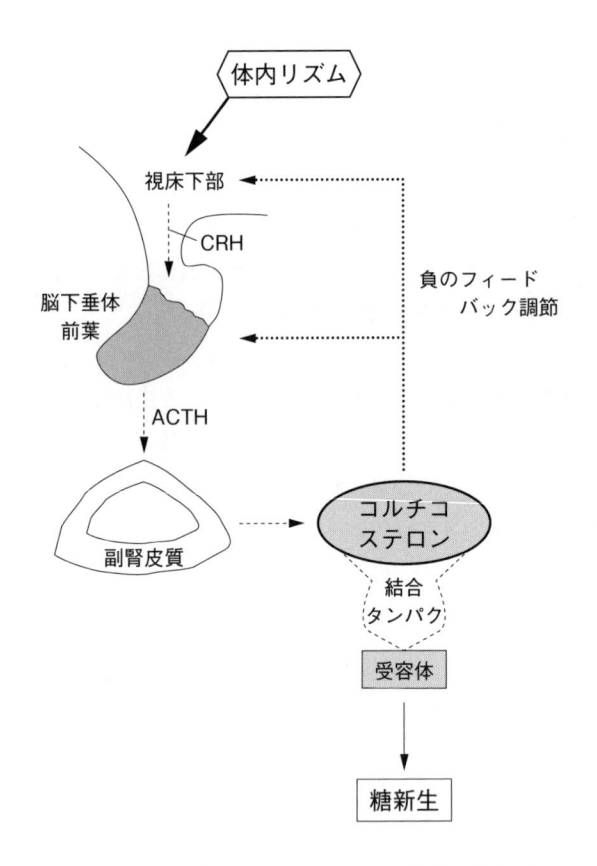

図2 通常時のコルチコステロン分泌の流れ.

Pituitary-Adrenal（HPA）中枢）の調節を受ける（図2）。視床下部から副腎皮質刺激ホルモン放出ホルモン（Corticotropin-releasing hormone（CRH））が分泌されると，CRHは脳下垂体前葉に到達し，副腎皮質刺激ホルモン（Adrenocorticotropic hormone（ACTH））の分泌が促される。このACTHが副腎皮質からコルチコステロンを分泌させる。分泌されたコルチコステロンは，血中タンパク質を介して受容体と結合し，肝臓でタンパク質を糖化（糖新生）して血糖量を上昇させるという生命維持のための重要な役割を果たす。

　ホルモンの作用は，血中濃度によりその大きさが決定される。コルチコス

テロンは，糖新生を維持するため，生物の血中には常にある程度の濃度が存在する必要がある。そのため，"異常事態"でなくとも血中濃度がゼロにならないよう，コルチコステロンは生物体内で絶えず分泌されている。また，通常の環境下では，コルチコステロン分泌の引き金となる CRH の分泌が日周性（サーカディアンリズム）や季節性などの体内リズムによって制御されるため，わずかではあるがコルチコステロンの分泌量は周期的に変化する。例えば鳥類では，体内リズムの影響により，体温調節エネルギーが多く必要となる夜間，あるいは活動エネルギー量が増加する繁殖期にコルチコステロンの分泌量は緩やかに増加する。

　一方，コルチコステロンの血中濃度が高すぎると，成長や免疫機能などに様々な障害が発生する（3節で詳述）。そのため，通常時には，生物体内のコルチコステロン分泌量は増加しすぎないようにある一定の範囲内に調節される。コルチコステロンが分泌されると HPA 中枢に作用し CRH や ACTH の分泌が抑制される。その結果，血中のコルチコステロン濃度は，多少の変動はあるものの，一定量以上には高まらない。この濃度調節のしくみは「負のフィードバック調節」と呼ばれる。

(3) "異常事態"におけるコルチコステロン分泌

　"異常事態"に遭遇しストレス因子（図1）を受容した個体の体内では，通常時に働く濃度調節のしくみが機能しなくなり，コルチコステロンの分泌量が通常時の数倍から数十倍に急激に増加する（図3）。ストレス受容後のコルチコステロン分泌量増加は非常に迅速であり，個体がストレス信号を受容してから数分以内に血中コルチコステロン濃度は急上昇する（Romero and Reed 2005, Box 1 参照）。

　3節で詳述するように，分泌量が増加したコルチコステロンは，個体の行動，成長，免疫反応などに様々に作用する。分泌量が増加した後でもストレス信号が短期的に収まれば，負のフィードバックによってしばらく後にコルチコステロン分泌は通常時のレベルまで低下する。しかし，ストレス信号が長期間継続されると，次第に負のフィードバック調節が働かなくなり，やがてその調節機能は完全に失われるか，あるいはストレス信号が止んだ後もフィー

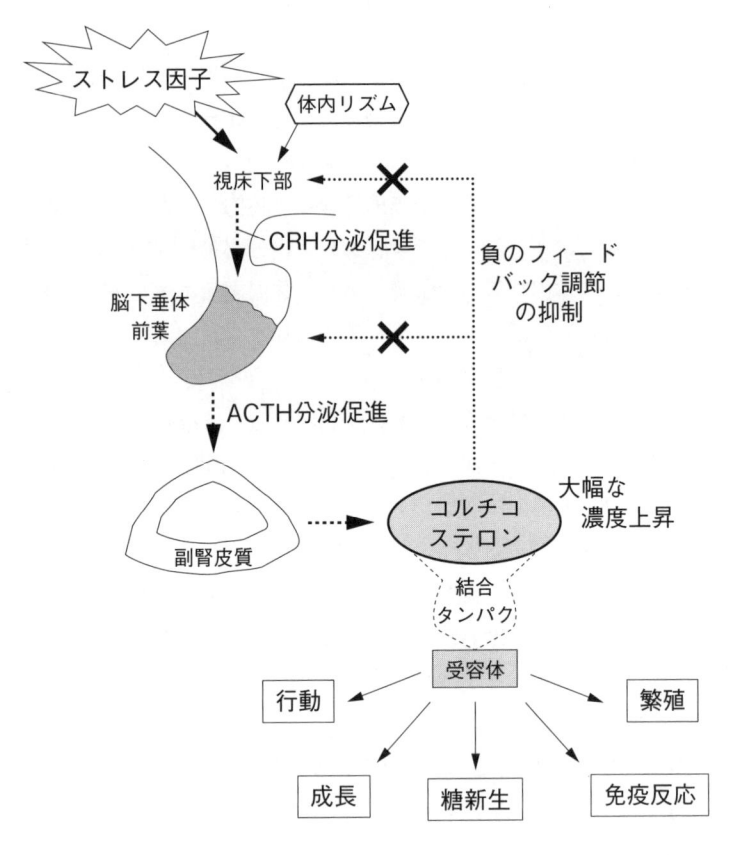

図3 "異常事態"におけるコルチコステロン分泌の流れ.

Box 1

ストレス受容時のコルチコステロン濃度の迅速な上昇

　個体がストレスを受容した後，血中コルチコステロン濃度が上昇する速度は非常に速い。このことは，研究者を苦しめる要因となる。野外個体の血中コルチコステロン濃度を計測するには，個体を捕獲して脚や翼下の静脈から

採血をする。ところが，補綴や採血のためのハンドリング（翼の展開など）自体が個体へのストレスとなり，捕獲後数分のうちに血中コルチコステロン濃度は急上昇してしまう（Box 図 1）。そのため，個体の捕獲時点での血中コルチコステロン濃度を正確に測るためには，捕獲後すぐに採血を行う必要がある。鳥類の場合，種類によって多少の違いはあるものの，個体の現状の（捕獲時点の）血中コルチコステロン濃度（ベースライン濃度と呼ばれる）の測定には捕獲後 3 分以内の採血が必要とされる（Romero and Reed 2005）。野外個体のベースライン・コルチコステロン濃度の測定には，研究者の高い捕獲，補綴，および採血の技術が求められる。

一方，こうした濃度変化の速さは研究者を苦しませるだけでなく，個体のストレス反応に関する多くの情報を提供してくれる。捕獲やハンドリングのストレスによりコルチコステロン濃度が急上昇した個体を暗所などに静置すると，通常，数十分後には負のフィードバック調節が働き始め，血中濃度は徐々に低下する（Box 図 1）。この間，個体から数分おきに採血すれば，コルチコステロン濃度の上昇速度や最高値，あるいは濃度が低下し始めるまでの時間

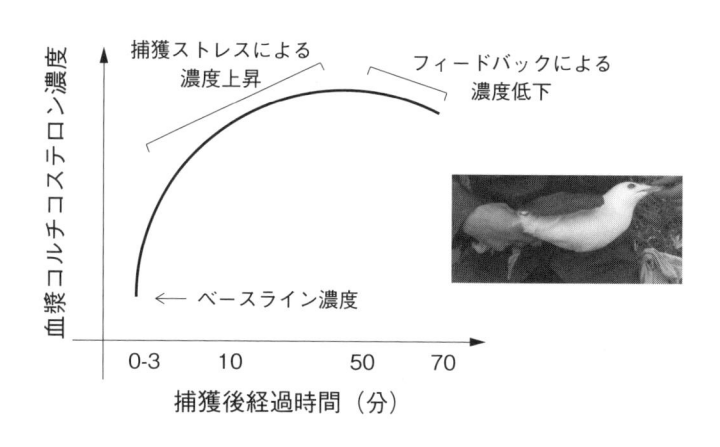

Box 図 1　捕獲後の血漿中コルチコステロン濃度の変化.
　　　　写真は採血のために捕獲されたウミネコ.

を測定できる．ベースライン濃度だけでなく，これらの濃度変化に関する情報も，個体のストレス状態を良く反映する．例えば，栄養状態の異なる個体では，ベースライン濃度だけでなく，捕獲後の濃度変化にも違いが現れる（Box図2）．一般に，栄養状態の良い個体は悪い個体に比べてベースライン濃度が低い（図中AとBの差）だけでなく，捕獲後の濃度の上昇速度や最高濃度も低く，さらには，濃度が低下し始める時間も早い．また，図中の良好栄養状態と通常栄養状態のように，個体の栄養状態の違いがベースライン濃度には反映されなくとも，その後の濃度変化に反映される場合もある．

野外における複数回の採血は困難な場合が多いが，多くの研究ではベースライン濃度測定に加えて最低1回（多くの場合捕獲から10分程度後）の測定が行われている．それらの研究では，ベースライン濃度は"個体の現状のストレス状態"，最高濃度やその上昇速度は"個体の突発的なストレスに対する潜在的な耐性の高さ"として用いられることが多い．

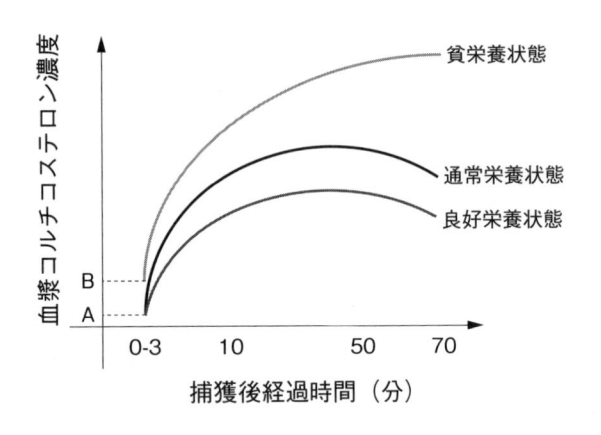

Box 図2 栄養状態の異なる個体の捕獲後の血漿コルチコステロン濃度変化．

ドバック調節が働き難い状態となる。こうして，長時間ストレスに晒された個体の血中コルチコステロン濃度は低下しなくなってしまう。このような状態に陥った個体は，慢性的に生理状態が悪化し，病理的な症状に陥ってしまう。

(4) 野外の鳥類の血中コルチコステロン濃度の変動

　ここまで，通常時と"異常事態"におけるコルチコステロン分泌のしくみを説明してきたが，野外で鳥類が実際に示す血中コルチコステロン濃度の変動パターンを見てみよう。図4は，ミヤマシトドの雄の各繁殖ステージにおける血中コルチコステロン濃度の変動を示す（Wingfield and Kitaysky 2002）。この研究では，季節的なコルチコステロン濃度の変動を見るため，最初に通常の年において通年測定が行われている。次に，台風が襲来した別の年における血中コルチコステロン濃度の測定が行われている。この年，台風は1回目の育雛期に襲来し，その攪乱により全ての繁殖個体が巣を放棄した。1回目のコルチコステロン測定は台風襲来直後，親鳥が巣を放棄する直前に行われ，2回目の測定は周辺環境の回復により親鳥が繁殖を再開した2回目の繁殖期に行われた。

　図4の通常の年の変動を見ると，ミヤマシトドの血中コルチコステロン濃度は，季節的な増減を示すものの，先にも述べたように，生命活動維持のため，図中（A）で示される通り最も低い時期でさえその濃度がゼロになることは決してない。季節的な変化を見ると，図中（B）で示されるように，活動量が増しエネルギー要求量が増加する繁殖期には糖新生が促進されるようにコルチコステロン濃度が上昇している。ただし，この季節的な濃度変化の間，負のフィードバック調節が常に働くため，分泌量の変動は緩やかであり，血中コルチコステロン濃度が高まりすぎることは決してない。

　その一方で，台風の襲来があった年には，巣を放棄する直前の親鳥のコルチコステロン濃度は，通常の年の同時期に比べて5倍近く上昇している。図中（C）で示されるように，このような大幅な濃度の上昇は，ストレス信号によりコルチコステロン分泌量が急激に増加し，負のフィードバック調節が働いていない状態を表す。台風通過後，繁殖を再開した親鳥のコルチコステ

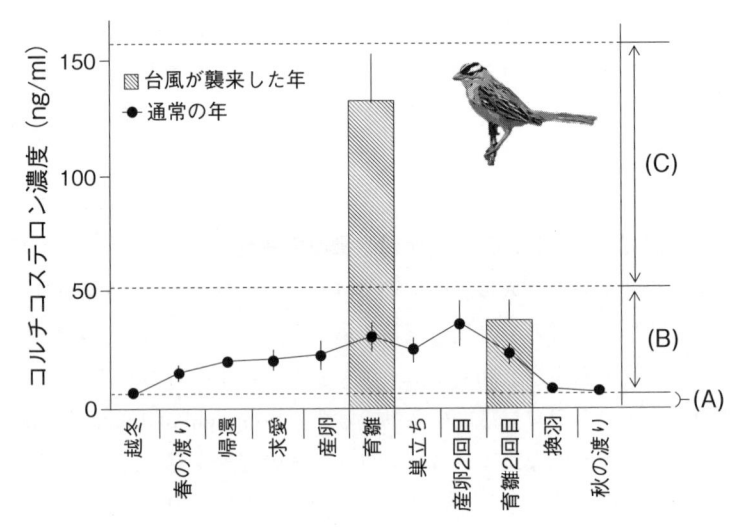

(C) "異常事態"での濃度急上昇
　　ストレスによる濃度の上昇
　　負のフィードバック調節が働かない
(B) 通常時の濃度変動
　　体内リズムによる緩やかな変動
　　負のフィードバックによる濃度調節
(A) 生命維持に必要な濃度

図4　ミヤマシトドの雄の血漿コルチコステロン濃度の季節変化．
折れ線グラフは通常の年における季節変動を示す．左の棒グラフは別の年の台風到来により繁殖を放棄する直前，右は同年の台風通過後繁殖を再開した個体の濃度を示す．コルチコステロンの濃度の変動範囲は，A〜Cの三つに分類できる（本文参照）．Wingfield and Kitaysky (2002) をもとに作成．

ロン濃度は，通常の年よりはわずかに高いものの，通常の変動範囲内（B）に低下している．この濃度の低下は，台風の通過が短期間の"異常事態"であったため，一時的に機能しなくなった負のフィードバック調節がやがて回復したことによる．

3. コルチコステロンの作用——高濃度分泌は"諸刃の剣"

　ストレスに晒された生物個体の体内で大量に分泌されたコルチコステロンが生物にどのような影響をもたらすのかについては，人間のストレス応答機構の解明やストレス症状の治療を目的として主に実験動物や臨床研究で明らかにされている（表1）。コルチコステロンは代謝を調節することで"異常事態"の間の生理状態の悪化を最小限に抑えようとする。また，コルチコステロンは，成長，繁殖，あるいは免疫機能など大量のエネルギーを必要とし個体の生残を脅かす生命活動を抑制する。さらに，痛覚を鈍らせて外部環境からの刺激に対する過剰な生体反応を緩和する。これらは"異常事態"に直面した生物個体の生残率の低下を防ぐメカニズムとして作用する。

　一方，ストレスが継続し高濃度のコルチコステロン分泌が長期間続くと，生物個体には様々な病理的弊害が生じる（表1）。コルチコステロンによるタンパク分解（糖新生）が長期間継続されると，体内組織を構成しているタンパク質が破壊されてしまったり，糖代謝が正常に行われなくなったりする。そうした通常とは異なる生理状態に置かれた生物個体の心臓や消化器官には大きな負担がかかり，高血圧や潰瘍などの病理的な症状が表れる。成長の抑制が長期間におよべば，個体は発達障害を起こし加齢時に神経の退化が加速するなど，生涯にわたり悪影響が生じる。繁殖の抑制もまた，性的不能や排卵停止に陥るなど生物にとっての恒久的な弊害をもたらす。さらに，免疫機能や痛覚反応の抑制が長期間続けば，やがて個体は通常の免疫反応や痛覚の感受を取り戻せなくなり，それらの機能を生涯失うことになる。

　このように，コルチコステロン濃度の上昇は，一時的なストレスへの順応（そして死亡の回避）という適応上の利益を生物個体にもたらす。その一方で，濃度が高い状態が継続されると，そのストレスが去った後も，時に生涯個体につきまとう病理的な弊害をもたらす。コルチコステロンの分泌は，生物個体にとってまさに"諸刃の剣"なのである。

表1 コルチコステロン分泌によるストレスへの一時的な順応とストレス状態が
長期間続いた時に現れる病理的な症状.
これらは主に実験動物や臨床研究で明らかにされている．Sapolsky (1992) および
Sapolsky *et al.* (2000) をもとに作成．

一時的なストレスへの順応	慢性的ストレス状態にともなう病理的症状
エネルギー貯蔵から消費へのシフト（糖新生）	構造タンパク質の損傷，糖尿
心拍数の上昇	高血圧
消化抑制	消化管潰瘍
成長抑制	発達障害，加齢による神経系退化の加速
繁殖抑制	性的不能，排卵停止
免疫抑制，抗炎症作用，痛覚の脱失	免疫機能喪失，痛覚障害

4. 野外の鳥類におけるコルチコステロンの働き
―― 海鳥を例として

　ここまで，コルチコステロンの分泌のしくみとその体内での作用について説明した。では，"諸刃の剣"であるコルチコステロンが野外の鳥類のストレス応答行動をどのように制御し個体に利益をもたらしているのか，またその時に個体にはどのような弊害が生じるのか。この節では野外の鳥類のストレス応答に対するコルチコステロンの働きを解説する。

(1) 激しい環境変動に晒される海鳥
　鳥類の中でコルチコステロンによる行動制御やその適応上の意義（繁殖や生残への影響）についての研究が最も進んでいるのは，海鳥である。一般に，陸上の環境に比べて海洋の環境変動は迅速かつ広域にわたり，またその変動の幅は非常に大きい。こうした海洋環境変動の影響を受けて，海鳥の餌である海洋生物の分布や個体数もまた季節や年により大きく変動する。海鳥はそ

うした劇的な餌資源量の変動に絶えず晒されている（Boyd *et al.* 2006）。とくに，大量の餌（エネルギー）が必要となる繁殖期においては，海鳥はエネルギーの不足という"異常事態"に陥る機会が多くある。また，海鳥は一般に長命（十数年以上生存）であるため，"異常事態"における繁殖行動の調節がその後の自身の生残や翌年以降の繁殖にも影響する重要な要素となる。こうした背景から，繁殖期の海鳥は野外におけるストレス応答を研究する上での恰好の材料なのである。

(2) ホルモンによる行動制御の野外研究

海鳥の中でも，野外個体のストレス応答に対するコルチコステロンの働きが最も詳細に明らかになっているのは，ミツユビカモメ（口絵8）である。ミツユビカモメは北大西洋，北太平洋，地中海，および北極海に生息，北米やユーラシア北部，グリーンランドの海岸部で繁殖，日本では冬季のみ目にすることができる小型のカモメである。最長で30年近く生存するミツユビカモメは，毎年繁殖期になると崖の岩棚などに集団で巣を作り，通常は2個の卵を産む。雛が孵化すると25〜30日もの間，親鳥は餌を雛に運び続ける。ミツユビカモメの餌は海洋生物の中でも資源量が変動しやすい魚類や頭足類などに限定されるため，本種は海鳥の中でも餌不足に陥る機会がとくに多い（Cairns 1987）。

これまで，北米やヨーロッパのいくつかの研究グループにより，複数の繁殖地において長年ミツユビカモメの繁殖行動が詳細に観察され，同時に個体の栄養状態と血中コルチコステロン濃度が測定されている。また，多くの個体に足環標識が行われ，長期間にわたる個体の生残や繁殖の履歴が記録されている。さらに，これらの野外調査と皮下移植により人工的に個体の血中ホルモン濃度を上昇させる操作実験（Box 2 参照）とが組み合わされ，餌不足によるコルチコステロン分泌量の上昇が親鳥の繁殖行動や雛の成長におよぼす影響が明らかにされている。

Box 2

ホルモンによる行動制御の研究手法
―― ベースラインの測定と皮下移植操作実験

　一般に，ある種のホルモンが野外の動物個体の行動にどのような影響を与えるのかを明らかにするには，個体の行動頻度とその時の血中ホルモン濃度（ベースライン濃度，Box 1 参照）との関連を調べればよい．ところが，いくつかの種類の血中ホルモン濃度の変動は非常に迅速であり（Box 1 参照），その正確な測定は困難であることが少なくない．また，一つの行動を制御する生理機構は単一とは限らないため，採集できるデータ数が限られる野外調査においてはとくに，特定のホルモンの濃度と行動頻度との強固な関連性が検出されにくい．そのため，ある種のホルモンの働きを効率的に検証する方法として，ホルモンを皮下に移植して人工的に血中ホルモン濃度を上昇させるという操作実験がしばしば用いられる（例えば Kazama *et al.* 2011）．経口薬や注射によっても一時的に血中ホルモン濃度を上昇させることはできるが，負のフィードバック調節によりその濃度は次第に低下してしまう．より長期間のホルモン濃度上昇の影響を検証する場合や，個体の捕獲回数が限られる野外においては，一定の速度で体内に溶け出し血中濃度を一定期間（最長で数十日）高く保つことができるよう調整されたホルモン錠剤やチューブ（サイラスティックチューブという）を皮下に埋め込む方法が用いられる．これらの方法で人工的にホルモン濃度が高められた個体の行動の変化を調べれば，そのホルモンによる行動の制御が直接的に明らかにできる．また近年では，これとは逆に，一定濃度のホルモンを移植して負のフィードバック調節を誘発させることで，ホルモンの分泌を抑制する（血中濃度を低下させる）操作実験も行われている（Goutte *et al.* 2011）．

(3) コルチコステロン分泌による餌不足への順応

　ミツユビカモメの親鳥と雛は，餌の不足という"異常事態"に直面するとコルチコステロンの分泌量を増加させる。親鳥は，繁殖地周辺の餌資源量（漁獲量を指標としている）が少ないほど，個体の栄養状態（骨格サイズに対する蓄積脂肪量の割合）が悪化し（Kitaysky *et al.* 1999b），血中コルチコステロン濃度が上昇する（Kitaysky *et al.* 1999a, 図5A）。同様に，人工給餌によりエネルギー摂取量を変えて雛を飼育すると，日間エネルギー獲得量が少ない雛ほど栄養状態が悪化してコルチコステロン濃度は上昇し，その上昇はエネルギー摂取量が自然条件下よりも少ない時にとくに顕著となる（Kitaysky *et al.* 2010, 図5B）。

　こうして分泌量が増加したコルチコステロンは，個体が餌不足に順応できるよう，きわめて効果的に作用する。コルチコステロン濃度が上昇した親鳥と雛の行動の変化を図6にまとめた。こうした個体の行動の変化は，もっぱら皮下移植実験や分泌量抑制実験（Box 2参照）により明らかにされている。親鳥のコルチコステロン濃度を皮下移植実験により人工的に高めると，親鳥は巣に滞在する時間を短縮して子の保護を減らす（図7A）。また，分泌量抑制実験では，分泌量を抑制された実験処置群と比較して，コルチコステロン濃度の高い対照群の親鳥は繁殖よりも自身の生残を優先して繁殖を遅延させたり繁殖そのものを休止したりする（Goutte *et al.* 2011）。また，他種での検証ではあるが，コルチコステロン濃度の高い親鳥では，一腹卵数や卵のサイズが減少したり（Bonier *et al.* 2009），産まれてくる雛の性比が体サイズが小さく育雛のコストが低く抑えられる雌に偏ったりすることが報告されている（Bonier *et al.* 2007; Love Oliver *et al.* 2005）。このように，コルチコステロンは餌不足に陥った親鳥の繁殖投資量を節約し，自身の生残が維持されるように実に効果的に働く。

　同様に雛のコルチコステロン濃度を人工的に上昇させると，親鳥に対する餌乞い頻度が増加する（Kitaysky *et al.* 2001, 図7B）。餌乞い頻度の増加により親鳥の給餌行動は促され，雛が獲得できる餌量が増加する。また，コルチコステロン濃度が上昇した雛は，巣内にいる他の雛（兄弟）への攻撃行動の頻度を増加させる（Kitaysky *et al.* 2001）。こうした攻撃性の上昇は兄弟

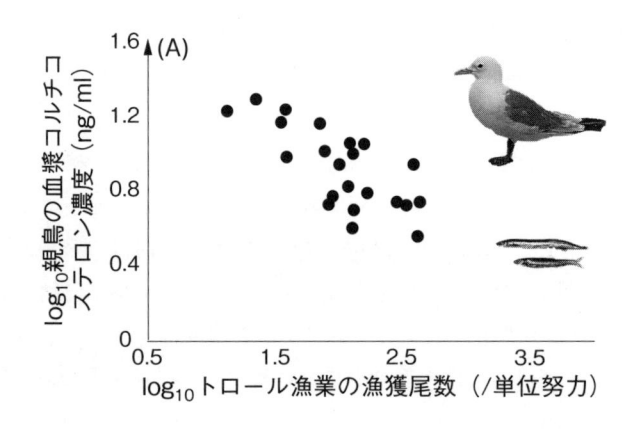

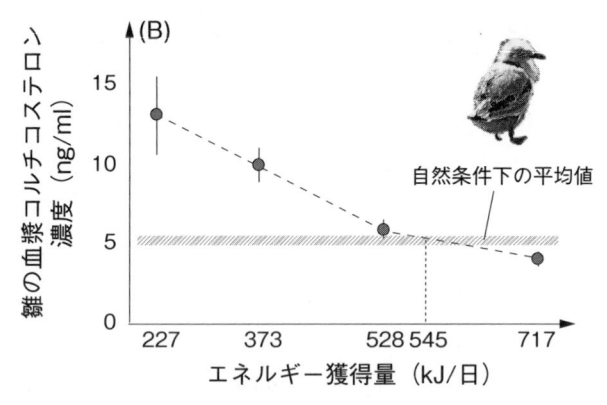

図5 ミツユビカモメの餌条件とコルチコステロン濃度.
(A) は繁殖地周辺の餌資源量と繁殖中の親鳥の血漿コルチコステロン濃度の関係を表す．一点は一つの年における一つの繁殖地の平均値を示す．(B) は1日当たりのエネルギー獲得量と雛の血漿コルチコステロン濃度の関係を表す．灰色の横棒は自然条件下（エネルギー獲得量 545kJ/日）における雛の平均的な血漿コルチコステロン濃度範囲を示す．Kitaysky et al. (1999a, 2010) をもとに作成.

殺しを促し，限られた餌資源をめぐる巣内競争を緩和して自身が獲得できる餌の量を増やす働きがあると考えられている（Kitaysky et al. 2001）．このように，コルチコステロンは餌不足にさらされた雛の餌獲得量が少しでも増加するように作用し，巣立ちの達成に大きく貢献する．

第 11 章 行動と生理

短期的利益
- ベギング強度上昇
- 攻撃性上昇
  ⇒
- 餌獲得量増加
- 巣立ち成功の達成

- 繁殖の休止・遅延
- 卵数・卵サイズ減少
- 子の性比調節
- 子の保護減少
  ⇒
- 繁殖投資節約
- その年の生残維持

長期的不利益
- 成長阻害
- 認知・学習能力低下
- ストレス耐性低下
  ⇒
- 巣立ち後生残率低下？

- 繁殖成績低下
- 繁殖後の生残率低下
- 翌年繁殖休止

図 6 環境の悪化によるコルチコステロン分泌量の増加が親鳥と雛の行動や生残におよぼす影響.

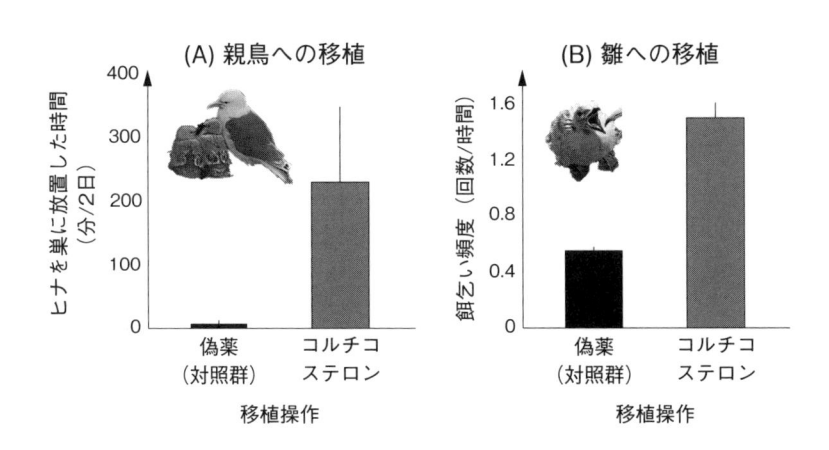

(A) 親鳥への移植 — ヒナを巣に放置した時間 (分/2日)

(B) 雛への移植 — 餌乞い頻度 (回数/時間)

移植操作: 偽薬(対照群) / コルチコステロン

図 7 ミツユビカモメの皮下にコルチコステロンを移植した時の親鳥 (A) と雛 (B) の行動の変化. Kitaysky *et al.* (2001) をもとに作成.

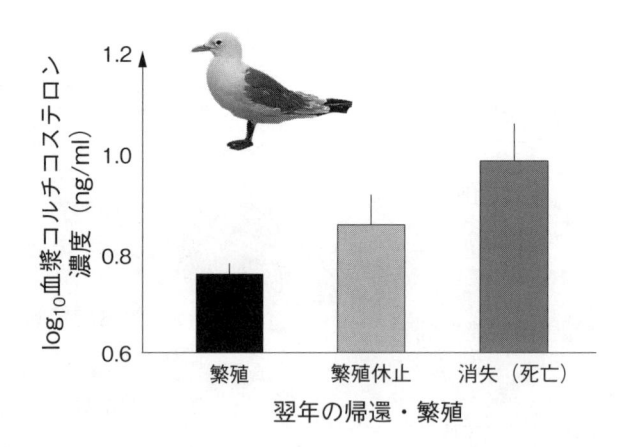

図8 親鳥のコルチコステロン分泌量増加にともなう繁殖終了後の生残や翌年の繁殖への悪影響.
グラフはある年の繁殖期の親鳥の血漿コルチコステロン濃度とその親鳥の翌年の繁殖地への帰還（生残）および繁殖行動との関連を示す．Kitaysky *et al.* (2010) をもとに作成．

(4) 繁殖後に生じる弊害

"諸刃の剣"であるコルチコステロンは，繁殖期における生残の維持という利益を個体にもたらす一方で，成長や繁殖終了後の生残，翌年以降の繁殖行動に様々な弊害をもたらす（図6）。繁殖期の血漿コルチコステロン濃度が高い親鳥は，翌年の繁殖を休止しやすく，より濃度の高い親鳥は翌年消失（死亡と推定）しやすくなる（Kitaysky *et al.* 2010; Goutte *et al.* 2010，図8）。こうした繁殖後の生残率の低下や繁殖の休止は，前述したように，コルチコステロンの大量分泌による免疫機能や繁殖機能の損失，あるいは負のフィードバック調節機能の喪失により正常なストレス応答が困難になったためと考えられる（Goutte *et al.* 2010）。

雛においては，発育中にコルチコステロンが増加すると成長が阻害される（Kitaysky *et al.* 2001）。そのため，コルチコステロンの作用によりたとえ餌獲得量が増加しても個体の成長速度はそれほど上昇せず，発育期間中にコルチコステロン濃度の上昇を経験した雛の多くは組織や器官が未発達のまま巣

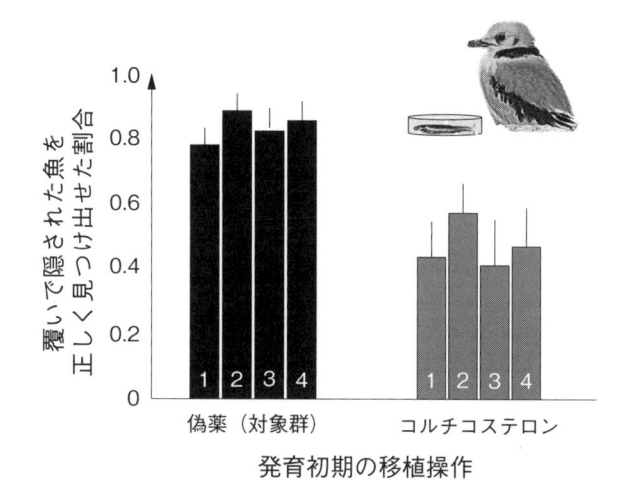

図9 発育初期にコルチコステロンの増加を経験した雛の巣立ち後の認知・学習能力の低下.
白抜きの数字は実験回数を表す．実験手順の詳細は本文参照．Kitaysky *et al.* (2003) をもとに作成．

立ちを迎える．このような未発達な雛は，巣立ち後も長期にわたり悪影響を被る．発育の初期（15〜30日齢）に皮下移植によりコルチコステロン濃度を上昇させられた雛は，巣立ち後コルチコステロン分泌量が低下した後（70日齢前後）においても，認知・学習能力が低下してしまう（Kitaysky *et al.* 2003，図9）．これは，巣立ち後の雛を飼育下に置き，覆いで隠された餌を正しく発見させる反復実験により確かめられている．発育初期にコルチコステロンを移植された雛は，対照（偽薬処置）群の雛よりも，覆いで隠された餌を正しく発見できるようになるまでに長い時間を必要とし，餌を正しく発見できる確率も低くなる．こうした認知・学習能力の低下は，巣立ち後すぐに自分自身で餌を捕る必要がある本種の雛の採餌技術の習得を妨げ，生残率を低下させる可能性がある（Kitaysky *et al.* 2001）．さらに，他種での検証であるが，発育初期に高濃度のコルチコステロン濃度にさらされた雛は，成鳥になった後もストレスを受容した時のコルチコステロン濃度の上昇速度が

速くなり，ストレスへの耐性（Box 1 参照）が低くなる（Hayward and Wingfield 2004）。こうして，発育中のコルチコステロン分泌量の上昇は，生涯にわたる弊害を個体にもたらす。

5. コルチコステロン研究のこれから

　前節では，野外の鳥類のストレス応答に対するコルチコステロンの働きとその弊害を詳細に明らかにした研究事例を紹介した。これらの事例を眺めると，この分野は非常に研究が進んでいる印象を受ける。ところが実際は，野外の鳥類におけるコルチコステロン研究が盛んに行われるようになったのは2000年前後からであり，この分野は未だ発展途上と言える。

　これまで述べてきたように，コルチコステロンはストレスに晒された個体の生残と繁殖のためのエネルギー配分の調節に関わる。自身の生残と繁殖への投資配分は生物の生活史戦略における重要なトレードオフであるため，これに直接作用するコルチコステロンは生活史戦略を解き明かす上での有効な指標となりうる（Wingfield and Kitaysky 2002）。コルチコステロンは個体が受容しているストレスレベルを定量的に反映するため，その濃度を測定すれば個体の生活史戦略のトレードオフ，例えば個体がどの程度のストレスを受容すると子への投資をどの程度減らすのか，あるいは，自身の生残をどの程度犠牲にして子への投資を増加しているのかについて，ある程度量的に評価することが可能となる。今後，コルチコステロン濃度が生理学的な一つの指標として用いられることで，鳥類，とくにこれまで解明が困難とされてきた長命な種の生活史戦略がより詳細に明かされていくことが期待される。

　また，一般に，一つの行動を調節する生理機構は単一ではなく，いくつかの機構が組み合わさって作用する。コルチコステロンによる子への投資量調節においても，親鳥の子育て行動を促す働きがある「プロラクチン」というホルモンが同時に作用している（Angelier and Chastel 2009）。コルチコステロンの分泌はテストステロンなどの性ホルモンとも複雑に関連している（Nelson 2007）。行動調節におけるコルチコステロンと他の生理機構との相

互作用については，今後解き明かされるべき課題と言える。

＊＊＊

　本章では，野外における鳥類の行動変化が生理学的機構によりいかに巧みに制御されているのかを，ストレスへの応答行動を例に解説した。ストレスへの応答に限らず，野外の動物個体は外部環境や自身が置かれた状況に応じて行動を様々に変化させる。動物の全ての行動は，神経や内分泌物質に支配された生理機構によってコントロールされている。本章で述べてきたストレス応答におけるコルチコステロン分泌のように，動物の行動の多様な変化はそれを制御する生理機構の変化なしには生じ得ない。しかし，行動生態学において，動物の変化に富んだ多様な行動の進化的な意味を明かそうとする時，注目されるのはしばしば「表現型」として目に見える行動そのものだけである。行動生態学者は，たいていの場合，ある「表現型」が別の「表現型」に比べて個体の生残や繁殖にどれほど大きく寄与するかを測定することに専念しがちであり，そうした「表現型」の個体変異や時間変化がどのようなしくみによって生じるのかに注目することはまれである。この傾向は，とくに国内において著しい (Kazama and Niizuma 2011)。野外の動物個体が見せる多様な行動の適応的な機構や進化上の意義を真に理解するためには，「表現型」として観察できる多様な行動だけでなく，「表現型」の背後に存在する制御機構にも同時に注目する必要がある (Risklefs and Wikelski 2002)。本章では，コルチコステロンの働きを解説するとともに，ホルモンを計測する上での注意点や操作実験による行動制御の効率的な検証法を紹介した。今後，これらの手法が導入されることにより，行動生態学の分野において生理学的視点を取り入れた研究がより盛んに行われることを期待する。

引用文献

Angelier F and Chastel O (2009) Stress, prolactin and parental investment in birds: A review. *General and Comparative Endocrinology* 163: 142–148.

Bonier F, Martin PR and Wingfield JC (2007) Maternal corticosteroids influence primary offspring sex ratio in a free-ranging passerine bird. *Behavioral Ecology* 18: 1045–

1050.

Bonier F, Moore IT, Martin PR and Robertson RJ (2009) The relationship between fitness and baseline glucocorticoids in a passerine bird. *General and Comparative Endocrinology* 163: 208–213.

Boyd IL, Wanless S and Camphuysen CJ (2006) *Top Predators in Marine Ecosystems: theirRrole in Monitoring and Management.* Cambridge University Press, Cambridge.

Cairns DK (1987) Seabirds as indicators of marine food supplies. *Biological Oceanography* 5: 261–271.

Goutte A, Angelier F, Welcker J, Moe B, Clement-Chastel C, Gabrielsen GW, Bech C and Chastel O (2010) Long-term survival effect of corticosterone manipulation in Black-legged kittiwakes. *General and Comparative Endocrinology* 167: 246–251.

Goutte A, Clément-Chastel C, Moe B, Bech C, Gabrielsen GW, and Chastel O (2011) Experimentally reduced corticosterone release promotes early breeding in black-legged kittiwakes. *Journal of Experimental Biology* 214: 2005–2013.

Hayward LS and Wingfield JC (2004) Maternal corticosterone is transferred to avian yolk and may alter offspring growth and adult phenotype. *General and Comparative Endocrinology* 135: 365–371.

Kazama K and Niizuma Y (2011) Physiological Ecology in Seabirds. *Ornithological Science* 10: 1–2.

Kazama K, Sakamoto KQ, Niizuma Y and Watanuki Y (2011) Testosterone and breeding behavior in male Black-tailed Gulls: an implant experiment. *Ornithological Science* 10: 13–19.

Kitaysky AS, Kitaiskaia EV, Piatt JF and Wingfield JC (2003) Benefits and costs of increased levels of corticosterone in seabird chicks. *Hormone and Behaviour* 43: 140–149.

Kitaysky AS, Piatt JF, Hatch SA, Kitaiskaia EV, Benowitz-Fredericks ZM, Shultz MT and Wingfield JC (2010) Food availability and population processes: severity of nutritional stress during reproduction predicts survival of long-lived seabirds. *Functional Ecology* 24: 625–637.

Kitaysky AS, Piatt JF, Wingfield JC and Romano M (1999a) The adrenocortical stress-response of Black-legged Kittiwake chicks in relation to dietary restrictions. *Journal of Comparative Physiology B: Biochemical, Systemic, and Environmental Physiology* 169: 303–310.

Kitaysky AS, Wingfield JC and Piatt JF (1999b) Dynamics of food availability, body condition and physiological stress response in breeding Black-legged Kittiwakes. *Functional Ecology* 13: 577–584.

Kitaysky AS, Wingfield JC and Piatt JF (2001) Corticosterone facilitates begging and affects resource allocation in the black-legged kittiwake. *Behavioral Ecology* 12: 619–625.

Love OP, Chin EH, Wynne-Edwards KE and Williams TD (2005) Stress hormones: a link between maternal condition and sex - biased reproductive investment. *American Naturalist* 166: 751–766.

Nelson RJ (2000) *An Introduction to Behavioural Endcrinology.* Sinauer, Massacgusettsu.

Ricklefs RE and Wikelski M (2002) The physiology/life-history nexus. *Trends in Ecology and Evolution* 17: 462–468.

Romero LM and Reed JM (2005) Collecting baseline corticosterone samples in the field: is under 3 min good enough? *Comparative Biochemistry and Physiology - Part A: Molecular & Integrative Physiology* 140: 73–79.

Sapolsky RM (1992) Hormones the stress response and individual differences. In: *Behavioral Endocrinology* (eds. Becker J, Crews D and Breedlove M). pp 287–324. MIT Press, Cambridge.

Sapolsky RM, Romero LM and Munck AU (2000) How Do Glucocorticoids Influence Stress Responses? Integrating Permissive, Suppressive, Stimulatory and Preparative Actions. *Endocrine Reviews* 21: 55–89.

シュミットニールセン K（2007）『動物生理学―環境への適応』（第五版）．沼田英治・中嶋康裕（監訳）．東京大学出版会．

當瀬規嗣（2009）『よくわかる生理学の基本としくみ』秀和システム．

Wingfield JC and Kitaysky AS (2002) Endocrine Responses to Unpredictable Environmental Events: Stress or Anti-Stress Hormones? *Integrative and Comparative Biology* 42: 600–609.

本書で取り上げられた主な鳥類の分類的位置

シギダチョウ目 TINAMIFORMES
 シギダチョウ科 Tinamidae
ダチョウ目 STRUTHIONIFORMES
 ダチョウ科 Struthionidae   ダチョウ *Struthio camelus*
レア目 RHEIFORMES
ヒクイドリ目 CASUARIIFORMES
キーウィ目 APTERYGIFORMES
カモ目 ANSERIFORMES
 カモ科 Anatidae   カオジロガン *Branta leucopsis*
    マガモ *Anas platyrhynchos*
    カルガモ *Anas poeciloryncha*
    オカヨシガモ *Anas strepera*
    ホシハジロ *Aythya ferina*
    オオホシハジロ *Aythya valisineria*
    ズグロガモ *Heteronetta atricapilla*
キジ目 GALLIFORMES
 ツカツクリ科 Megapodiidae
 ホウカンチョウ科 Cracidae
 キジ科 Phasianidae   ライチョウ類
    シチメンチョウ *Meleagris gallopavo*
    ニホンウズラ *Coturnix japonica*
    ニワトリ *Gallus gallus*
    インドクジャク *Pavo cristatus*
    キジ *Phasianus versicolor*
アビ目 GAVIIFORMES
ペンギン目 SPHENISCIFORMES
 ペンギン科 Spheniscidae   オウサマペンギン *Aptenodytes patagonicus*
    ジェンツーペンギン *Pygoscelis papua*

	フンボルトペンギン *Spheniscus humboldti*
	イワトビペンギン属 *Eudyptes*
	マユダチペンギン *Eudyptes sclateri*
	マカロニペンギン *Eudyptes chrysolophus*
	ロイヤルペンギン *Eudyptes schlegeli*

ミズナギドリ目 PROCELLARIIFORMES
    アホウドリ科 Diomedeidae　　　アホウドリ *Diomedea albatrus*
    ウミツバメ科 Hydrobatidae　　　ヒメウミツバメ *Hydrobates pelagicus*
    　　　　　　　　　　　　　　　コシジロウミツバメ *Oceanodroma leucorhoa*
    ミズナギドリ科 Procellariidae　　アオミズナギドリ *Halobaena caerulea*
    　　　　　　　　　　　　　　　ナンキョククジラドリ *Pachyptila desolata*
    　　　　　　　　　　　　　　　ミナミシロハラミズナギドリ
    　　　　　　　　　　　　　　　　　　　　　　　　Pterodroma leucoptera

カイツブリ目 PODICIPEDIFORMES
フラミンゴ目 PHOENICOPTERIFORMES
ネッタイチョウ目 PHAETHONTIFORMES
コウノトリ目 CICONIIFORMES
    コウノトリ科 Ciconiidae　　　　シュバシコウ *Ciconia ciconia*
    　　　　　　　　　　　　　　　コウノトリ *Ciconia boyciana*
    　　　　　　　　　　　　　　　ナベコウ *Ciconia nigra*

ペリカン目 PELECANIFORMES
    トキ科 Threskiornithidae　　　　ヘラサギ *Platalea leucorodia*
    サギ科 Ardeidae　　　　　　　　ササゴイ *Butorides striata*
    　　　　　　　　　　　　　　　コサギ *Egretta garzetta*
    　　　　　　　　　　　　　　　アマサギ *Bubulcus ibis*
    ペリカン科 Pelecanidae　　　　　ペルーペリカン *Pelecanus thagus*

カツオドリ目 SULIFORMES
    グンカンドリ科 Fregatidae　　　オオグンカンドリ *Fregata minor*
    カツオドリ科 Sulidae　　　　　　アオアシカツオドリ *Sula nebouxii*
    ウ科 Phalacrocoracidae　　　　　カワウ *Phalacrocorax carbo*

タカ目 ACCIPITRIFORMES
    ミサゴ科 Pandionidae　　　　　ミサゴ *Pandion haliaetus*
    タカ科 Accipitridae　　　　　　ハクトウワシ *Haliaeetus leucocephalus*

	イヌワシ *Aquila chrysaetos*
	オオタカ *Accipiter gentilis*
	ハイタカ *Accipiter nisus*
ノガン目 OTIDIFORMES	
ノガン科 Otididae	
クイナモドキ目 MESITORNITHIFORMES	
ノガンモドキ目 CARIAMIFORMES	
カグー目 EURYPYGIFORMES	
ツル目 GRUIFORMES	
ラッパチョウ科 Psophiidae	ラッパチョウ *Psophia crepitans*
クイナ科 Rallidae	バン *Gallinula chloropus*
	オオバン *Fulica atra*
	アメリカオオバン *Fulica americana*
チドリ目 CHARADRIIFORMES	
ミフウズラ科 Turnicidae	ミフウズラ *Turnix suscitator*
クビワミフウズラ科 Pedionomidae	クビワミフウズラ *Pedionomus torquatus*
タマシギ科 Rostratulidae	タマシギ *Rostratula benghalensis*
レンカク科 Jacanidae	レンカク *Hydrophasianus chirurgus*
	アメリカレンカク *Jacana spinosa*
	ナンベイレンカク *Jacana jacana*
チドリ科 Charadriidae	コバシチドリ *Charadrius morinellus*
シギ科 Scolopacidae	イソシギ *Actitis hypoleucos*
	アメリカイソシギ *Actitis macularius*
カモメ科 Laridae	セグロカモメ *Larus argentatus*
	オグロカモメ *Larus heermanni*
	キアシセグロカモメ *Larus michahellis*
	オオセグロカモメ *Larus schistisagus*
	アメリカオオセグロカモメ *Larus occidentalis*
	ミツユビカモメ *Rissa tridactyla*
	アジサシ *Sterna hirundo*
	コアジサシ *Sternula albifrons*
トウゾクカモメ科 Stercorariidae	オオトウゾクカモメ *Stercorarius maccormicki*
サケイ目 PTEROCLIFORMES	

ハト目 COLUMBIFORMES
 ハト科 Columbidae　　　　　ジュズカケバト *Streptopelia risoria*
          キジバト *Streptopelia orientalis*
          ドバト *Columba livia* var. *domestica*

ツメバケイ目 OPISTHOCOMIFORMES
エボシドリ目 MUSOPHAGIFORMES
カッコウ目 CUCULIFORMES
 カッコウ科 Cuculidae　　　　ムナグロバンケン *Centropus grillii*
          オオミチバシリ *Geococcyx californianus*
          テリカッコウ属 *Chrysococcyx*
          マミジロテリカッコウ *Chrysococcyx basalis*
          ヨコジマテリカッコウ *Chrysococcyx lucidus*
          アカメテリカッコウ
              Chrysococcyx minutillus russatus
          マダラカンムリカッコウ *Clamator glandarius*
          オオハシカッコウ *Crotophaga ani*
          ミゾハシカッコウ *Crotophaga sulcirostris*
          アマゾンカッコウ *Guira guira*
          カッコウ *Cuculus canorus*
          ツツドリ *Cuculus optatus*
          ジュウイチ *Hierococcyx hyperythrus*

フクロウ目 STRIGIFORMES
 フクロウ科 Strigidae　　　　スズメフクロウ *Glaucidium passerinum*
          カラフトフクロウ *Strix nebulosa*

ヨタカ目 CAPRIMULGIFORMES
 ヨタカ科 Caprimulgidae
アマツバメ目 APODIFORMES
 アマツバメ科 Apodidae　　　ヒメアマツバメ *Apus nipalensis*
 ハチドリ科 Trochilidae　　　ハチドリ類
ネズミドリ目 COLIIFORMES
キヌバネドリ目 TROGONIFORMES
 キヌバネドリ科 Trogonidae
オオブッポウソウ目 LEPTOSOMIFORMES

本書で取り上げられた主な鳥類の分類的位置

ブッポウソウ目 CORACIIFORMES
 ブッポウソウ科 Coraciidae
 カワセミ科 Alcedinidae
 ハチクイ科 Meropidae   シロビタイハチクイ *Meropus bullocoides*
サイチョウ目 BUCEROTIFORMES
 サイチョウ科 Bucerotidae   キタカササギサイチョウ
                  Anthracoceros albirostris
キツツキ目 PICIFORMES
 ミツオシエ科 Indicatoridae ミツオシエ属 *Indicator*
 キツツキ科 Picidae   ドングリキツツキ *Melanerpes formicivorus*
ハヤブサ目 FALCONIFORMES
 ハヤブサ科 Falconidae   ヒメチョウゲンボウ *Falco naumanni*
              チョウゲンボウ *Falco tinnunculus*
              アメリカチョウゲンボウ *Falco sparverius*
              ハヤブサ *Falco peregrinus*
オウム目 PSITTACIFORMES
 インコ科 Psittacidae   ルリコンゴウインコ *Ara ararauna*
              テリルリハインコ *Forpus passerinus*
              オオハナインコ *Eclectus roratus*
スズメ目 PASSERIFORMES
 タイランチョウ科 Tyrannidae ツキヒメハエトリ *Sayornis phoebe*
 カザリドリ科 Cotingidae
 マイコドリ科 Pipridae
 コトドリ科 Menuridae
 オーストラリアムシクイ科 Maluridae
              オーストラリアムシクイ属 *Malurus*
              ルリオーストラリアムシクイ
                   Malurus cyaneus
 ミツスイ科 Meliphagidae
 ホウセキドリ科 Pardalotidae
 トゲハシムシクイ科 Acanthizidae コモントゲハシムシクイ
                   Acanthiza chrysorrhoa
              ウグイストゲハシムシクイ
                   Acanthiza reguloides

センニョムシクイ属 *Gerygone*
ハシブトセンニョムシクイ
Gerygone magnirostris
マングローブセンニョムシクイ
Gerygone levigaster
メグロヤブムシクイ *Sericornis keri*

モズ科 Laniidae
セアカモズ *Lanius collurio*
オオモズ *Lanius excubitor*
モズ *Lanius bucephalus*

オウチュウ科 Dicruridae
クロオウチュウ *Dicrurus adsimilis*

カササギビタキ科 Monarchidae

カラス科 Corvidae
ハイイロホシガラス *Nucifraga columbiana*
ハシボソガラス *Corvus corone*
ハシブトガラス　*Corvus macrorhynchos*
ミヤマガラス *Corvus frugilegus*
カレドニアガラス *Corvus moneduloides*
ニシコクマルガラス *Corvus monedula*
アメリカガラス *Corvus brachyrhynchos*
ヒメコバシガラス *Corvus caurinus*
カササギ *Pica pica*
オナガ *Cyanopica cyanus*
カンムリサンジャク *Calocitta formosa*
カケス *Garrulus glandarius*
ルリカケス *Garrulus lidthi*
フロリダヤブカケス *Aphelocoma coerulescens*
アメリカカケス *Aphelocoma californica*
マツカケス *Gymnorhinus cyanocephala*
アオカケス *Cyanocitta cristata*

フウチョウ科 Paradisaeidae

シジュウカラ科 Paridae
アオガラ *Cyanistes caeruleus*
ヨーロッパシジュウカラ *Parus major*
シジュウカラ *Parus minor*
亜種アマミシジュウカラ
P. m. amamiensis

	ハシブトガラ *Poecile palustris*
	クリイロコガラ *Poecile rufescens*
	アメリカコガラ *Poecile atricapillus*
ヒバリ科 Alaudidae	ヒバリ *Alauda arvensis*
ヒヨドリ科 Pycnonotidae	ヒヨドリ *Hypsipetes amaourotis*
ツバメ科 Hirundinidae	ツバメ *Hirundo rustica*
	サンショクツバメ *Petrochelidon pyrrhonota*
	ムラサキツバメ *Progne sinaloae*
	ミドリツバメ *Tachycineta bicolor*
ウグイス科 Cettiidae	ウグイス *Horornis diphone*
エナガ科 Aegithalidae	エナガ *Aegithalos caudatus*
メボソムシクイ科 Phylloscopidae	センダイムシクイ *Phylloscopus coronatus*
	エゾムシクイ *Phylloscopus tenellipes*
	ヤナギムシクイ *Phylloscopus trochiloides*
	キタヤナギムシクイ *Phylloscopus trochilus*
	キマユムシクイ *Phylloscops inornatus*
ヨシキリ科 Acrocephalidae	ニシオオヨシキリ *Acrocephalus arundinaceus*
	コヨシキリ *Acrocephalus bistrigiceps*
	ハシボソヨシキリ *Acrocephalus paludicola*
	セーシェルヨシキリ *Acrocephalus sechellensis*
	オオヨシキリ *Acrocephalus orientalis*
	ヨーロッパヨシキリ *Acrocephalus scirpaceus*
センニュウ科 Locustellidae	オオセッカ *Locustella pryeri*
セッカ科 Cisticolidae	アカガオセッカ *Cisticola erythrops*
	セッカ *Cisticola juncidis*
	マミハウチワドリ *Prinia inornata*
ガビチョウ科 Leiothrichidae	シロクロチメドリ *Turdoides bicolor*
メジロ科 Zosteropidae	メジロ *Zosterops japonicus*
ミソサザイ科 Troglodytidae	ハイムネモリミソサザイ *Henicorhina leucophrys*
	亜種 *H. l. leucophrys*
	亜種 *H. l. hilaris*

	ハシナガヌマミソサザイ
	Cistothorus palustris
	コバシヌマミソサザイ *Cistothorus platensis*
	サボテンミソサザイ
	Campylorhynchus brunneicapillus
	イエミソサザイ *Troglodytes tanneri*
	ミソサザイ *Troglodytes troglodytes*
ムクドリ科 Sturnidae	ホシムクドリ *Sturnus vulgaris*
	ムジホシムクドリ *Sturnus unicolor*
	ムクドリ *Spodiopsar cineraceus*
	ミドリカラスモドキ *Aplonis panayensis*
ヒタキ科 Muscicapidae	ヨーロッパコマドリ *Erithacus rubecula*
	シロエリヒタキ *Ficedula albicollis*
	亜種 *F. a. semitorquata*
	亜種 *F. a. albicollis*
	マダラヒタキ *Ficedula hypoleuca*
	Ficedula speculigera
	Ficedula semitorquata
	オガワコマドリ *Luscinia svecica*
	ルリビタキ *Tarsiger cyanurus*
カワガラス科 Cinclidae	ムナジロカワガラス *Cinclus cinclus*
タイヨウチョウ科 Nectariniidae	キタキフサタイヨウチョウ *Cinnyris osea*
スズメ科 Passeridae	イエスズメ *Passer domesticus*
	スズメ *Passer montanus*
ハタオリドリ科 Ploceidae	ハタオリドリ類
	ジュウシマツ *Lonchura striata* var. *domestica*
カエデチョウ科 Estrildidae	キンカチョウ *Taeniopygia guttata*
テンニンチョウ科 Viduidae	テンニンチョウ属 *Vidua*
	カッコウハタオリ *Anomalospiza imberbis*
イワヒバリ科 Prunellidae	イワヒバリ *Prunella collaris*
	ヨーロッパカヤクグリ *Prunella modularis*
アトリ科 Fringillidae	イスカ *Loxia curvirostra*
	アトリ *Fringilla montifringilla*

アメリカムシクイ科 Parulidae	ワキチャアメリカムシクイ *Setophaga pensylvanica*
	キイロアメリカムシクイ *Setophaga petechia*
	ミズイロアメリカムシクイ *Setophaga cerulea*
ムクドリモドキ科 Icteridae	ハゴロモガラス *Agelaius phoeniceus*
	オナガクロムクドリモドキ *Quiscalus mexicanus*
	クリバネコウウチョウ *Agelaioides badius*
	コウウチョウ *Molothrus ater*
	テリバネコウウチョウ *Molothrus bonariensis*
ホオジロ科 Emberizidae	ホオジロ *Emberiza cioides*
	オオジュリン *Emberiza schoeniclus*
	アオジ *Emberiza spodocephala*
	ユキヒメドリ *Junco hyemalis*
	クサチヒメドリ *Passerculus sandwichensis*
	ミヤマシトド *Zonotrichia leucophrys*
	ヒバリツメナガホオジロ *Calcarius pictus*
フウキンチョウ科 Thraupidae	ダーウィンフィンチ類
	ガラパゴスフィンチ属 *Geospiza*
	ガラパゴスフィンチ *Geospiza fortis*
	オオガラパゴスフィンチ *Geospiza magnirostris*
	サボテンフィンチ *Geospiza scandens*
ツメナガホオジロ科 Calcariidae	ユキホオジロ *Plectrophenax nivalis*
コウカンチョウ科 Cardinalidae	アカフウキンチョウ *Piranga olivacea*

注)分類,学名,および目と科の配置は Gill F and Donsker D (2015) "IOC World Bird List (v 5.2)"(http://www.worldbirdnames.org/) に従った。ただし,本書で取り上げなかった科は省略した。和名は,『世界鳥類事典』(原著:Perrins C (1990) "The Illustrated Encyclopedia of Birds"(BirdLife International),山岸哲日本語版監修,同朋舎)付属の分類リストに従った。ただし,より広く通用している和名がある場合は,そちらを用いた。

索　引

事項索引

acceptor　165, 170
HPA 中枢　265
MHC 多様度　17, 18
MHC 類似度　18, 19
rejecter　165, 170

アオダイショウ　225
異形接合性　15
育児寄生　161
異性間淘汰　33
一妻多夫　46-48, 50-52, 54, 75, 92, 135
一夫一妻　17, 35, 36, 45-49, 52-54, 74, 78, 84, 89, 94, 115, 134, 136, 139, 141, 142
一夫多妻　19, 35-37, 46-52, 74, 75, 89, 131, 135, 136, 139-141, 238
偽りの警戒声　232, 233
遺伝的適合性　15, 60, 61, 63, 65
意図的な情報伝達　230
運動学習　210
栄養補給仮説　78-80, 82, 87, 88, 93
餌落とし　217, 219
餌乞い　62, 90, 94, 179, 183
エストラジオール　106, 108, 109
エピジェネシス　41
エピソード記憶　208, 209
雄から雌への給餌　77, 78, 80, 92
親子間コミュニケーション　227
音声擬態　180, 181, 207
音声伝達環境　239, 240, 243, 246, 247
顔なじみ関係　8

化学擬態　164
学習　9, 20, 129, 164, 165, 167, 178, 183, 186, 198, 211, 228, 233
観察学習　205, 206
寄生　iii, 162, 169, 173, 184
寄生コスト　171, 172, 185
擬態　162, 164, 166-170, 180, 183, 193
　擬態タイプ　180
　卵擬態　164, 165, 168, 174
求愛給餌　37, 62, 63, 79
嗅結節　16
協同繁殖　7, 19, 47, 48, 51, 52, 102, 103, 115, 116, 141-145, 148
協同繁殖鳥類　7, 19, 115
近縁種　56, 111, 145, 148, 237, 240, 242, 243, 245, 254
近交回避機能　15
空間記憶　208
空間的手がかり　8, 9
クルミ割り　202-204, 206, 208, 212
軍拡競争の共進化　163
警戒声　207, 208, 221
形質置換　241, 242, 245, 247-253, 255, 259
血縁識別　2, 4-9, 11, 13, 15, 19
血縁による行動の偏り　5, 6
血縁認識　2, 14, 128-130
血縁認知　vii, 1-6, 8-15, 17, 19, 20
血縁びいき　1, 7
血漿コルチコステロン濃度　268
交雑　30, 73, 242, 243, 248, 250, 251, 254, 259
交尾　84, 87
個体認知　3, 4, 10, 17

295

誤認識　126
コミュニケーション　94, 163, 164, 221, 230, 233
コルチコステロン　107, 108, 261, 263, 265, 269, 271-273, 275-281
コルチコステロン濃度　266, 267, 269, 270
婚姻贈呈　37, 79

サーカディアンリズム　265
採餌行動　197
再生実験　222, 249, 253
最適な異系交配　7
さえずり　vii, 60, 74, 75, 79, 81, 179, 180, 211, 237-255, 259
　いい加減なさえずり　242, 245, 251, 252
　厳密なさえずり　242, 245, 250-252
　トリル付きのさえずり　246-249
サバンナモンキー　222
左右相称　27
産卵期　78, 82, 87, 93
産卵数　16, 82, 83, 87, 115
視覚・聴覚信号　164
視覚モデル　175, 176
時間的利益仮説　132, 135, 140
識別　2, 4, 167, 168, 173, 175
識別遺伝子　8, 10
識別の閾値　176
識別能　162, 167, 173, 178, 181, 209
社会寄生　161
社会的要因　237, 239, 247
社会病理　117
集団認知　3-5
種間比較　59, 62, 88, 89, 111
宿主　iii, 7, 128, 140, 144, 161, 176, 178, 179, 181
宿主系統　166
宿主操作信号　178
宿主の対托卵戦略　185
宿主の防衛戦略　164
出生性比　99, 107

種内寄生　127-32, 144
種内托卵　7, 8, 13, 52, 53, 121, 128-130, 132, 143, 170, 184
種認知　vii, 3, 5, 237, 239, 240, 243, 245, 248, 249, 251-255
種分化　242, 251-253, 258
主要組織適合性複合体　17
状況依存的手がかり　8, 9, 11
条件的性比調節　99, 102, 103, 104, 109, 112
情報化学物質　14, 15
信号　134, 163, 164, 179, 184, 193-195, 197, 207, 221, 228, 230, 231
ストレス　261-263
　ストレスへの順応　271, 272
巣の乗っ取り　138
生活史形質　185
生活史戦略　280
性選択　30, 46, 53, 55, 64, 65, 74-76, 82, 93, 111, 118, 134, 193
生態的要因　214, 237, 239, 240, 243
性的対立　77, 78, 82, 84, 92, 93
性的二型　47, 50, 51, 73-75, 126
性淘汰　27, 31, 33-35, 39, 40, 103, 104, 237, 238, 243, 253
性配分　99, 100
性比調節　100-102, 104-106, 109- 112, 115, 126, 277
性比を調節する生理メカニズム　104

多型　4, 5, 17, 166, 167
托卵　iii, vii, 161, 163, 165-167, 169-173, 182, 186, 227
　托卵戦略　130, 167, 178, 184
　托卵排除戦略　171
多夫多妻　46-48, 50-52, 126, 142
騙し　161-163, 184, 232, 233
知性　197, 198, 201, 209-212, 214
知能的行動　197, 198, 201, 202, 209, 211
聴衆効果　204, 230

貯食　208, 209, 211
地理的変異　252, 253, 255, 259
つがい外交尾　18, 45, 46, 54, 55, 57-64, 67, 85, 86, 92, 238
つがい外父性　46, 53
つがい関係維持仮説　78, 80, 82, 86, 87, 91
定向進化　37
手がかり　163, 169, 173, 182
適応的性比調節　115
テストステロン　105, 106, 108, 280
同居経験　8-10, 13, 15, 16
道具加工　198, 214
糖質コルチコイド　263
糖新生　264-266, 269, 271, 272
同性内淘汰　33
トリル　245, 246, 248, 249

内分泌器官　263
認知過程　164, 183
盗み寄生　128, 130, 146
熱帯　185, 186, 219
脳　25, 164, 209-211, 213, 214, 254

配偶相手操作仮説　132, 135
配偶者選択　7, 14-19, 34, 40, 73, 74, 134, 136
配偶者適合仮説　17
配偶成功　30, 31, 131, 134, 136
排卵遅延　135
早成性　7, 47, 50, 51, 53, 128, 172
ハラスメント　62, 243, 249-251
繁殖機会　56, 124, 125, 130, 140, 143
繁殖成功（率）　28, 30, 31, 38, 40, 50, 51, 57-60, 62, 63, 65, 73-75, 78, 79, 82, 89, 92, 100, 102, 103, 115, 119, 126, 131, 134, 139, 144, 147, 165, 171-173, 213
繁殖ハーレム　139-141
晩成性　19, 47, 101, 128, 184

雛数削減　119-121, 124, 126
雛擬態　179, 186
雛排除　120, 139, 178, 180-186
雛混ざり　128
表現型の一致　8-16, 19, 20
ビリベルディン　193, 194
孵化の非同時性　120
孵化率　62, 79, 88, 89, 92, 122
複数メッセージ仮説　35
負のフィードバック　263-267, 269, 270, 274, 278
不良卵　142
プロトポルフィリン　193, 194
分断的非対称性　28
ベースライン濃度　267, 268, 274
偏向的非対称性　27
包括適応度　51
抱卵期　14, 78-80, 87-93, 120, 123, 125, 129, 132, 135, 172
母系氏族　166
捕食圧　65, 79, 90, 185, 262
ホルモン　105-110, 263, 274
　ホルモン移植実験　274
　ホルモン濃度　274

見越し子殺し　133-135
緑ヒゲ効果　10
群れ間子殺し　139
雌に交尾を受け入れてもらうための給餌仮説　79, 80, 82, 84, 94
雌による雄の育雛能力査定仮説　79, 80, 82, 85, 87, 91
モビング　62, 173, 223, 228

良い遺伝子仮説　35
養子化　128, 131, 146

乱婚　19, 46-48, 51-54, 75
卵識別　193
卵数削減　120, 121, 124

297

ランナウェイ過程　37
卵の色　164, 165, 167, 178, 193-195
硫化ジメチル　25
量的形質　32, 33
連想学習　8-12
労働寄生　162, 207

腋臭効果　9

鳥名索引

Ficedula semitorquata　258, 292
Ficedula speculigera　258, 292

アオアシカツオドリ　131, 132, 286
アオカケス　209, 290
アオガラ　66, 73, 245-249, 290
アオジ　iii, 293
アオミズナギドリ　15, 17, 25, 286
アカガオセッカ　166, 167, 291
アカフウキンチョウ　89, 293
アカメテリカッコウ　168, 183, 288
アジサシ　62, 82, 84, 128, 287
アトリ　173, 292
アトリ科　292
アビ目　285
アホウドリ　48, 286
アホウドリ科　286
アマサギ　118, 124, 286
アマゾンカッコウ　142, 288
アマツバメ科　288
アマツバメ目　288
アメリカイソシギ　48, 50, 111, 287
アメリカオオセグロカモメ　147, 287
アメリカオオバン　129, 130, 170, 184, 287
アメリカカケス　209, 290
アメリカガラス　218, 290
アメリカコガラ　206, 228, 229, 233, 291
アメリカチョウゲンボウ　107, 289

アメリカムシクイ科　293
アメリカレンカク　136, 287
イエスズメ　18, 56, 129, 133-136, 140, 292
イエミソサザイ　133, 134, 136, 138, 139, 292
イスカ　197, 292
イソシギ　48, 50, 111, 287
イヌワシ　119, 287
イワトビペンギン属　121, 122, 286
イワヒバリ　48, 51, 292
イワヒバリ科　292
インコ科　289
インドクジャク　9, 104, 105, 285
ウ科　286
ウグイス　48, 50, 74, 238, 254, 291
ウグイス科　291
ウグイストゲハシムシクイ　180, 181, 289
ウミツバメ科　286
エゾムシクイ　56, 291
エナガ　12, 13, 48, 91, 291
エナガ科　291
エボシドリ目　288
オウサマペンギン　7, 107, 285
オウチュウ科　36, 290
オウム目　289
オオガラパゴスフィンチ　243, 244, 251, 293
オオグンカンドリ　18, 286
オオジュリン　54, 293
オーストラリアムシクイ科　48, 52, 289
オーストラリアムシクイ属　289
オオセグロカモメ　118, 146, 287
オオセッカ　ii, 118, 291
オオタカ　118, 119, 287
オオトウゾクカモメ　127, 287
オオハシカッコウ　142, 288
オオハナインコ　99, 126, 289
オオバン　121, 129, 184, 287
オオブッポウソウ目　288

索 引

オオホシハジロ　107, 285
オオミチバシリ　121, 288
オオモズ　84, 85, 290
オオヨシキリ　48, 145, 165, 168, 291
オオヨシガモ　137, 285
オガワコマドリ　66, 292
オグロカモメ　121, 287
オナガ　48, 52, 290
オナガクロムクドリモドキ　48, 293

カイツブリ目　286
カエデチョウ科　179, 292
カオジロガン　12, 285
カグー目　287
カケス　52, 94, 210, 290
カササギ　138, 172, 290
カササギビタキ科　290
カザリドリ科　36, 289
カツオドリ目　286
カッコウ　iii, 47, 52, 130, 140, 161, 162, 164-174, 176, 178, 182-186, 288
カッコウ科　162, 169, 288
カッコウハタオリ　166, 168, 176, 292
カッコウ目　77, 162, 288
カッコウ類　47, 52, 130, 170, 288
ガビチョウ科　291
カモ科　162, 172, 285
カモ目　162, 285
カモメ科　287
カラス科　48, 52, 209, 290
ガラパゴスフィンチ　243, 244, 251, 293
ガラパゴスフィンチ属　251, 293
カラフトフクロウ　229, 288
カルガモ　48, 73, 118, 137, 285
カレドニアガラス　198-202, 204, 205, 210-212, 219, 290
カワウ　118, 138, 286
カワガラス科　292
カワセミ科　36, 289
カンムリサンジャク　229, 290

キアシセグロカモメ　84, 147, 287
キーウィ目　51, 285
キイロアメリカムシクイ　90, 227, 228, 233, 293
キジ　48, 50, 285
キジ科　285
キジバト　48, 288
キジ目　285
キタカササギサイチョウ　119, 120, 289
キタキフサタイヨウチョウ　133, 292
キタヤナギムシクイ　56, 291
キツツキ科　289
キツツキ目　77, 162, 289
キヌバネドリ科　36, 288
キヌバネドリ目　288
キマユムシクイ　169, 173, 291
キンカチョウ　16, 20, 33, 34, 39, 104, 106, 107, 129, 292
クイナ科　287
クイナモドキ目　287
クサチヒメドリ　18, 293
クビワミフウズラ　48, 287
クビワミフウズラ科　287
クリイロコガラ　206, 290
クリバネコウウチョウ　181, 293
クロオウチュウ　207, 208, 231-233, 290
グンカンドリ科　286
コアジサシ　85, 287
コウウチョウ　162, 174, 178, 179, 227, 228, 293
コウカンチョウ科　293
コウノトリ　118, 286
コウノトリ科　286
コウノトリ目　286
コサギ　118, 140, 286
コシジロウミツバメ　14, 15, 286
コトドリ科　36, 289
コバシチドリ　48, 287
コバシヌマミソサザイ　138, 292
コモントゲハシムシクイ　iii, 289

299

コヨシキリ　238, 291

サイチョウ科　289
サイチョウ目　289
サギ科　286
サケイ目　287
ササゴイ　197, 214, 286
サボテンフィンチ　243, 244, 251, 293
サボテンミソサザイ　138, 292
サンショクツバメ　129, 133, 291
ジェンツーペンギン　7, 285
シギダチョウ科　48, 51, 285
シギダチョウ目　285
シジュウカラ　i, 48, 56, 185, 206, 207, 224-227, 231, 233, 247-250, 255, 290
　亜種アマミシジュウカラ　255, 290
シジュウカラ科　290
シチメンチョウ　36, 107, 285
ジュウイチ　176, 178, 179, 288
ジュウシマツ　107, 292
ジュズカケバト　107, 288
シュバシコウ　121, 122, 286
シロエリヒタキ　66, 67, 242, 243, 250, 258, 259, 292
　亜種 Ficedula albicollis albicollis　242, 292
　亜種 Ficedula albicollis semitorquata　242, 292
シロクロヤブチメドリ　144, 207, 231, 232, 291
シロビタイハチクイ　144, 289
ズグロガモ　172, 285
スズメ　ii, v, 48, 118, 138, 206, 207, 210, 221, 292
スズメ科　292
スズメフクロウ　229, 288
スズメ目　15, 16, 40, 48, 53, 54, 77, 88, 90, 115, 162, 237, 289
セアカモズ　82, 290
セーシェルヨシキリ　7, 11, 48, 102, 104, 115, 144, 291
セグロカモメ　84, 107, 118, 127, 146, 147, 287
セッカ　48, 50, 166, 291
セッカ科　291
センダイムシクイ　56, 291
センニュウ科　291
センニョムシクイ属　290

ダーウィンフィンチ類　241-243, 252, 293
タイヨウチョウ科　36, 292
タイランチョウ科　36, 289
タカ科　286
タカ目　77, 286
ダチョウ　129, 197, 285
ダチョウ科　285
ダチョウ目　51, 285
タマシギ　48, 50, 75, 287
タマシギ科　287
チドリ科　287
チドリ目　50, 77, 287
チョウゲンボウ　80, 82, 289
ツカツクリ科　47, 48, 51, 285
ツキヒメハエトリ　133, 289
ツツドリ　iii, 169, 288
ツバメ　i, 30-33, 35, 39, 40, 118, 129, 133, 134, 147, 291
ツバメ科　36, 291
ツメナガホオジロ科　293
ツメバケイ目　288
ツル目　287
テリカッコウ属　168, 169, 176, 183-186, 288
テリバネコウウチョウ　181, 293
テリルリハインコ　138, 289
テンニンチョウ科　162, 166, 179, 292
テンニンチョウ属　292
テンニンチョウ類　162, 179, 180
トウゾクカモメ科　287
トキ科　286

索引

トゲハシムシクイ科 289
ドバト 209, 288
ドングリキツツキ 48, 142-144, 289

ナベコウ 121, 286
ナンキョククジラドリ 14, 25, 286
ナンベイレンカク 136, 287
ニシオオヨシキリ iii, 56, 140, 141, 145, 146, 167, 291
ニシコクマルガラス 209, 290
ニホンウズラ 107, 285
ニワトリ 57, 106, 107, 193, 223, 224, 230, 231, 285
ネズミドリ目 288
ネッタイチョウ目 286
ノガン科 36, 287
ノガン目 287
ノガンモドキ目 287

ハイイロホシガラス 208, 290
ハイタカ 119, 286
ハイムネモリミソサザイ 249, 291
　亜種 *Henicorhina leucophrys hilaris* 249, 291
　亜種 *Henicorhina leucophrys leucophrys* 249, 291
ハクトウワシ 127, 286
ハゴロモガラス 48, 62, 140, 293
ハシナガヌマミソサザイ 138, 139, 292
ハシブトガラ 89, 291
ハシブトガラス 204, 225, 226, 290
ハシブトセンニョムシクイ 130, 168, 183, 290
ハシボソガラス 127, 172, 202-204, 206, 208, 212, 213, 217, 218, 290
ハシボソヨシキリ 56, 291
ハタオリドリ科 292
ハタオリドリ類 48, 129, 292
ハチクイ科 36, 289
ハチドリ科 36, 288

ハチドリ類 48, 51, 288
ハト科 48, 288
ハト目 77, 288
ハヤブサ 119, 289
ハヤブサ科 289
ハヤブサ目 77, 289
バン 8, 129, 287
ヒクイドリ目 51, 285
ヒタキ科 292
ヒバリ 238, 291
ヒバリ科 291
ヒバリツメナガホオジロ 48, 293
ヒメアマツバメ 118, 133, 138, 288
ヒメウミツバメ 14, 286
ヒメコバシガラス 217, 290
ヒメチョウゲンボウ 85, 130, 289
ヒヨドリ 48, 291
ヒヨドリ科 291
フウキンチョウ科 293
フウチョウ科 36, 290
フクロウ科 288
フクロウ目 77, 288
ブッポウソウ科 36, 289
ブッポウソウ目 77, 289
フラミンゴ目 286
フロリダヤブカケス 48, 290
フンボルトペンギン 15, 286
ヘラサギ 121, 286
ペリカン目 286
ペルーペリカン 127, 286
ペンギン科 285
ペンギン目 285
ホウカンチョウ科 51, 285
ホウセキドリ科 52, 289
ホオジロ iii, 293
ホオジロ科 293
ホシハジロ 138, 285
ホシムクドリ 124, 125, 129, 133, 292

マイコドリ科 36, 51, 289

301

マガモ　73, 104, 107, 285
マカロニペンギン　121, 286
マダラカンムリカッコウ　172, 174, 178, 179, 288
マダラヒタキ　89, 91, 121, 123, 124, 194, 242, 243, 250, 258, 259, 292
マツカケス　208, 290
マミジロテリカッコウ　169, 180-182, 288
マミハウチワドリ　166-168, 291
マユダチペンギン　121, 286
マングローブセンニョムシクイ　183, 290
ミサゴ　83, 85, 286
ミサゴ科　286
ミズイロアメリカムシクイ　136, 293
ミズナギドリ科　286
ミズナギドリ目　286
ミソサザイ　48, 292
ミソサザイ科　291
ミソサザイ類　138, 291
ミゾハシカッコウ　142, 288
ミツオシエ科　162, 289
ミツオシエ属　289
ミツスイ科　48, 52, 289
ミツユビカモメ　iv, 15, 80, 81, 83, 86, 130, 273, 275-277, 287
ミドリカラスモドキ　231, 232, 292
ミドリツバメ　133, 134, 136, 291
ミナミシロハラミズナギドリ　18, 286
ミフウズラ　48, 50, 92, 287
ミフウズラ科　287
ミヤマガラス　198, 209, 212, 213, 290
ミヤマシトド　107, 269, 270, 293
ムクドリ　118, 129, 292
ムクドリ科　292
ムクドリモドキ科　36, 162, 293
ムジホシムクドリ　105, 292
ムナグロバンケン　48, 288
ムナジロカワガラス　133, 292
ムラサキツバメ　136, 291
メグロヤブムシクイ　229, 290

メジロ　254, 291
メジロ科　291
メボソムシクイ科　291
モズ　ii, 88, 118, 226, 290
モズ科　290

ヤナギムシクイ　252, 291
ユキヒメドリ　15, 293
ユキホオジロ　88, 89, 293
ヨーロッパカヤクグリ　iii, 9, 52, 292
ヨーロッパコマドリ　82, 292
ヨーロッパシジュウカラ　66, 205, 245, 246, 290
ヨーロッパヨシキリ　iii, 173, 182, 183, 291
ヨコジマテリカッコウ　iii, 182, 288
ヨシキリ科　291
ヨタカ科　36, 288
ヨタカ目　288

ライチョウ類　74, 285
ラッパチョウ　139, 287
ラッパチョウ科　287
ルリオーストラリアムシクイ　180, 182, 183, 289
ルリカケス　118, 290
ルリコンゴウインコ　138, 289
ルリビタキ　176, 292
レア目　51, 285
レンカク　48, 50, 74, 287
レンカク科　287
ロイヤルペンギン　121, 286

ワキチャアメリカムシクイ　247, 293

執筆者一覧（執筆順，＊は編者）

＊江口　和洋　福岡女子大学・非常勤講師
　上田　恵介　立教大学理学部・教授
　油田　照秋　新潟大学朱鷺・自然再生学研究センター・特任助手
　遠藤　幸子　立教大学理学研究科・博士後期課程（生命理学専攻）
　山口　典之　長崎大学大学院水産環境科学総合研究科・准教授
　高橋　雅雄　弘前大学農学生命科学部・研究機関研究員
　田中　啓太　立教大学理学部・特定課題研究員
　三上かつら　特定非営利活動法人バードリサーチ・研究員
　鈴木　俊貴　総合研究大学院大学先導科学研究科・日本学術振興会特別研究員
　濱尾　章二　国立科学博物館動物研究部脊椎動物研究グループ・グループ長
　風間健太郎　名城大学農学部・日本学術振興会特別研究員

鳥の行動生態学

2016年3月25日　初版第一刷発行

編　者　　江　口　和　洋
発行人　　末　原　達　郎
発行所　　京都大学学術出版会
　　　　　京都市左京区吉田近衛町69
　　　　　京都大学吉田南構内（〒606-8315）
　　　　　電　話　075（761）6182
　　　　　FAX　075（761）6190
　　　　　URL　http://www.kyoto-up.or.jp
印刷・製本　亜細亜印刷株式会社

© Kazuhiro Eguchi 2016　　　　　　　　　　Printed in Japan
ISBN978-4-8140-0000-5　C3045　　定価はカバーに表示してあります

本書のコピー，スキャン，デジタル化等の無断複製は著作権法上での例外を除き禁じられています。本書を代行業者等の第三者に依頼してスキャンやデジタル化することは，たとえ個人や家庭内での利用でも著作権法違反です。